J. Berger

Verlag von VEIT & COMP. in Leipzig

Probleme
Studien und Partien

von

J. Berger

1862—1912

Mit 458 Diagrammen
und dem Bildnis des Verfassers

Problem 114 (1887)

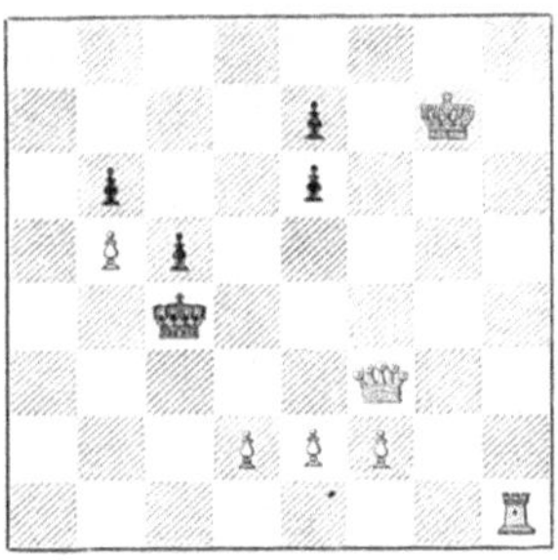

Mat in drei Zügen

Partie 67 (1892)

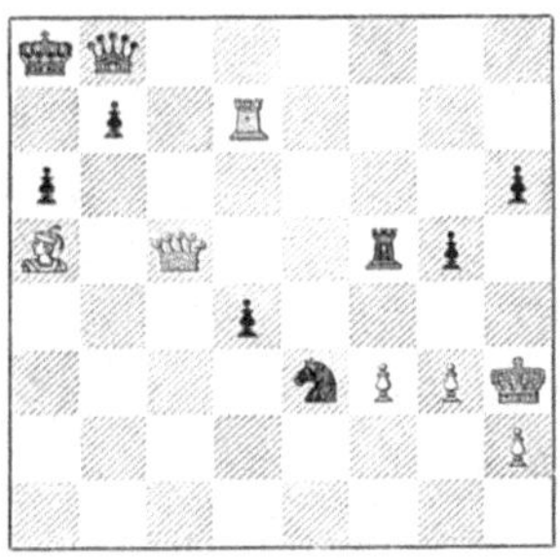

Wenn Dc5×d4?, so Db8—c8,
Td7—d8?, g5—g4†

Leipzig
Verlag von Veit & Comp.
1914

Druck von Metzger & Wittig in Leipzig.

Vorwort.

Es war mir vergönnt, den vorliegenden Überblick über das von mir im Zeitraume von fünfzig Jahren Erreichte selbst zusammenstellen und im Satz korrigieren zu können. Wer die Schachliteratur, namentlich die neuere, genau kennt, wird es begreiflich finden, daß mich dieses Erlebnis freut und beruhigt, und daß ich allen Persönlichkeiten dankbar bin, die mich bei Ausführung meines Vorhabens unterstützten. Vor allem spreche ich der hochgeehrten Verlagsbuchhandlung meinen Dank aus, welche der Herstellung des Buches alle Sorgfalt widmete.

In der Abteilung „Probleme" sind meine gesammelten Matkompositionen nicht nach der Anzahl der Züge, sondern vorwiegend nach der Zeit des Entstehens, zum Teil nach Ideengruppen, geordnet (nur das Inhaltsverzeichnis gruppiert sich nach der Zügeanzahl). In den kurzen Bemerkungen, welche den Lösungen beigefügt sind, entwickle ich (und zwar nur in besonderen Fällen) meine persönlichen Anschauungen. Zu meiner Schrift „Das Schachproblem und dessen kunstgerechte Darstellung" (1884, Veit & Comp.) kann ich hier den Nachtrag bringen, daß im Problem Nr. 24 des vorliegenden Buches eine Idee dargestellt ist, welche das Abwechseln von stillen und schachbietenden Zügen bedingt (vgl. „Schachproblem", S. 14 unten) und daß Nr. 48 des vorliegenden Buches nur mit einer einzügigen Drohung korrekt fertiggestellt werden konnte. (Vgl. „Schachproblem", S. 23.)

Meine Schrift „Das Schachproblem" war zu einer Zeit entstanden, als man in Deutschland und Österreich-Ungarn die Problemkonstruktion in Büchern und Zeitschriften eingehend erörterte, „Grundsätze" mitteilte, „Forderungen" und „Gesetze" aus dem Inhalt der Probleme ableitete. Dabei dachte man, wie heute noch, wesentlich nur an drei- bis fünfzügige, turnierfähige Darstellungen der direkten Matführung. Ich könnte sagen, daß die von mir breiter formulierten „Kunstgesetze" nach und nach auch in Ländern Anerkennung gefunden haben, in welchen man sich dem „Modellmat“ gegenüber lange Zeit ablehnend verhielt. Ich beschränke mich aber darauf, festzustellen, daß in den Problemturnieren der letzten Jahrzehnte auch Franzosen, Italiener, Spanier, Engländer, Amerikaner und Australier mit Meisterwerken erste Preise errangen, welche vollkommen „kunstgerecht“ konstruiert sind. Nun haben aber Ideenverbindungen, insbesondere Opferkombinationen mit schönen Abzweigungen, als Probleme großen Stils, naturgemäß am ehesten Aussicht auf Erfolg, und in solchen Problemen ladet sich das „Matbild“ am eindringlichsten zu Gast. Strategische Manöver und tiefliegende Temponutzungen eignen sich sehr oft nicht zur Einfügung von Begleitspielen und können nicht immer mit einem Matbild abschließen. Weil es so ist, und weil auch „Das Schachproblem“ Kompositionen mit unreinen Matstellungen usw. enthielt (vgl. die Nummern 1, 7, 16, 27, 32, 37, 42, 56, 57, 59, 64, 67, 100, 109 des vorliegenden Buches), mußten den „Kunstgesetzen“ viele „Aber“ beigefügt werden. Denn das Wichtigste im Problem ist immer die Idee selbst („Das Schachproblem“, S. 59).

Daß man die Idee besser und schlechter darstellen kann, und daß das „Besser“ in der geschickteren Benutzung der Mittel, in der Durchgeistigung des ganzen Probleminhaltes, zu erkennen sein muß, steht wohl unzweifelhaft fest. Da ich in einem Buche, wie das vorliegende, nicht gern dritte Komponisten gegeneinander ausspiele, muß ich ein Beispiel aus der eigenen Sammlung nehmen. In Nr. 239 wird der schw. T mit einer Geringstanzahl von weißen Offizieren (ohne Aufopferung solcher) durch Matdrohungen von der f-Linie weggedrängt und diese der w. D zugänglich gemacht. Der Zug 1. ...., Tf3 deckt nicht nur den Punkt d3, er stoppt auch den Bf4, so daß nach 2. Da1, Sg6 nunmehr der Angriff 3. Dg7 erfolgreich ist. Die partielle Nebenlösung 2. ef3 wird durch g3—g2, d. i. durch die Bewegung jenes B verhindert, der zugleich zur Sperrung der g-Linie berufen ist. Der schw. T. muß sich im zweiten Zuge (2. ...., Tc3) derart aufstellen, daß er im Falle von 3. ...., Kf5—f6 das Diagonalmat ermöglicht. So wird zugleich das Offenbleiben des Feldes f6 und das Entstehen des Matbildes gesichert. (Das Feld f4 wird durch das En-passant-Schlagen frei gemacht.) Das „Genre der eigenschädlichen Herstellungszüge“, wie sich H. Lehner in der Österr. Lesehalle 1882 bei Besprechung meiner Probleme 89 und 123 des vorliegenden Buches ausdrückte, muß als Ideengebiet unzweifelhaft seine gute Berechtigung haben; ebenso muß wohl auch der schöne Abschluß der Lösung, wenn er sich als eine mit Witz und Geschick zustande gebrachte Leistung des Komponisten zu erkennen gibt, Anerkennung verdienen. (Vgl. z. B. die Nummern 25, 34, 36, 38, 40, 43, 44, 46a, 50, 51, 81, 89, 94, 105, 113—115, 123, 127, 146, 151—154, 158, 165, 167, 172, 179, 184, 185, 204, 212, 213, 216, 224—226, 234, 239 im vorliegenden Buche.) Das gleichzeitige Auftreten des „eigenschädlichen Herstellungszuges“ und des schönen Abschlusses müßte nun folgerichtig als Spezialität höher eingeschätzt werden, weil der Komponist gewöhnlich große Schwierigkeiten zu überwinden hatte und weil dergleichen nicht immer gelingt. Man sollte meinen, daß der Komponist in solchen Problemen alles leistet, was man in bezug auf Idee und Form von ihm verlangen kann.

Ich erwähne alles dies aus zwei Gründen. Erstens weil Probleme der letzterwähnten Art zuweilen wegen des Fehlens eines größeren Variantenkomplexes zurückgesetzt werden, und zweitens, weil in neuerer Zeit in Deutschland eine „neue Richtung“ aufgetreten ist, welche die Figurenökonomie überhaupt vernachlässigt, wenn sie „die Idee sich ausleben“ lassen will. Diese Sache ist noch im Flusse und es muß sich erst, nach eingetretener Abklärung in Wort und Tat, zeigen, was an dieser Richtung wirklich Neues ist und etwa dauernd Altes zu ersetzen berufen ist. Als erfreulich muß ich es bezeichnen, daß mit dem Auftreten dieser Richtung zugleich eine umfassende Aufdeckung der Leistungen früherer Problemkomponisten im heutigen und im alten Schach einsetzte. An diesen Aufdeckungsarbeiten werde ich mich, so weit es in meinen Kräften steht, stets gern beteiligen. Sie haben schon manche Aufklärung gebracht und sie werden künftighin die Überschätzung scheinbar neuer Ideen von vornherein verhüten.

In welcher Linie sich die Problemkomposition weiterhin bewegen wird, das kann ich nur vermuten, aber nicht wissen. Wie sich dieselbe bisher entwickelt hat, und daß zweimal schon — im alten Schach unter Nicholaus v. St. Nicholai (Bonus socius), im neuen Schach seit Bayer und Healey — der Übergang zur schönen, einfacheren Form vor sich ging, das ist bekannt. Es mag immerhin sein, daß wieder einmal die Häufung von den Zweizügern auf mehrzügige Probleme übergreift oder daß in der Ideenbevorzugung eine Art von Modewechsel entsteht. Meiner Neigung nach, als Schachspieler überhaupt (Freund der Partie, des Endspiels, der modernen Studie), liebe ich nicht die Darstellung des Extremen im Problem. Ich liebe nicht das Übermaß im Aufmarsch weißer Figuren, in der Bauernumwandlung, in der Aufopferung, auch nicht in den Matbildern als Selbstzweck. Ich bin der Meinung, daß die Meister der

Komposition immer wieder zu einfacheren Positionen zurückkehren werden, welchen man nichts Bestimmtes anmerkt, die aber den beharrlichen Löser durch innere Feinheiten überraschen.

Ich habe mich nach Möglichkeit bemüht, festzustellen, in welchem Jahre und in welchem Schachorgane die einzelnen Probleme erschienen sind (Quellenangabe) und inwieweit sie Vorgänger gehabt haben. Die Herren Oskar Korschelt und Alain C. White haben mich hierbei entscheidend unterstützt, so daß ich ihnen sehr zu Dank verpflichtet bin. Glücklicherweise bin ich der Vorgängergefahr nur in wenigen Fällen erlegen. Ich verweise auf die Bemerkungen zu den Problemen 162, 166 und 222 und trage hier noch die letzten Mitteilungen Whites nach. Zu 52: Geo. E. Carpenter, Detroit Free Press, 9. Mai 1885; Kh2, De8, Le4, Se6, g7, Be2, e5; Kh4, Dh8, Ta1, h7, Ba2, e7; 1. Da4. Zu 55: W. Greenwood, Cassells Ill. F. Paper, März 1858; Ka1, Dh1, Tb6, Lf8, Se4, f1, Bb2, e3, g2; Ka4, Tg4, g6, Lg5, Sd1, e6, Ba5, b7, c4, f2, g7; 1. Dh5 und Konrad Bayer, Le Sphinx 1865; Kg1, De4, Ta2, h6, Lc4, h2, Sa8, d3, Bd5, e3, e5, f3; Ka5, Tg4, g5, Sg6, Ba4, c5, g2, h5; 1. Lg3, Tg3: 2. Dh4. Diesen Positionen füge ich auch die Probleme von Hume, Dobrusky und Shinkman bei, welche in den Nummern 149, 150 und 151 eine weitere Ausgestaltung erfahren haben: Hume 1885: Ka2, Tb3, b7, Lc8, Sb6, Ba3, b2, c4, d6; Ka5, Tg5, Ba6, b5, g4; 1. Tb8; Dobrusky 1885: Ka6, Dh7, Lb7 Sc8; Kb8, Ta1, Sh5, Ba5, b3; 1. Sb6; Shinkman 1886: Kh8, De3, Le4, Se8, Bb5, c5; Ke5, Lb8, e6, Sh7, Ba4, b3, f3; 1. Kg7. Die Neubearbeitungen älterer, eigener Probleme, welche bis Ende 1912 noch nirgends veröffentlicht worden waren, habe ich während der Drucklegung des Buches verschiedenen Schachorganen zur Verfügung gestellt, damit Inkorrektheiten noch rechtzeitig beseitigt werden konnten. Es sind 1913 erschienen: Nr. 6 in der „Bohemia", Nr. 10 und 24, im Neuigkeits-Weltblatt, Nr. 20 im Magyar Sakkvilág, Nr. 41, 48 u. 49 im Magyar Sakkujság, Nr. 99 im Neuigkeits-Weltblatt, Nr. 143 im Magyar Sakkvilág, Nr. 164a im Neuigkeits-Weltblatt, Nr. 217 in „Über Land und Meer" und Nr. 240 im Brisbane Courier. Mit einer eingehenden Prüfung und Fehlernachweisung haben mich insbesondere die Herren Dunka, Onitiu, Havasi, Kreijcik und Arnell in dankenswerter Weise unterstützt.

An dieser Stelle verzeichne ich noch einige Berichtigungen und Ergänzungen: S. 2, Nr. 2a, 5. Zeile: b5 statt c4; S. 14, Nr. 24, 4. Z.: 2. Se4 statt Dc3; S. 30, Nr. 58a: D. Schachz. 1868, Nr. 2665; S. 32, Nr. 59: Widmung an alle Preisrichter; S. 34, Nr. 65: Var. auch 1. ...., Kh6 2. Sf5†; S. 42, Nr. 82: Widmung an die Preisrichter im Turnier des Westd. Schachb.; S. 44, Nr. 85, 5. Z.: (e7) fällt weg; D. Schachz. 1877; S. 47, 48, Nr. 91: 1879; S. 50, Nr. 95: 1883 (Schachpr.)

etwas verbessert; S. 52, Nr. 99, 2. Z.: 1. ...., Sd7∼ 2. ‡; S. 54, Nr. 101, 3. Z.: 1. ...., Kd4 od. Sc8; S. 64, Nr. 122: 1883 (Schachpr.) verbessert; S. 66, Nr. 126: ursprünglich (Ch. M.) auch w. Bh2, schw. Bh3; S. 67, Nr. 129: 1881; S. 76, Nr. 143, 4. Z.: 141—143 statt 139—141; S. 89, 90, Nr. 169a: 1904 (S. 151); S. 113, Nr. 217: (1912).

Im Abschnitt „Studien" lege ich nur Positionen vor, welche einen bestimmten Grundgedanken oder doch ein bestimmtes Thema zur Darstellung bringen. In meiner „Theorie und Praxis der Endspiele" (1890, Veit & Comp.) finden sich noch manche Lehrbeispiele von mir, die nur Endspiele und nicht Studien sind. Zum Studienkomponisten bin ich erst im Verlaufe meiner Endspielarbeiten geworden. Da sich ein ununterbrochener, angenehmer Verkehr mit den hervorragendsten Vertretern dieser Kompositionsrichtung, insbesondere mit den großen Meistern Rinck und Troitzky einstellte, habe ich die Arbeiten auf diesem Gebiete fortgesetzt und mich zuweilen auch an Turnieren beteiligt. Herr Rinck hatte die große Freundlichkeit, die ganze vorliegende Sammlung (zum Teil mit Freunden in Barcelona) zu überprüfen, wofür ich ihm (bzw. ihnen) besonderen Dank schulde. Einige Positionen sind hierdurch vom Erscheinen in inkorrekter Form bewahrt geblieben. Dieser Überprüfung verdanke ich auch die Mitteilung der Mehrzahl der S. VIII verzeichneten Wahrnehmungen. Ich habe übrigens auch die Nummern 14 und 50 der Arbeiter-Zeitung 1913 zur Veröffentlichung überlassen und die neue Analyse zu Nr. 37 in der „Bohemia" 1913 veröffentlicht. Die Studien Nr. 21 und Nr. 25 erhalten in diesem Buche eine schärfere Beleuchtung. Zu Nr. 27 gebe ich hier noch die Aufklärung, daß ich in Salviolis Teoria e Pratica, III. Band, folgende Position ohne Quellenangabe gefunden hatte: P. Hasse; Kg1, Lf3, Bc6; Kh7, Lb5, Sg4, h2; 1. Le4†, Kg7 2. c7, Ld7 (richtig La6) 3. c8D, Lc8: 4. Lb7, Lf5 5. Le4, Le6 6. Ld5 remis. Ich nahm diese Studie aus dem Grunde mit der Änderung schw. Kg6 und der Überschrift „Nach Paul Hasse" in meine „Theorie und Praxis ..." auf, weil die Nebenlösung 1. Ld5 zu beseitigen war und weil auch gegen andere Züge von W., als 1. Le4† und 2. c7, Vorsorge getroffen werden mußte. Man vergleiche z. B. folgende von H. Rinck vorgeschlagene Variante: 1. Lg2, La6 2. c7, Lc8 3. La8, Kg5 4. Kg2, Kf4 5. Lc6, Se5 6. Ld5, Shg4 und Schw. gewinnt mit Sf6 und Se8. Die mit Nr. 13 in Beziehung stehende Studie von Kling und Horwitz 1851 lautet: Ka5, De2, Ld5; Ka1, Db1, Be7; 1. Ka6, Dg6† 2. Ka7, Dg1† 3. Ka8, Db1 4. De5†, Db2 5. De1†, Db1 6. Dc3†, Db2 7. Da5† usw.; „wenn der Be7 nicht auf dem Brette steht, ist das Spiel remis".

Berichtigungen und Ergänzungen. S. 128, Nr. 1, 3. Z.: Ld2‡ statt Le3‡; K. D. Peterson gewidmet; Nr. 4: nach 1. ...., Db4 kann auch 2. Lc7 geschehen, aber mit etwas umständlicherer Fortsetzung; S. 130, Nr. 8, 2. Z.: auch 3. ...., h1L führt zu Remis (Kb3:, Ka4 usw. und gelegentlich Ld5:); S. 131, 132, Nr. 12: Ch. M. 1887/88, S. 375; entstanden aus Horwitz, D. Schachz. 1863; Kf3, Te3, Lb3, Ba6, c2, e4, f2, g4, h5; Ke5, Dc5, Ba7, f6, g5, h7; 1. Td3, De7 2. Td5†, Ke6 3. h6, f5 4. e5 usw.; S. 134, Nr. 15: in diesem Buche erweitert durch 1. Lh7—f5; 4. Z.: (Kd7, Te2†) statt Td2†; 3. Z.: auch 5. Td6, Da8 6. Ld7† 7. Lc6(†); S. 140, Nr. 25, 7. Z.: (Kc8‡ in 2 Z.) statt (Kc8, Tg8† ....); Nr. 28, 5. Z. v. unten: ist das Verfahren im Text, statt der Zug im Text; S. 142, Nr. 31, 4. Z.: auch 5. Kf5; S. 146, Nr. 38, 5. Z.: (auch h5) fällt weg; Nr. 39, 5. Z.: (Kg5, Dg3†) statt (Kg5, Td5† ....); 12. Z.: b) 3. ...., Ke5 4. Td1: statt 2., 3.; 13. Z.: Bei 3. ...., Kf7 4. Td1: usw. statt 2. ...., 3. usw.; S. 148, 150, Nr. 45, 6. bzw. 7. Z.: Sd2† statt Se2†; Nr. 48, 4. Z. von unten: Sh3 statt Sh4.

Des geschichtlichen Interesses wegen berühre ich an dieser Stelle auch die Tatsache, daß sich auf dem Gebiete der Studie ebenfalls eine Übereinstimmung in bezug auf die Form und den Umfang herausgebildet hat. Die reine und gedrängte Darstellung der Idee ist bereits ein bekannter und anerkannter Begriff geworden. Das Verständnis für die Schönheiten und Feinheiten, welche eine Studie darbieten kann, ist in überraschend kurzer Zeit bei Komponisten wie bei Lösern durchgedrungen, und es kann wohl nicht anders sein, als daß die Linie, auf welcher sich die Problemkomposition seit etwa fünfzig Jahren bewegt hat, hier zum Leitseil geworden war.

Der Abschnitt „Partien" enthält nur 113 von mir gespielte Partien und 6 Stellungen aus Partien von mir. Es ist leicht zu erkennen, was ich mit der getroffenen Auswahl bezweckt habe. Es sollte ein kleiner Einblick in die Grazer Spielpraxis eröffnet, das Wichtigste aus den Korrespondenzkämpfen (36 Partien) veröffentlicht und eine Blütenlese von Meisterturnierpartien (32) vorgelegt werden. In den letzteren sollte sowohl die Kombination als das Positionsspiel und die Endspielführung in einzelnen Beispielen zur Geltung kommen. Die Spielpraxis in Graz bot keine genügende Gelegenheit zur Schulung für Meisterturnierkämpfe. Mit Wittek spielte ich wohl in den Jahren 1875—1880 im ganzen 33 Partien mit dem Ergebnis von 20 Gewinnen bei 8 Verlusten und 5 Remis, aber dann trat niemand mehr auf, der sich zu einem ernsten Konkurrenten hätte aufschwingen können. Die Meisterturnierpraxis konnte ich erst in einem Alter von 36 Jahren aufnehmen, und ich mußte mich bis zum Eintritt des Alters von 60 Jahren auf die Teilnahme an neun Turnieren des Deutschen Schachbundes und an dem Turnier in Barmen, welche in die Zeit der Schulferien fielen, beschränken. Da ich in diesen Turnieren als ungeübter Amateur eine Erfolgskala von 47—63,8% erreichte (47% in Hamburg, das Weitere ist im Partienteil zu finden), so mußte darin (nach allgemeinen Begriffen) doch schon der Beweis liegen, daß der Problemkomponist über sein engeres Gebiet hinausgewachsen war. Zu allen Zeiten galt der Sieg am Brett gegen Meister des Spiels als die höchste Leistung im Schach. Ich mußte im Kreise der Spielpraktiker oftmals die Wahrnehmung machen, daß die Problemkomposition ziemlich niedrig eingeschätzt wurde, offenbar, weil hier sowohl die Leistung als die Leistungskraft nicht meisterturnierartig meßbar ist. Es war daher auch anderseits die Ehre der Zunft gewahrt, wenn der Problemist auch gegen Meisterspieler die Position zu beherrschen vermochte.

Berichtigungen und Ergänzungen: S. 158, Nr. 8, Glosse zum 25. Zug, letzte Zeile: Df7 statt Df6; S. 160, Nr. 10: Dr. Sebastian Herzfeld; S. 163, Nr. 13, 5. Zeile v. u.: dreimal d statt e; S. 168, Nr. 20, Glosse zum 10. Zug, 6. Zeile: 47 statt 46; S. 171, Nr. 24: Mittelgambit geg. Läuferg.; S. 232, Nr. 90, Glosse zum 25. Zug, 1. Z.: Lb6 statt Lb8.

Das Schach hat übrigens eine solche Entwicklung genommen, daß auch die Großmeister der Partie sich immer mehr veranlaßt fühlen, in die Niederungen der Komposition und der Analyse herabzusteigen. Die Viel- bzw. Allseitigkeit, welche die immer mächtiger anwachsende Schachliteratur bekundet, weist ihnen den Weg. Und da zeigt es sich dann regelmäßig, daß der Großmeister der Partie weder mit überragenden Kompositionen, noch auch stets mit fehlerlosen Nachweisungen seine Überlegenheit zu beweisen vermag — mit einem Worte, daß die Schlagfertigkeit am Brett eine Begabung für sich, der Effekt der Summe entsprechender Eigenschaften, ist und daß auch der Meister der Komposition usw. irgendwie geboren sein muß.

Das Gebiet, auf welchem wohl von jeher unbewußt am meisten gesündigt wurde, ist die Analyse der Spieleröffnungen. Konnte es sich schon auf dem Gebiete der Endspieltheorie ereignen, daß eine Position mit nur zwei weißen und einem schwarzen Bauern seit Lolli von vielen Meistern immer wieder unrichtig beurteilt wurde und erst in der sechsten Auflage des Handbuches von Bilguer-Lasa 1880 seine endgültige Erledigung fand („Theorie und Praxis der Endspiele“, S. 387 f.), so ist es wohl nur zu erklärlich, daß im unermeßlichen Gebiet der Spieleröffnungen stets alles schwimmt. Hier kann sogar ein Wandel in der Beurteilung von Spielstellungen und Entwicklungsmethoden alles in Frage stellen (Philidors Bauernspiel, italienisches Figurenspiel, Positionsspiel, Einlenken in das Endspiel). Ich hatte mich auf diesem Gebiete schon frühzeitig versucht (D. u. N. Berl. Schachz. 1867) und war schon 1871 mit J. H. Zukertort in einen analytischen Streit (das Läufergambit betreffend) verwickelt worden, der für mich gar nicht so ungünstig stand und über welchen wir uns später, in Rüdesheim 1887, persönlich unterhielten. Ich habe mich aber vom Scharfmachen auf diesem Gebiet aus guten Gründen immer mehr abgezogen gefühlt (ohne indessen den relativen Wert einer jeden Analyse zu verkennen). Abgesehen davon, daß der Analytiker, um Ersprießliches leisten zu können, über große Kombinationskraft und reiche Erfahrung verfügen muß, sollten die Untersuchungen ohne jede vorgefaßte Stellungnahme durchgeführt werden. Das ist aber ziemlich regelmäßig nicht der Fall. Ich habe 1908/9 in der D. Schachz. versucht, die Rigasche Verteidigung der Spanischen Partie als Unparteiischer nach und nach gründlich zu beleuchten, bin aber mißverstanden worden, weil auch das Lesepublikum gewohnt ist, den Analytiker als Parteigänger von W. oder Schw. zu betrachten. Ich mache auf dieses Vorkommnis besonders aufmerksam und enthalte mich im übrigen der Aufzählung meiner Arbeiten auf diesem Gebiete. In den Glossen zu den Partien wird übrigens noch manches Nachschlagematerial zitiert.

Ich drücke jedem Schachfreund im Geiste die Hand, welcher mein Buch objektiv prüfend durchblättert. Ich kann ihm sagen, daß mir das Schach von der Jugendzeit bis ins Alter Anregung, oft auch heilsame Ablenkung geboten hat. Einer Gefahr möge der Strebsame offen in das Auge blicken: der naheliegenden Übertreibung im Ehrgeiz!

Graz, im November 1913.

J. Berger.

Inhalt.

Analytische Übersicht der Spieleröffnungen (Nummern der Partien).

Probleme

1

1862

Mat in vier Zügen

2

1862 (1912)

Mat in drei Zügen

2a

1883

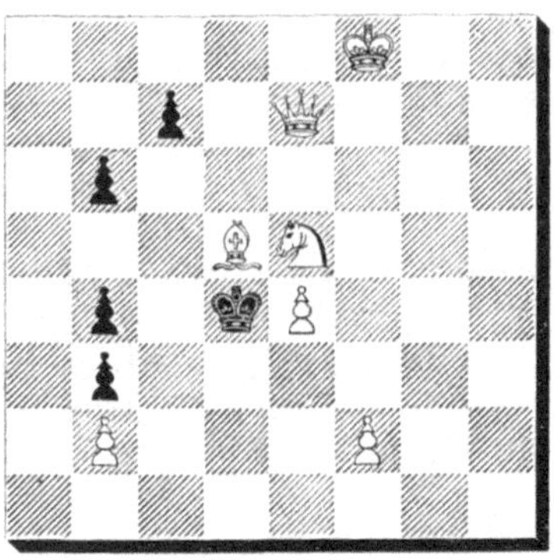

Mat in drei Zügen

3

1877 (1883)

Mat in vier Zügen

Lösungen und Bemerkungen.

1. Ideenproblem. Die D muß g6 besetzen. Von g1 oder g2 aus gelingt dies nicht wegen c4† und g7—g6. 1. Db1 geht nicht wegen g5, Ke2, fg4 und f3†. Lösung daher 1. Kd3—e2, 2. Db1. Die Figurenökonomie wird markiert durch 2. ...., g5 3. Dg6, gf4. 1. ...., g5 zwingt zu 2. Sh5 3. Df6(†). Es ist 1 nicht das allererste Problem des Autors, wohl aber jenes, welches die erste öffentliche Anerkennung (Belobung) gefunden hat. (Kongreß des Westd. Schachbundes, Düsseldorf, Herbst 1862.) Den ersten Preis in diesem Problemturnier gewann des Autors längst verstorbener Freund Johannes Seeberger.

2. In Waldheims Illustrierter Zeitung, Wien, Mai 1862 als Erstlingswerk nach außen in der Stellung Ka7, Da2, Le5, h5, Bf4; Ke4, Ba6, b5, c3, h3; 1. Le5—f6 erschienen. Da nach 1. ...., Kf5 2. Dd5† sowohl 3. Df3 bzw. f7 als 3. De5‡ (auch 2. De2) möglich war, mußte eine Veränderung vollzogen werden. Lösung 1. Lg5—f6, Kf5 2. Dd5†. Var. 1. ...., ~ 2. De2 oder f2†.

2a. 1. Ld5—e6 (Zugzwang), Ke5: 2. Dg5†; 1. ...., b5 (c7~) 2. Lf5; 1. ...., Ke4: 2. Dg5. Entstanden 1883, Schachproblem. (Das Schachproblem und dessen kunstgerechte Darstellung. Ein Leitfaden für Problemfreunde von J. Berger, Verlag von Veit & Comp., 1884.) Vertiefung der Idee von 2; der L unterbricht die Damenlinie und er deckt nach c4 mit Zugzwang (auf f5) wieder das Feld e4.

3. 1. Dd1—e1, g4—g3 2. Se4 (droht Sf6‡), Te4: (Kd4:, Sc3) 3. Da5‡. Var. 1. ...., Sc7 2. Lc5, f2 (g3, De7) 3. Df1; 1. ...., Kd6: 2. De6† 3. Dc8†; 1. ...., Lg2, f3—f2, Th7 oder 8 2. De6† 3. Dc4 (e4)†. Kürzeste Drohung 2. Lc5 3. ‡. 1883 Schachproblem. Entstanden aus Problem Nr. 4292 der Deutschen Schachzeitung (D. Schz.) 1877, welches inkorrekt war. Die Idee liegt in der Besetzung der Linie e1—a5 und der Freilegung derselben. Die Ähnlichkeit mit 2, 2a war eine unbeabsichtigte; es wurde auch nur der Zweig 3. ...., Kd6: ökonomisch ausgestaltet.

4

1862

Mat in vier Zügen

5

1862 (1883)

Mat in vier Zügen

6

1862 (1912)

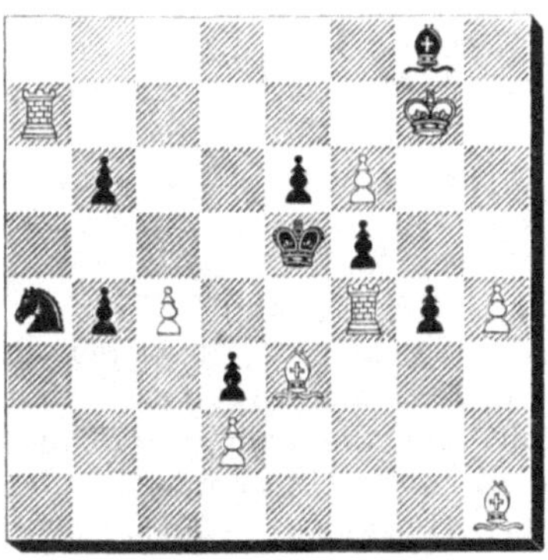

Mat in vier Zügen

7

1862 (1883)

Mat in drei Zügen

4. 1. Sa2—c1 (droht Sd3†, Dd3‡, Td3:), Th3 2. Da8, Da8: (Df5‡, Lf5:) 3. f4†. (1. ...., Tf5: 2. Dc4.) Eine komplizierte Schnittpunkt-Kombination. Das Problem konkurrierte bereits im Londoner Turnier von 1862 mit 6 (diese zwei Probleme waren somit schon vor der Veröffentlichung von 1 entstanden).

5. 1. Se6—d8 (droht Sf7‡ 3. ‡), Sh6 2. Lg2, Dg2: (Dd5, Td5‡; De4, Te4‡; Lc7, Dc7‡; S∼, Sf7‡; ∼ anders, L×D) 3. f4†. Idee: die D wird nach g2 herabgezwungen und sodann durch das En passant-Schlagen unschädlich gemacht, worauf ein reines, ökonomisches Mat (Matbild) möglich wird. 1883, Schachproblem, Ausgestaltung von 4. Var. 1. ...., Kd4: 2. Dc4† 3. Sf7‡; 1. ...., Dd5 oder b7, Lc7 2. Dg4:, Dd4: 3. Sf7‡, oder 2. ...., Db3‡ 3. Kb3:.

6. 1. Ta7—e7 (droht Td4 4. ‡), b5 2. La7 (Td4 greift nicht mehr durch wegen Sb6), Kf4: (Kd6 3. c5†) 3. Lb8† (Idee). Var. 1. ...., Sc3 2. dc3, ∼ 3. Td4 (†) 4. Td5 oder Lf4 (bzw. Tc7) ‡; 1. ...., g3 2. Td4, g2 3. Td5†; 1. ...., Kd6 2. Td4†. Das in das Londoner Turnier eingereichte Problem wies noch einen w. S e8 auf: Kh8, Ta7, f4, Le3, h1, Se8, Bc4, d2, h4; Ke5, Sa4, Ba6, b6, d3, e6, f5, g4, h6, welcher im Hauptspiel (nach Kf4:) den Eindruck eines zurückgebliebenen Marodeurs machte. Die vom Turnierkomitee ausgesprochene Belobung für Einzelleistungen scheint diesem Problem zugedacht gewesen zu sein. Vgl. D. Schz. 1863, 1864.

7. 1. Th4—h8, Sh7 2. c3 3. Ta8 oder h2‡ (Idee). Var. 1. ...., Sf7 2. Th2; 1. ...., Se4 oder e6 2. B×S; 1. ...., Sf3 oder h3 2. Tg8:. Entstand 1883, Schachproblem, aus 7a, D. Schz. 1862, Nr. 1445. Die ursprüngliche Fassung 7a gefiel dem Autor später nicht mehr. Der T sollte besser nicht en prise stehen. Die Erweiterung auf vier Züge durch ein Opferangebot mit einzügiger Matdrohung war kaum genügend motiviert (1. Sb4, ab4 2. Th8, Sh7 3. Kg3). Durch die Position 7 (1883, Schachproblem) dürfte die Idee am wirksamsten, weil auch mehr verhüllt, zur Darstellung gekommen sein. Die Matreinheit kann nicht gefordert werden, die Figurenökonomie ist gewahrt, weil alle w. Offiziere an den Matstellungen beteiligt sind. Um übrigens die Idee auch mit der möglichen Geringstanzahl von Angriffsfiguren dargestellt zu haben, veröffentlichte der Autor auch

7a.

D. Schz. 1862.

Mat in vier Zügen

8

1862 (1911)

Mat in drei Zügen

9

1864 (1883)

Mat in vier Zügen

10

1862 (1912)

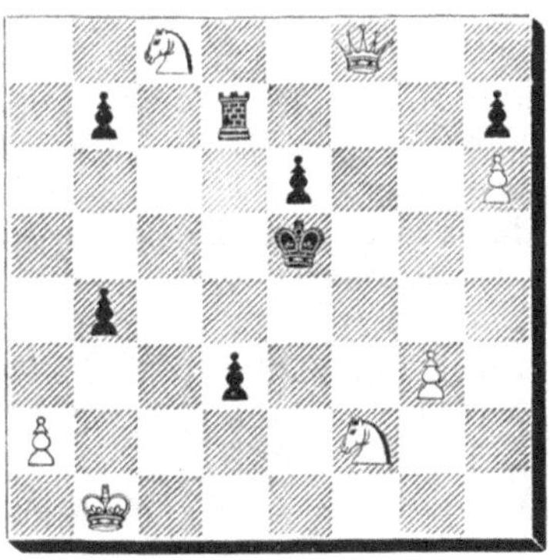

Mat in vier Zügen

11

1862 (1883)

Mat in vier Zügen

8. D. Schz. 1911, Nr. 1445. 1. Td1—h1, Sg1 2. Kb3; 1. ...., Sg5 oder h4 2. Ta1; 1. ...., Sd2 oder e1 2. Th2:; 1. ...., Sd4: oder e5 2. B×S. Hier kommt auch die mögliche Höchstanzahl von Springerzügen (7) zur Darstellung. 1. Ta1 scheitert an Sd2. 1. Tb1 scheitert an Sd2 2. Tb4, Sb3 oder c4.

9a. 1864.

Mat in vier Zügen

9. 1. b2—b3 (Zugzwang), Kc5 oder Sg6 2. Da1(†), Sg6 oder Kc5 3. Dg7. Var. 1. ..., Sg5 oder h6, d6 2. Da1† 3. De5† 4. Dd4(e3)‡; 1. ...., Ke5 2. Da1† 3. ‡. Entstanden 1883, Schachproblem, aus 9a, Widmungsaufgabe an die Preisrichter des Düsseldorfer Turniers von 1864 (D. Schz. 1864, Nr. 1914). Die Lösung dieser Position: 1. Lc5†, Kc5: (Ke4, Sd6†, Kf4, Le3‡) 2. Da1 (droht Sa6‡), Sf7: 3. Dg7: zeigt, was 1864 noch gestattet war. Heute fängt man mit einem Schachgebot selten mehr an, offenbar weil der Komponist zeigen will und soll, daß er trotz des stillen ersten Zuges eine gute, korrekte Anfangsposition herzustellen vermag.

10a. 1862.

Mat in fünf Zügen

10. 1. Sc8—b6, Td4 2. Se4, Tc4, d8 usw. 3. Df6† 4. Df4‡, oder 2. ...., Te4: 3. Sd7† 4. Dc5‡. Var. 1. ...., Kd4 2. Sg4, Kc3 3. Df4, oder 2. ...., d2 3. Db4‡, oder 2. ...., Td6, e7 3. Df2†, oder 2. ...., Tc7 3. Db4‡; 1. ...., Tf7 2. Dc5†, Kf6 3. Se4†. Enthält den Kern aus 10a, D. Schz. 1862, Nr. 1461. Die Verlängerung der Lösung durch das Turmopfer 1. b3—d3 (1. Td3, cd3: 2. Sb6) war wohl nur damals zeitgemäß.

11. 1. Dh4—h7, Kc6 2. Sd8†, Kd6 3. Db7 (Matbild), oder 1. ...., e4 2. Se5, Ke5: (Kd6, Ld4) 3. De7 (Idee). Var. 1. ...., Kc4 2. Dc2†, Kd5 3. K ~ oder Lf2, g1 usw. 4. Dc5‡. Entstand 1883, Schachproblem, aus: Kg1, Df7, Lc5, Sd3, Ba4; Kd5, Ba5, e5, e6; 1. Le3 von 1862 (im Hauptspiel inkorrekt).

12

1862 (1912)

Mat in vier Zügen

13

1863

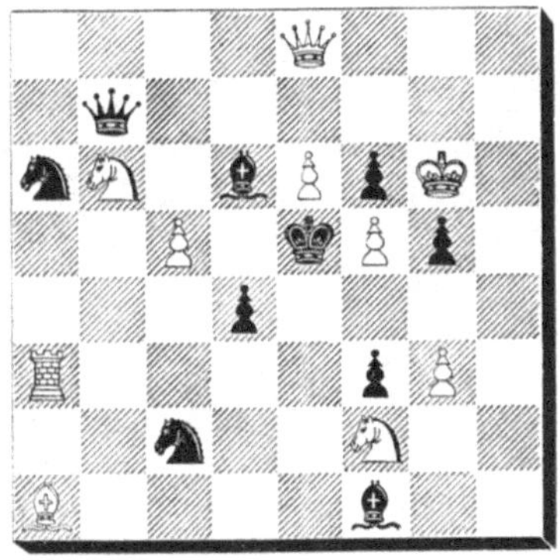

Mat in vier Zügen

14

(1883)

Mat in vier Zügen

15

1863

Mat in fünf Zügen

12. Idee: 1. Lg4—c8, b2 oder Sg1 ~, Se4, h7 2. Tb5†, cb5 3. Lb7 (Matbild). Var. 1. ...., Se6 2. Le6:, fe6: 3. Ke6: Das Spiegelbild 1. Td8 2. Td5† 3. Ld7 ist wegen 1. ...., Se6 keine Nebenlösung. Entstanden aus dem Anfängerwerk: Ka5, Tb1, Lh3, Sf6, Bd3, e5, f2; Kc5, Lh1, Sa2, Ba3, a7, c6, d4, f3, f7; 1. Lc8 2. Tb5† 3. Lb7, erschienen in der D. Schz. 1862, Nr. 1434.

13. Mit einer kleinen Veränderung: Das Preisproblem von Düsseldorf 1863. Die Anwesenheit des L h7 in der ursprünglichen Stellung (s. neben), mußte späterhin doch als Störung des Gesamteindruckes empfunden werden: 1. De8—a8 (Idee), Sc5: 2. Te3†, Se3: (Se4 oder De4, Te4‡) 3. Ld4‡ und Matbild. Var. 1. ...., Da8: 2. Sg4† 3. Sf6‡; 1. ...., Dh7, g7, f7† 2. K×D (ev. ef7); 1. ...., Lc5: 2. Db7:, Lb6: 3. Dc6; 1. ...., Lh3 2. Sd7†. In der ursprünglichen Position mußte W. nach 1. ... , Dh7‡ 2. Kg1 spielen, nicht Kg2:, wie es im Kongreßbuch heißt (wegen Dh3†, Kh3:, g4†).

1863.

Mat in vier Zügen

14. Neubearbeitung der Idee von 13, 1883, Schachproblem. 1. Db1—h1, Sf4 2. Td6†, Sd6: 3. Le5‡. Var. 1. ...., Dh1: 2. Sb5‡ auch Se2† usw.; 1. ...., Lf2 2. Dd1†, Sd2 3. Sb5‡; 1. ...., Lc1 (g5, h6) 2. Sb5‡, Ke3 3. De1† oder 2. ...., Kd5 3. Dg2‡; 1. ...., Lg1, d2, f4 2. Dg2: Droh. 2. Dg2: auch 2. Se2†.

15. 1. Tb7—g7 (Idee), hg5 2. Te4:, de4 3. Se2, Kd5 (Sb7, Db7:) 4. De5† und Matbild. Var. 1. ...., Sb7 2. Db7:, Dg7: (Kd4, Lf6†, e5, Sf5†) 3. Db5†, Kd4 4. Te4‡, oder 2. ...., Th2 oder h4, e4—e3 3. Db5† 4. Lf6†. I. Preis im Turnier des Westd. Schachbundes 1863 mit 13.

16

1863

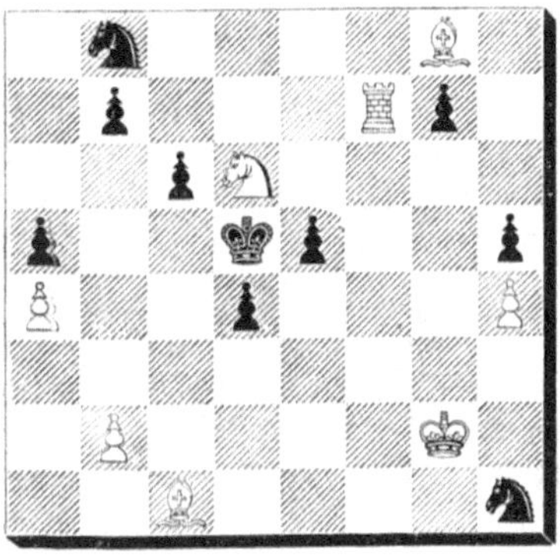

Mat in fünf Zügen

17

1863 (1883)

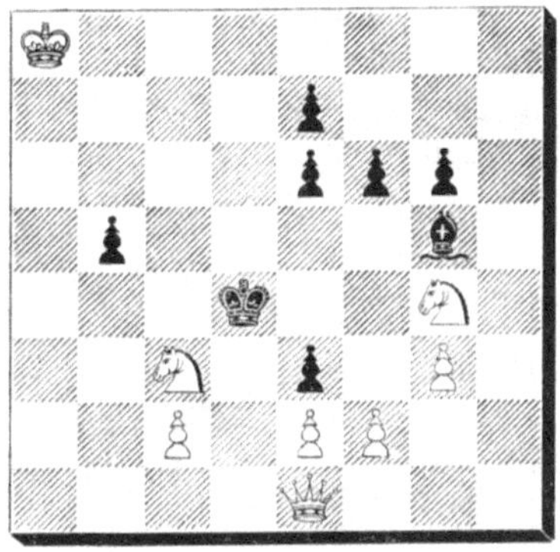

Mat in fünf Zügen

18

(1883)

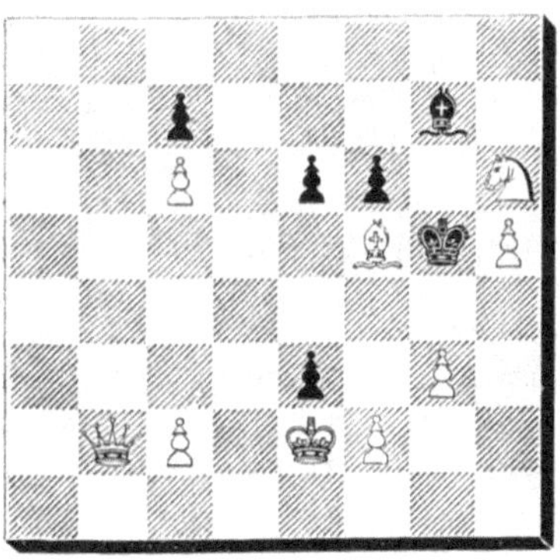

Mat in vier Zügen

19

1864 (1883)

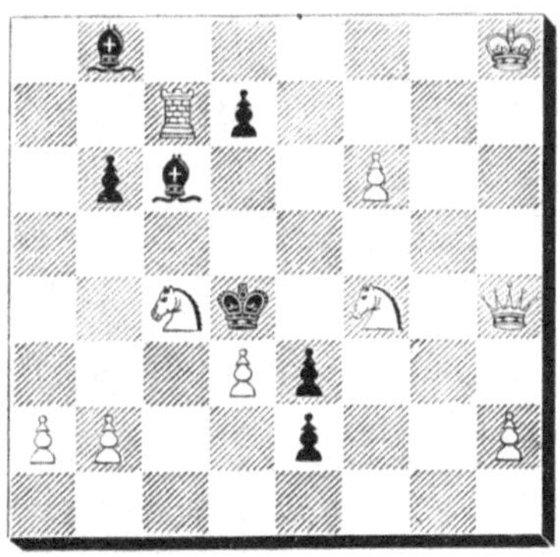

Mat in vier Zügen

16. 1. Sd6—c8, Sg3 2. Tf3†, Kc5 3. b4†, ab4 (Kb4:, Tb3†) 4. Tc3† (Ideenspiel). Var. 1. ...., Ke6 2. Te7††, Kf6 3. Lg5†, Kg6 (Kf5, Sd6†) 4. Tf7 oder 2. ...., Kf5 3. Sd6†, Kg4 4. Tg7‡; 1. ...., Kc5 2. Lg5, d3 3. Le3†, Kb4 4. Tb7‡, oder 2. ...., Kc4 3. Tf3†, Kb4 4. Tb3†; 1. ...., Kc4 2. Tf3†, Kb4 (Kc5, b4† w. o.) 3. Tb3†, Kc5 4. Lg5; 1. ...., Sa6 oder d7 2. Td7(:)†, Kc5 3. Lg5, Kb4 4. Tb7‡: 1. ...., c5 2. Tf6†, Ke4 3. Lh7†, g6 4. Lg6‡; 1. ...., ~ anders 2. Tf3† 3. b4† ev. Lg5 und 5‡. War als Variantenproblem entworfen worden. Widmung an die Preisrichter des Westd. Turniers 1863, Kongreßbuch.

17a. 1863.

Mat in fünf Zügen

19a. 1864.

Mat in vier Zügen

17. 1. Sc3—e4, Ke4: 2. Db4†, Kf5 (Kd5, Db5‡, Kd4 oder d6, Dc6 oder Kb7) 3. Sh6†, Lh6: (Ke5, Dc5†) 4. f3 (Ideenspiel, Matbild nach 4. ...., Ke5). Var. 1. ...., Kd5 2. Db4, e5 (Kc6, De7:, Kd5, Dd6†) 3. De7:, Ke4: (auf andere Züge folgt Dd6†) 4. Dd7; Droh. 2. Db4† auch Dc3†. Ersatz für das nebenstehende, in der D. Schz. 1863 unter Nr. 1604 erschienene Problem, welches nach 1. Sg7, Lg7: 2. Dd4‡, Kf5 den derben Angriff 3. Sh6‡ enthielt.

18. Entstanden 1883 (Schachproblem) aus 17. 1. Db2—b8 (neue Einleitungsidee: die D strebt über b8 nach e8, um auf g6 matzusetzen), Lh6: 2. Db4, Kf5: (L ~, Df4 auch g4†) 3. f3 usw. Var. 1. ...., ef2 2. De8, f1D oder L† 3. Kf1:.

19. 1. Dh4—e1, Lc7: 2. Sd6, Ke5 oder c5 3. d4† (Idee) Matbild nach 3. ...., Kf6:. Var. 1. ...., Kc5 2. a4, Lc7: oder ~ 3. b4(†); anderes ist 3zügig. 1883 (Schachproblem) als Ersatz für 19a. Lösung 1. Sd6, Tg8: 2. Sf4. Als der Autor 1863—1864 kurze Zeit Mitglied der (alten) Wiener Schachgesellschaft war, wollten der Präsident Major Haymerle, Rudolf Willmers u. a. auch den Problemkomponisten die Gelegenheit zu einer Auszeichnung bieten und veranstalteten ein Klub-Problemturnier. Der Autor hatte nur den Entwurf 19a zur Hand.

20

1864 (1912)

Mat in vier Zügen

21

1876

Mat in vier Zügen

22

1864

Mat in fünf Zügen

23

(1883)

Mat in fünf Zügen

20. 1. Da6—g6, Lc7: 2. Td5:, Kd5: (Se5, Lg2†; Kf3, Df5‡) 3. Dc6†; 1. ...., Sc3 2. Td5:, Sd5: 3. Df5‡ (Ideenspiele). Var. 1. ...., Lb7 (a8) oder Sf6, c5 usw. 2. Td4†, Ld4: 3. Dg3: (Drohung); 1. ...., Tg8 2. Td5: usw. (Drohung); 1. ...., Le6 2. Se6:, Lf6 3. Dg3:, oder 2. Lf4, d4 3. Td4 (:)† oder 2: ...., L ~, 3. Sg5†:. 1. ...., Sc3 2. Td4†, Ld4: 3. Dg3: scheitert an Se2, 1. Dh6 an Lc7:. Ersatz für 20a, welche 1864 für das Turnier des Westd. Schachbundes eiligst hergestellt wurde, aber wegen des ersten Zuges und des fast ganz untätigen Sg1 nicht so recht zur Geltung kommen konnte. Die Idee, den schw. K auf zwei Seiten mit Damenopfer in ein Matnetz zu ziehen, war indessen 1864 wohl neu und wurde später von vielen anderen Komponisten besser dargestellt. Der Autor selbst kam erst 1876 wieder auf sie zurück (21). Lösung zu 20a: 1. Lg5—e7, Lc7: 2. Td5: (w. o.); 1. ...., Sf6 2. Td5: (w. o. bei 1. ...., Sc3). Der Sg1 ist nur wegen 1. ...., Lc7: 2. Td5:, Kd5: 3. Dc6†, Kd4 oder e5 (statt eines w. Bg2) auf dem Brette. Das Variantenspiel ergibt sich sehr einfach aus der Drohung 2. Td5:. Auf 1. ...., Lb7(a8) kann sowohl Td1 als Td7: folgen.

20a. 1864.

Mat in vier Zügen

21. 1. Dh4—e7, Sg1: 2. Sf6; a) 2. ...., Sd6: 3. De5†; b) 2. ...., Sd2 3. De3†; c) 2. ...., Se5 3. d7, Ke3 4. Dc5‡. Nebenspiel 1. ...., Th7 2. Sc3, Te7: 3. Sf3†. Var. 1. ...., cd6 2. Lc5†, dc5 3. Dc5‡; 1. ...., a5 2. Se2†, Kd5 3. Ld7; 1. ...., Se5 2. Lc3†, Ke3 3. De5:; 1. ...., Sc4 ~ 2. Lc3†, auch Se2†. Drohung 2. Se2†, auch 2. Sf6. Leipzig 1876, Turnier des Mitteld. Schachbundes, I. Preis.

22. 1. Da4—c2, Lh1: 2. Dg6, gf4 3. e3—e4 (Idee; die D hat den Schnittpunkt e4 überschritten), Ke5×d4 4. Dg6×d6† (Matbilder). Begleitspiel 1. ...., Db7(a8) 2. Te4‡, Kf5 3. Te6†, Kg4 4. Df5†. Var. 1. ...., Kf5 2. Le4‡, Kg4 (Te4:, De4‡, Kg4, De6†) 3. Dd1†, K ~ 4. Df3 oder h5†, 1. ...., d5 2. De4‡, Kd6! 3. Dd5† 4. ‡. Gewann im Turnier des Westd. Schachbundes in Düsseldorf 1864 den I. Preis. Der Sg8 spielt immerhin eine bessere Rolle, als der Sg1 in 20a.

23 ist aber eine Neudarstellung der Grundidee von 22, entstanden 1883 (Schachproblem) mit Einfügung einer zweiten Schnittpunktidee. 1. Da4—c2, Lg2: 2. Dg6, gf4 (Lc6†, Ke7) 3. e4, Kd4: 4. Dd6‡ (es ist wohl befriedigender, daß nun, außer der D, keine w. Figur mehr auf dem Brette steht). Begleitspiel: 1. ...., Lc2: 2. Kf7, Td2: (Le4, Sd3†; Lg6†, Sg6‡) 3. Sd3†, Td3:! 4. Te4†. Var. 1. ...., d5 2. De4‡, de4 3. Kf7, Td2: 4. Sg6† 1. ...., gf4 2. De4‡, Kf6 3. Td6‡ ,Kg5 4. Df4:, auch g6†, usw. Die übrigen Varianten sind vier- oder dreizügig. Im „Schachproblem" steht auf a5 ein w. B; dieser mußte durch einen schw. B b6 ersetzt werden, weil sonst 1. Kf7 durchgreift.

24
1865 (1912)

Mat in vier Zügen

25
1883

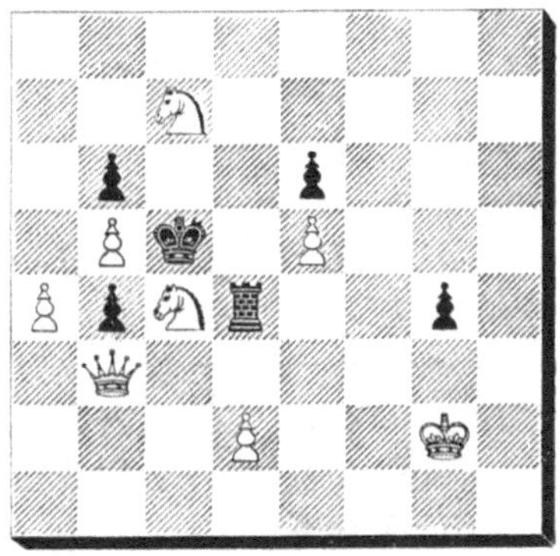

Mat in vier Zügen

26
1865 (1883)

Mat in vier Zügen

27
1865 (1883)

Mat in drei Zügen

24. 1. Sc5—e4 (Zugzwang), Ke4: 2. Sc5† (nicht Sf2† wegen Kf5:), Kd5 (Kf5:, Df3†) 3. Se4 (Idee, W. erreicht mit dem Wiederbesetzen des Feldes e4 durch den zweiten S die erforderliche letzte Zugzwangstellung). Mit 1. Sb4‡, Tb4‡ (nicht ab4 2. Dc3 und Zugzwangstellung) 2. Kc8, Kc6 z. B. wird das Ziel nicht genommen. 1. Dc1, c2, d2 oder e1 scheitert an Sc6. Vertiefung folgender Stellung in der Leipziger Illnstr. Zeitung 1865: Kb5, De1, Sd3, e4, Bg2, g4; Kd5, Td4, Sb4, Be5, e6; 1. Dc3, Ke4: 2. Sc5†, Kd5 (Kf4, Se6‡) 3. Se4.

25. 1. Kg2-g3 (Zugzwang), Td4-e4 2.Dd3, Td4 (Te3†, S auch B×e3) 3. Se3 (Matbild); 1. ...., Tc4: 2. Kh2, g3† 3. Kg2 Zugzwang (Ideevariante). Var. 1. ...., Tf4 2. Kf4:, ~ ‡ in 2 Zügen; 1. ...., Td2: 2. Sd2:, Kd4, 3. Kf4; 1. ...., Td6, 7, 8 2. verschiedene Fortsetzungen. Der Autor kam 1883 (Schachproblem) durch 24 (ursprüngliche Fassung) auf den Gedanken, den K drei Tempozüge vollführen zu lassen. Der K kehrt schließlich nach g2 zurück.

26a. 1865.

Mat in vier Zügen

27a. 1865.

Mat in drei Zügen

26. Die nebenstehende Position 26a wurde von der Redaktion der Leipziger Ill. Zeitung (Mangelsdorf) wegen ihres Ideengehaltes gutgeheißen. 1. Sh3 (droht Ld3‡), b1D (wenn bc1S, so Lc4 und Df3: oder Ld3‡) 2. Sg5 (droht Df3: bzw. e4‡), fg5 3. d4 und Df3: oder f7:‡, je nachdem die eine D e6, die andere e4 besetzt; sonst De5:‡. Der Überschuß von zwei kleinen Figuren in den Schlußstellungen mußte aber später doch auffallen, und es ist wohl die neue Position von 1883 (Schachproblem) ein schlagendes Beispiel dafür, daß man in dem Bestreben, die Figurenökonomie zu erzielen, nicht frühzeitig erlahmen soll. In der neuen Position 26 ergibt sich außer 1. Dc5, ba1D 2. Sf5, ef5 3. c4 noch 1. ...., Da7! 2. Lb2:, Dc5: (Ke4,cd3† usw.) 3. Sf3‡ und Matbild nach Kd6. Sonstige Var. 1. ...., ba1 S 2. Db4, ~ 3. Sc6 (f3)†; 1. ...., Ke4 2. cd3†, Ke5 3. Sc6†; 1. ...., Dc7 oder ~ 2. Sc6† 3. Lb2‡. Drohung auch 2. Lb2:.

27. 1. Da3-h3, Dg6: 2. f8S; 1. ...., Dh3: 2. Sf8; 1. ...., Dd4: 2. f8D. Drohung 2. Dh8 oder f7-f8D oder Sf8. Die Idee liegt in der Deckung des Punktes e6. Ersatz für 27a aus dem Palamède-Turnier 1865. 1. Dh3, Dg6: 2. Lf4‡ oder 1. ...., Dg5 2. Sf8 (wobei Lc1 Statist bleibt) ist wohl weniger befriedigend. (1. ...., Dh3: 2. Sf4:.)

28

1865 (1883)

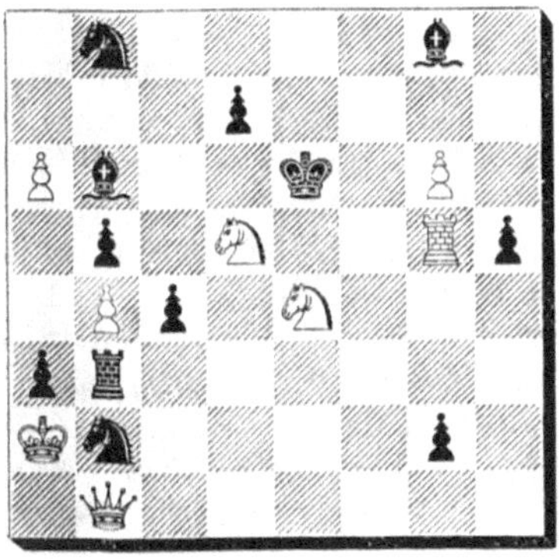

Mat in fünf Zügen

29

1866 (1883)

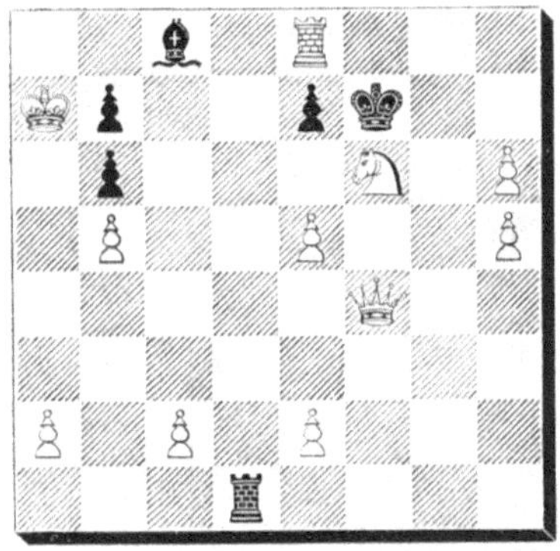

Mat in vier Zügen

30

1866

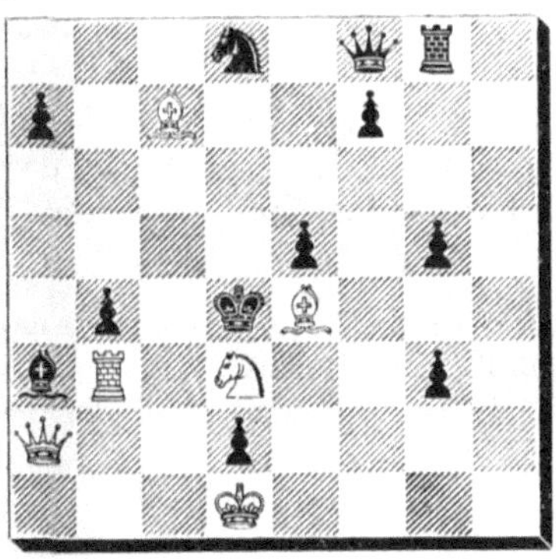

Mat in vier Zügen

31

1866 (1883)

Mat in zwei Zügen

28. 1. Db1-e1, Te3 2. Dh4, Sd3 (wenn Tf3, so Dh2; wenn Te4:, so De4 ǂ und De5†; wenn d6, so Df4, Kd7, Dd6 ǂ; wenn Sc6, so Sf4†, Ke7, Tf5†; wenn g1D, so Sf4†, Ke7, Te5††; wenn Lf7 oder c4-c3, so Df4) 3. Te5†, Ke5: 4. Df6† (Idee), oder 3. ...., Se5: 4. Sf4† (Begleitspiel). Var. 1. ...., Tb4: 2. Sf6†, Kd6 3. De5†, Kc5 4. Se4† oder 2. ...., Le3 3. De3 ǂ, Kd6 4. Se8†; 1. ...., Le3 oder Sd3 2. Sc5†(†), Kd6 3. Dg3†. Entstand 1883 (Schachproblem) zum Zwecke der Beseitigung des Lc8 in 28a aus dem Palamède-Turnier 1865. Lösung von 28a: 1. Le3, Te3: 2. Dh4: usw. Var. 1. ...., Lh2 2. Df3, Le5 3. Df5†, Kd5: 4. De5 ǂ; 1. ...., Td5: 2. Df3 usw.

28 a. 1865.

Mat in fünf Zügen

29. 1. Te8—d8, Td8: 2. Sd7†, Ke8 3. Dg4 Zugzwang, oder 2. ...., Ke6 3. Dg4†; 1. ...., Ke6 2. Se8, Td8: (Td7, e4) 3. Sc7† (Ideenspiele, der schw. T muß auf d8 die Wirkung des w. T. ersetzen; der Punkt d7 wird überschritten). Var. 1. ...., Td6 2. Sd7†, Tf6 oder Ke6 3. Dg4(†); 1. ...., Lf5 2. Sd5 usw. Droh. 2. Sf6 ~†. Entstand 1883 (Schachproblem) aus einer inkorrekt erschienenen Aufgabe in der Leipziger Illustr. Zeitung 1866, die nur die erste Ideevariante enthielt.

30. 1. Sd3—c5, Kc5: 2. Tb4:, Kb4: 3. Ld5 (Idee). Var. 1. ...., Dc5: 2. Dd2 ǂ, Ke4: 3. Dd3†; 1. ...., Dd6 2. Dc2, Da6 3. Sa6:. Droh. 2. Td3† auch 2. Dc2 3. ǂ. Erschienen 1866 in der Pariser Schachz. „Le Sphinx".

31. 1. La1—d4. Erschien 1866 in „Le Sphinx" in folgender Ausarbeitung: Kh1, Db4, Lb1, h8, Sf2, f4, Bc5, d2, h4, h7; Ke5, Sc1, f6, Bd5, f7, h5. Die Änderung geschah (1883, Das Schachproblem), weil der w. Lh8 (besser) zu beseitigen war.

32

1866 (1883)

Mat in drei Zügen

33

1866 (1910)

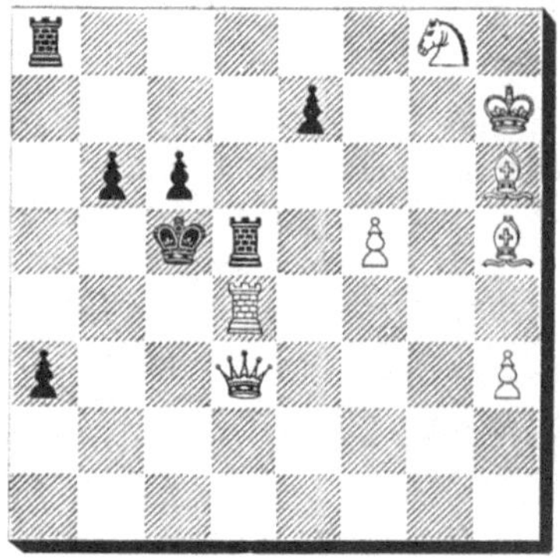

Mat in fünf Zügen

34

1866

Mat in vier Zügen

35

1866 (1883)

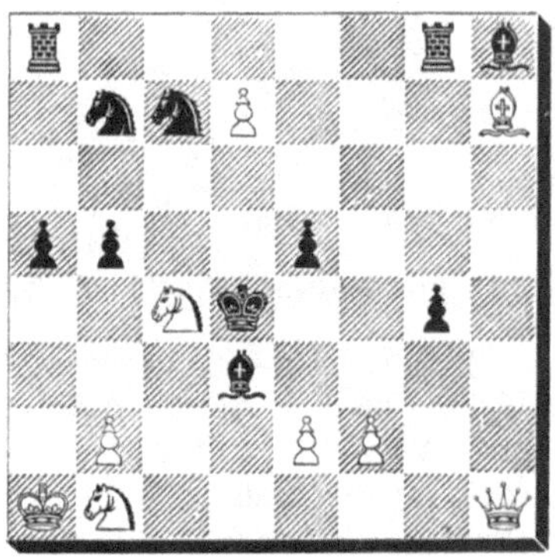

Mat in fünf Zügen

32. 1. Dc2—d2, Kd7×c6 2. Ld3—b5†; 1. ...., Tc6: 2. Lf5‡†; 1. ...., Tb7—a7 2. La6‡. Idee: An die Stelle des T-L-Abzuges tritt der D-L-Abzug; in obigen drei Varianten kommt die Figurenökonomie zur Geltung (auf die Matreinheit mußte naturgemäß verzichtet werden, denn die D wird vom T gestützt). Nebenvar. 1. ...., Ke8 2. Lc4; 1. ...., Kc7 2. Le4; 1. ...., Ke6 2. Lc4† (zugleich Drohungen). „Le Sphinx" 1866 (mit w. Dh2, w. Bg3, ohne schw. Bh5).

33. 1. Lh6—e3, Kd6 2. Lf4†, e5 (wenn Kd7, so 3. Td5‡, cd5 4. Dd5‡, oder 3. ...., Kc8 4. Se7‡) 3. fe6‡, Ke6: 4. Df5†. Drohung 2. Td5‡† 3. Ld2† 4. Ld1‡. Entstanden 1910, D. Schz. aus nebenstehendem Problem 33a von 1866 („Le Sphinx"). Die Beseitigung von 1. Te4—c4† erforderte die Verlängerung um einen Zug; sie ist möglich geworden, u. z. ohne namhaft erhöhten Materialaufwand. Lösung von 33a: 1. Tc4†, d5 (wenn Kc7, so 2. Tc5‡, Kb6 3. Ld8†) 2. ed6‡, Kd6: 3. De5†. Vgl. die Bemerkung zu Nr. 9.

33a. 1866.

Mat in vier Zügen.

34. 1. Sf2—g4, Le5—c7 (weil Ld2 und Lc3‡ droht) 2. Sc8—d6; a) 2. ...., Td6: 3. Sh2; b) 2. .. ., Ld6: 3. Ld2. Var. 1. ...., Lg3 2. Ld2, Le1 3. Le1:; 1. ...., Lf4 2. Lf4:, Td5 oder e7 3. Ld2 oder Se7:. Aus „Le Sphinx" 1866 (dort stand der L auf d8, der Sf2 auf g4). In Nr. 5 und Nr. 29 kam schon eine erzwungene Linienüberschreitung vor (Da8×g2 bzw. Td1×d8). In Nr. 34 stellte der Autor das erstemal die Idee dar, daß der L nicht durch direktes Opfer hinaufgezwungen wird, sondern daß er lediglich der richtigen Verteidigung wegen den Punkt d6 überschreiten muß, ferner, daß diese Überschreitung zugleich das Entstehen eines Matbildes ermöglicht: 2. Sd6, Td6: 3. Sh2, Ke5 oder ∼ 4. Sf3‡.

35a. 1866.

Mat in fünf Zügen.

35. 1. Dh1—c6 (droht e3‡), Lh7: 2. Sbd2, Sc5 (wenn a4, Lc2 oder Sd5, so Sb6 oder e3 usw.;) 3. Sb6, Tg6 (oder Le4; es droht Dd6†) 4. De4† (Idee). Var. 1. ...., Sc5 2. Sbd2, Le2: (wenn Le4, so Le4:; wenn L ∼, so Sb6, auch e3; wenn Sd5, so e3†) 3. Dd6†, Sd5 4. Se3; 1. ...., Le2: 2. Se3, Tg6 3. Sc2†, auch Lg6:. Im Vergleich zu 34 ergibt sich hier der Fall, daß der schw. L durch ein indirektes Läuferopfer (über g6) nach h7: gezwungen wird, daß aber dagegen der T nur einen Verteidigungszug vollführt, der die Läuferlinie schließt. Veränderung (1883, Schachproblem) des Turnierproblems 35a, London 1866—1867 (belobte Sendung). Lösung 1. Dc7 usw.

36

1883

Mat in vier Zügen

37

1866

Mat in vier Zügen

38

1904

Mat in fünf Zügen

39

1885

Mat in fünf Zügen

36. 1. Da8—b8, Lh8: 2. Dc7, Tg7 (wenn Tg6, so Df7†; wenn Tf8, so Dd7†) 3. De5†; 1. ...., Th8: 2. c4†, bc3 3. De5† (zwei Ideenspiele). Var. 1. ...., Te8 2. Dc7, Te7 3. Da5†; 1. ...., Lf6 2. Df4, gf4: 3. Lf6:; 1. ...., Lc3, d4 2. Dc7, Tg7 3. Lg7:. Drohung 2. c4† ev. 2. Dc7. Entstanden 1883 (Schachproblem) zur Kürzung der Lösung (vgl. 35) und Einfügung der En passant-Kombination.

37. 1. Ta4—a8, Da8: 2. Lb5, Lc8 3. h8S, oder 2. ...., Le6 3. Sh5†, oder 2. ...., Lh5 oder d7 3. Ld7(:). Die D wird durch direktes Opfer über c8 gelenkt, der L aber wird durch die Matdrohung zur Bewegung veranlaßt. Ein anderer Fall: Die Unterbrechung der D-Linie ermöglicht eine Bauernumwandlung. Begleitspiel: 1. ...., Df7 2. Tf8, Df8: (wenn g6, so Lg6:, wenn Lf5, so Lf5:) 3. Le4, in welchem alle verbleibenden Figuren an den Matstellungen beteiligt sind (Figurenökonomie ohne Matreinheit). Var. 1. ...., Lc8 2. Tc8:, Df7 3. Tf8; 1. ...., Lc5, Lf5, d5 2. Te8: usw. Drohung 2. Te8: oder Le4 Britisches Turnier 1866—1867.

38. 1. Se6—f4, Tb8: 2. Lb5, Lc8 (wenn Ld7, so Sg6‡) 3. d7, Ta6 (um d8D zu verhindern) 4. Sg6‡ 5. d8S‡. Schärfere Darstellung der Grundidee von 37. Der T wird indirekt veranlaßt, auf b8 zu schlagen; es würde nach Lb5, Lc8 sofort d7‡ erfolgen. Var. 1. ...., Tc8 2. d7†, Tb8: 3. Lb5, Ld7: 4. Sg6‡; 1. ...., g5, Ta8 2. Lg8 4. ‡. Drohung 2. Lb5 und 2. Lg8. Erschien 1904 in der Leipziger Illustr. Zeitung als deren 3000. Problem.

39. 1. Sa2—b4, womit W. 2. Sc2 3. Se3 oder d4 4. ‡ droht. Schw. kann das ‡ dadurch noch um einen Zug verschieben, daß er auf f1 eine D oder einen T wählt, denn dann ist schon 3. ...., D oder Tf4: 4. gf4 5. ‡ möglich. Die ideegemäße Verteidigung ist aber: 1. ...., La6 2. Sc2, f1D 3. Se3, Db5 4. b4 Zugzwang. Hier ist der Fall, daß beide Verteidigungsfiguren, der L und die D, (ideegemäß) bestimmte Punkte besetzen müssen, ohne daß sie durch direktes Opfer von W. dahin gezwungen oder durch indirektes Opfer (Schlagenlassen eines daselbst schon stehenden w. Steines) dazu veranlaßt werden. Der L überschreitet auf b5 den Punkt, den später die D besetzen muß. Man hat bei Erscheinen dieses Problems nur an den Healey-Turmzug (im Bristoler Problem) gedacht, welcher der w. D die Linie frei machen muß. Der Autor war aber in seinen Gedanken mit der Weiterbildung der in 34—40 verfolgten Ideendarstellung bei möglichst abgeschwächtem Angriff beschäftigt. 39 erschien 1885 im „Sammler", Schachspalte der Augsburger Abendzeitung.

40

1904

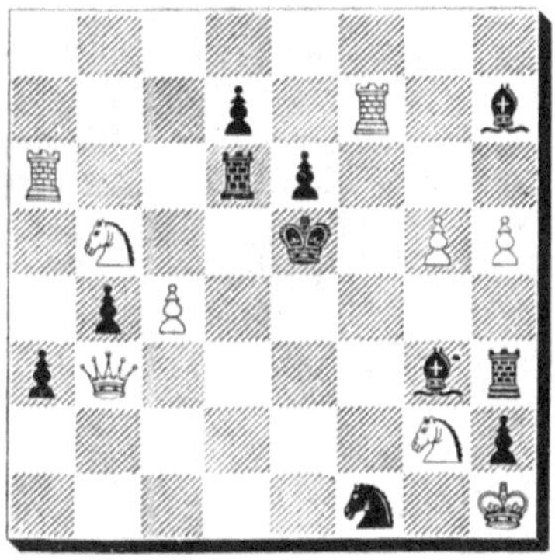

Mat in fünf Zügen

41

1866 (1912)

Mat in vier Zügen

42

1866

Mat in vier Zügen

43

1866

Mat in vier Zügen

40. 1. Db3—f3, Td6—d2 2. Ta6×a3, Lh7—c2 oder b1 3. Ta3—d3; a) 3. ...., Td3: 4. Df5†; b) 3. ...., Ld3: 4. Df6†. In dieser, 1904 dem deutschen Altmeister Schrüfer anläßlich seines 80. Geburtstages (zunächst in vierzügiger, nicht vollkommen korrekter Fassung) gewidmeten Aufgabe hatte der Autor alles erreicht, was ihm nach dem Erscheinen der Nr. 34 vorschwebte. Weder der schw. L noch der schw. T steht schon jenseits des Schnittpunktes d3 und auch die w. Figur, welche den Schnittpunkt zu besetzen hat, befindet sich noch nicht in der richtigen Linie. Beide schw. Figuren überschreiten selbsttätig den Schnittpunkt, nicht gezwungen, bzw. veranlaßt durch ein Figurenopfer von W. Mit dem ersten Zuge von W. ist die Drohung 2. Td6: verbunden. Var. nach dem ersten Zuge: 1. ...., Td5 2. Td7: (droht Td5‡ und Te6‡), Lg8 3. Te6‡, Le6: 4. Td5‡, oder 2. ...., Se3 3. Te6‡, Ke6: 4. Df7†, oder 2. ...., Tb5:; d2, d1 3. Df6†, oder 2. ...., Td6 3. Td7×d6:; 1. ...., Ta6: 2. Td7: (droht Td5†, auch Df6†), Td6 3. Td6:; 1. ...., Sd2 2. De3†, Le4 3. Td6:, Sb3 4. Tf4; 1. ...., Th4 2. Td6:, Td4 (Tc4:, Td5†) 3. Td4: usw.; 1. ...., Td1 2. Dd1: nebst Da1 oder d6†. Var. nach dem zweiten Zuge (1. ...., Td2 2. Ta3:): 2. ...., ba3 3. Tf4, Td4 4. Te4†; 2. ...., Th4 3. Te3†, Se3: 4. Dg3‡; 2. ...., Td3 3. Td3:, Ld3: 4. Df6†; 2. ...., Tf2 3. Te3†, Se3: 4. De3‡; 2. ...., Lg6 3. hg6 (droht Df5†), Th7 4. Te3†. Erschien als Vierzüger u. a. ohne Ba3 und mit Df3 (statt b3) in der Bamberger Schachzeitung, dann in der D. Schz. 1904, als Fünfzüger in der D. Schz. 1904 bzw. 1905, S. 68.

41. 1. Da6—a5, Lh8 2. Db4, Ke5 3. Df4†. Var. 1. ...., Lf6, f5—f4 2. Db4, Ke5 3. Sf7† oder 2. ...., Lg5: 3. Lg5:; 1. ...., Ld4 2. Db4, Ke5 3. Db8†; 1. ...., Lb2, Th5: 2. Sb7† 3. Lg7† (Droh.); 1. ...., Lc3 2. Dc3: usw.; 1. ...., Se4 2. Sd3:, Sg5: 3. Dc5†; 1. ...., Th2:, g4—g3 2. Db4 ‡ in 2 Z. (Droh.). Die Idee liegt in dem Zwang, der auf La1 ausgeübt wird. Ersatz für 41a, welche im Britischen Turnier 1866—1867 konkurrierte. Diese Art der Aufpfropfung von Opferideen, wie sie in 41a (und in einem Vierzüger in „Le Sphinx“ 1866: Ka5, De1, Tg7, h1, Sa4, f7, Bf3; Ke6, Ta8, Lc8, Sa2, g2, Ba6, b3, d6, e3, e7; 1. Dg3) vorkommt, hatte der Autor bald verlassen. Denn die gewonnene Erkenntnis war: Wenn sich die vorhandenen wichtigsten Streitkräfte (die w. Offiziere) nicht stets zu einem Zusammenwirken in einer beabsichtigten Matstellung vereinigen, so geht der einheitliche Charakter, den eine Komposition (wie irgendein Kunstwerk) haben soll, verloren. Der Komponist verliert sich ins Uferlose. In 41a ergibt 1. Sg5, Lh8 2. Lg2 (droht Td5‡), Ke5 3. Df4† das Hauptspiel wie oben (der Tc5 wirkt in der Schlußstellung nicht mit); 1. ...., Ld4 ermöglicht 2. Tc3‡, Ke5 3. Dd4‡ (der Lf1 stört das Matbild) und 1. ...., Lf6 führt 2. Td5‡, Kd5: 3. Dc4† herbei.

41a. 1866.

Mat in vier Zügen.

44

1866

Mat in vier Zügen

45

1886

Mat in drei Zügen

46

1883

Mat in drei Zügen

46a

1883

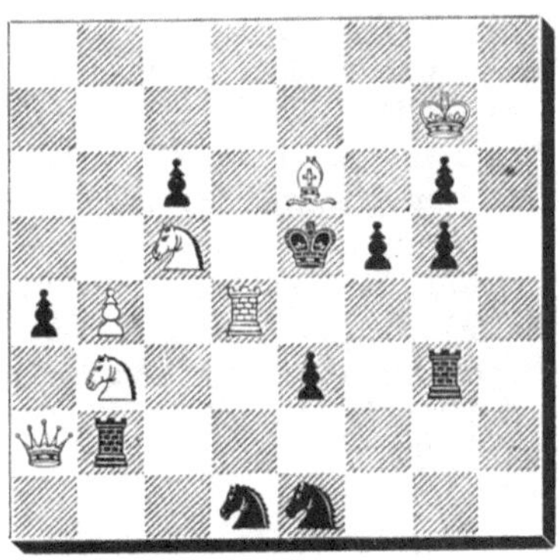

Mat in drei Zügen

42. 1. Tf2—f7, Kd6 2. Dd5†, Sd5: 3. Sc4†; 1. ...., Ld4 2. Dd5†; Sd5: 3. Sc4† (zwei gleichartige Schlußwendungen, als Idee aufgefaßt). Var. 1. ...., Sd4, f4 2. Sd7†, K ~ 3. Dc5‡ oder Lc2†; 1. ...., Se6 ~ 2. Dc5‡; 1. ...., ~ 2. Lf3 usw. (Droh.). War in etwas anderer Form Begleitstück einer inkorrekten Sendung zum Turnier der Neuen Berliner Schachzeitung 1866—1867.

43. 1. Da4—a7 (Zugzwang) mit der Verschönerungsvariante Se8(d5) 2. Td5(:)†, ed5 3. Sd3† und dem fortgesetzten Zugzwang nach 1. ...., g3 2. hg3, Se8 (Ld6 ~, Dc7‡) 3. Db6. Var. 1. ...., Sc5 (d4 usw.) 2. Dal(d4:)†, Kf4, 3. Dcl(e3)†. Britisches Problemturnier 1866—1867.

44. 1. Lgl—b6, cd6: 2. Dd4 (droht Dgl‡), Kg5 3. Df6‡ (Idee). Var. 1. ...., Kg5 oder Lf5 2. Dc5(†) 3. Df5‡; 1. ...., Ta5 oder cb6 2. Dd4, Kg5 3. Df6‡. Drohung 2. Dc5 oder d4. Die Figur, welche das Feld gl zu räumen hat, wird im vierten Zuge zum Matsetzen verwendet. Wohl die natürlichste Weiterverwertung der Healeyschen Linienräumungs-Idee. Britisches Problemturnier 1866—1867.

45. 1. Kg2—h3, Le7 oder f8 2. Dcl, Lc5 3. Dhl‡. Es hat sich nachträglich herausgestellt, daß die Position 45 am reinsten auch der Liniennutzungs-Darstellung von J. Brown entspricht. Der Linienräumungs-Gedanke von Healey kommt auch durch den Königszug noch effektvoll zur Geltung. Der Autor vertritt die Anschauung, daß die Idee nicht in der Äußerlichkeit (im T) liegt. Healey hatte selbst in einem zweiten, einfachen Problem den T durch einen S ersetzt. Var. 1. ...., Ke4 2. Df4†; 1. ...., Lb6, d6, d4 usw. 2. Dd6†; 1. ...., Se6 oder ~ 2. De6(:)†. Das Bauernpaar a6, a7 verhindert die Nebenlösung 1. Kf3, Lf8 2. Db6. Dresdner Nachrichten 1886.

46. 1. Kg7—f8 und zwei gleichartige Wendungen: a) 1. ...., ab3 2. Da7; b) 1. ...., Db3: 2. Dh2. Drohung 2. Sd7†. Verwandt mit 45, aber keine Doppelsetzung derselben, weil der schw. L neben dem K fehlt. IV. Preis für Dreizüger im Turnier des Deutschen Schachbundes, Nürnberg 1883.

46a. 1. Kg7—f8; a) 1. ...., ab3 2. Da7; b) 1. ...., Tb3: 2. Dh2. Drohung 2. Sd7†. Diese 1883 (Schachproblem) hergestellte Position dürfte den Vorzug vor 46 verdienen.

47

1883

Mat in drei Zügen

48

1866 (1912)

Mat in fünf Zügen

49

1868 (1912)

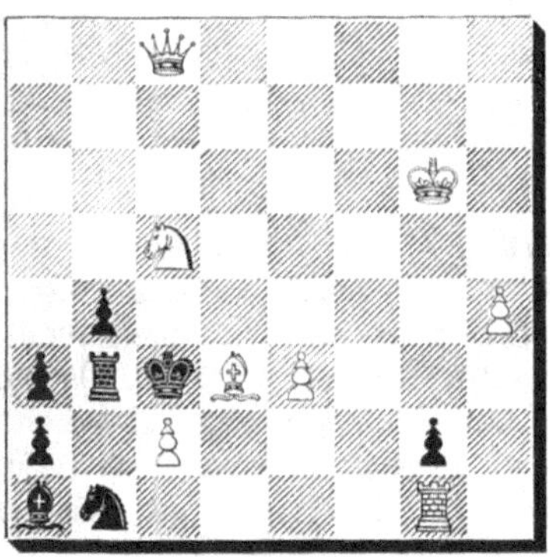

Mat in zwei Zügen

50

1868 (1875)

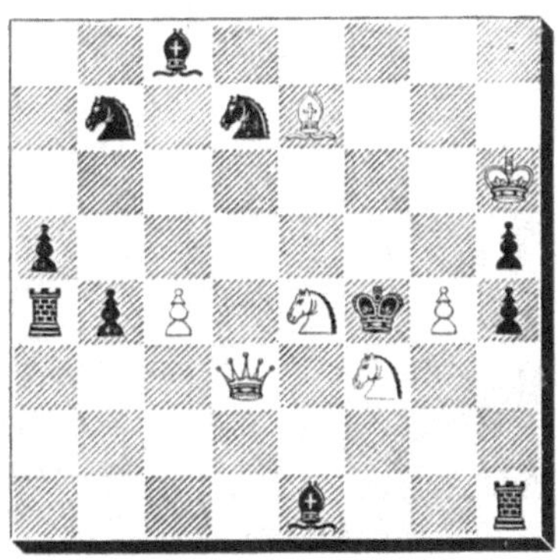

Mat in drei Zügen

47. 1. Tg8—g1, Lf4: 2. Df8 Zugzwang (Idee). Var. 1. ...., Lc3: 2. Sg5†; 1. ...., K ∼ 2. Sg5(†) Drohung. Berliner Sonntagsblatt 1883. Eine Schnittpunktüberschreitung von W., die auch noch eine entfernte Verwandtschaft mit dem Bristoler Problem hat. Das Bristoler Problem ist insofern ebenfalls ein Schnittpunktproblem, als der T den Punkt g1 zu überschreiten hat. Daß nicht gerade eine D den zweiten Zug zu machen braucht, beweist die Stellung 47a (1883, Schachproblem). In dieser Beziehung kann nach Ansicht des Autors die Freiheit des Komponisten nicht beschränkt werden. Eine D lenkt den Löser weit eher von der Absicht des Autors ab, als ein T, der naturgemäß nach f8 hinstrebt.

47a. 1883.

Mat in drei Zügen.

49a. 1868.

Mat in zwei Zügen.

50a. 1868.

Mat in drei Zügen.

48. 1. Sc4—b2 (droht Df7 ‡), Ld5 2. Lf4, ef4 (e4, Db4:) 3. Db4:, Ke5 4. Df4‡ (Idee). Ersatz der inkorrekten Positionen im Britischen Turnier 1866—1867 (vgl. D. Schz. 1868), und im Schachproblem 1883. Var. 1. ...., Da2 2. Da2:, Ld5 oder b4—b3 3. Da5, f4 4. Dd8†.

49. 1. Dc8—h3 (Vorausdeckung des Punktes e3). Ersatz für 49a, D. Schz. 1868, ursprünglich in einem Grazer Lokalblatt erschienen (Lösung 1. Dh8).

50. 1. Sf3—e5, Ke5: 2. De3 (Idee, der Se4 ist nun, je nach den Gegenzügen von Schw., genötigt, nach allen acht Feldern abzuziehen); bei 2. ...., Ke6 ergibt sich Sg5‡ (Matbild). Österr. Schachz. 1875. Entstanden aus 50a, „Freiheit“ in Graz 1868. In 50a stellt sich nach 1. Le5†, Kc5 (Ke5:, Df4†; Ke7:, Df8†) 2. Kd3 nur der erzwungene Abzug nach vier Seiten ein.

51

1875 (1883)

Mat in drei Zügen

52

1887 (1911)

Mat in zwei Zügen

53

(1912)

Mat in drei Zügen

54

1868 (1883)

Mat in zwei Zügen

51. 1. Se6—d8, Td8: 2. De6 und erzwungener Abzug des Le5 nach elf Feldern; wenn 2. ...., Ke3, so 3. Lf4‡ (Matbild). Var. 1. ...., Kf5: 2. De6†. Läuferabzüge nach dem System in 50. 1883 (Schachproblem). Die erste Fassung, 51a (Österr. Schachz. 1875) konnte noch nicht ganz befriedigen. Nach 1. Dd2, Lc2: 2. Dc3 ergeben sich zehn Abzugsfälle. Schwierig gestaltet sich die Ausarbeitung von Positionen, in welchen alle dreizehn möglichen Läuferabzüge von Schw. erzwungen werden können. Der Autor war dieser Frage zuerst 1886 und 1887 in der „Nuova Rivista degli Scacchi" nahegetreten.

51a. 1875.

Mat in drei Zügen.

52. Veränderung der Position in der N. R. 1887 D. Schz. 1911. 1. Dd8—h4.

54a. 1868.

Mat in zwei Zügen.

53. 1. Sb4—c6, d7×c6 2. Th4. Var. 1. ...., Ta1†, 2. La1:. 52 und 53 faßt der Autor als genügende Erledigung des Themas auf. Ein besserer Dreizüger wird kaum zu konstruieren sein, wenn wenigstens eine ökonomische und reine Schlußstellung vorhanden sein soll.

54. 1. Dg5—g2 (die D muß die Fesselung des Se4 verhindern: 1. ...., Sd8: 2. Sd6‡). Entstanden 1883 (Schachproblem) aus 54a (1. Tg2). „Tagblatt" in Graz 1868.

55

1868 (1883)

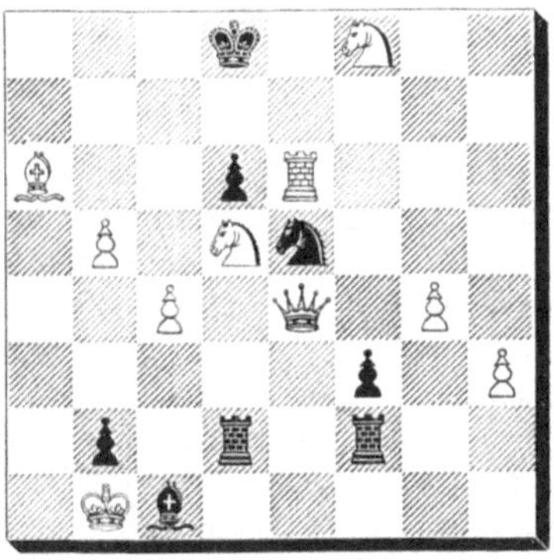

Mat in zwei Zügen

56

1868

Mat in fünf Zügen

57

1868 (1883)

Mat in vier Zügen

58

1868 (1883)

Mat in drei Zügen

55. 1. De4—e1 (Idee). Es gelang nicht, das reine Mat auf beiden Seiten darzustellen. Es kann nur ein schw. T. entsprechend benutzt werden. Entstanden 1883 (Schachproblem) aus 55a. „Tagblatt“, Graz 1868. Es besteht eine Verwandtschaft mit 7—9.

55a. 1868.

Mat in zwei Zügen.

56. 1. Dh1—h5, Tg8: 2. Sd4†, Kc4 (Kb4, Dd1╪ in 2 Zügen) 3. Dd1, Kd5: (a4, Sc6) 4. Sde6† (Idee). Var. 1. ...., Kb4 2. De8, Lc5: (auf andere Züge folgt ╪ in zwei Zügen) 3. Sc5:, Kc3 (Kc4 oder ~, Da4†) 4. Td3†; 1. ...., Lc5: 2. De8† und ╪ im fünften Zuge w.o.; 1. ...., Te4 oder g6 2. Sd4†, Td4: (K ~, Dd1) 3. De8†, ~ 4. Da4†. Alle anderen Varianten sind vierzügig (2. De8† Droh., oder 2. Td4†). Gewann im Turnier des Norddeutschen Schachbundes, Hamburg 1868, den I. Preis. D. Schz. 1868, Nr. 2622. Das Problem mußte aber nachträglich durch die Hinzufügung des w. Bg2 vor einer Nebenlösung geschützt werden, was den Eindruck des ersten Zuges schmälerte. Deshalb formte der Autor 1883 (Schachproblem) den Vierzüger 57.

58a. 1868.

Mat in drei Zügen.

57. 1. Tg5—e5, Kd4 2. De1, Ke5: (Kd3, Dd2†, auch Sb4†) 3. Sef6†. Var. 1. ...., b5 2. De1, b4 (ba4, Sb6†; Ld4, Sd6†) 3. Sb4:; 1. ...., cd5 2. Df3:, de4 (Kb4) 3. Db3†; 1. ...., Kd3 2. Df2 usw.; 1. ...., Lh3 oder Sf5 2. Df3:, Lg2† oder Sg3† 3. Kg2: oder Dg3:; 1. ...., Lf5 oder g4 2. De1 auch Df2. Drohung 2. Df3:.

58. 1. Dc1—c3, Ke4: 2. Td5; Begleitspiel 1. ...., Se4: 2. Tg3 (die zweite Figur stellt sich dem S en prise). Drohung 2. Tf3†. Ersatz (1883, Schachproblem) für 58a, Widmung, 1868, an die Hamburger Preisrichter. 1. Lg4—d7 (1. Lg4—e6 scheitert an Da3), Ke4: 2. Td5; der Sd1 wirkt nur im Falle von 2. ...., Dd5: mit. Drohung 2. Tf3†. Var. 1. ...., c4 2. Td5; 1. ...., Lh4: 2. Dd2╪.

59

1868 (1883)

Mat in vier Zügen

60

1868 (1883)

Mat in vier Zügen

61

1871 (1883)

Mat in fünf Zügen

62

1873 (1910)

Mat in zwei Zügen

59. 1. Te5—e6, Te6: 2. Se5, Ke5: (wenn Sg2 oder f5, so 3. f4) 3. f4† (Idee); 1. ...., Sf3: (g6) 2. Sb6, Te6: 3. Db4† (Begleitspiel). Var. 1. ...., Kc4: 2. Ld3†, Kd4 3. Kb2 auch Te3; 1. ...., Sg2, f5 2. Sb6, auch Se5; 1. ...., dc4 2. De3†. Drohung 2. Se5, ev. Sc4 ~. Widmung an die Preisrichter Kohtz und Kockelkorn, Nürnberg 1883 (D. Schz. 1883 und Kongreßbuch). Entstanden aus 59a. „Freiheit", Graz 1868. 1. Da3†, Kd4: (wenn Kc4:, so Kb2, Te3, fe3) 2. Se5, Ke5: (Te5:, Db4‡) 3. f4†. Vgl. die Bemerkung bei 9.

59a. 1868.

Mat in vier Zügen.

60. 1. Da1—h8, Dh8: 2. c4†, bc4 3. Le4†. Var. 1. ...., b4 2. Sd2, Dh8: oder ~ 3. Lc4 oder e4†; 1. ...., Ke6 2. Dc8† 3. c4†; 1. ...., Df5 2. Dd4†, 3. Lf5‡; 1. ...., Tb8 oder b7 2. Le4† 3. Sd4†; 1. ...., Se2, f3, c6—c5 2. c4†, bc4 (Ke6, Dc8†) 3. Le4†. Drohung Le4†. Erschien 1868 in „Über Land und Meer" in folgender Form: Ke3, Dc3, Ld3, e7, Sb3, Ba3, c2, d6, f4, h3; Kd5, Dh5, Tb6, Lf7, Ba6, b5, c6, g6.

61a. 1871.

Mat in fünf Zügen.

61. 1. De7—f7, Ke5 2. Sd5, c3 3. f3 (droht De7†), ef3 (wenn Sd2 oder g3, so Df6†, wenn ~, so De7 oder e8:†) 4. e4 (Idee), oder 2. ...., Te8, f8 3. h8D†, Th8: 4. Df6†. Var. 1. ...., Lf6 2. De6, h1D (oder de2, Sd6, Sg3, Df6‡, oder Se3:, Se3:, oder g4, Sd5†, oder ~ Sg2†) 3. Sd5†, Kg4 4. Se7†; 1. ...., Se3: 2. Se3‡, Ke5 3. De7†, Kf4 4. De6; 1. ...., g4 2. Sh4†, Kg5 3. Seg2; 1. ...., Tf8, de2 2. Se7 bzw. d4†, Ke5 3. Sc6†. Auf alle anderen Gegenzüge erfolgt das ‡ im vierten Zuge auf mehrere Arten. Veränderung (1883, Schachproblem) der Neujahrs-Lösungspreisaufgabe der Leipziger Illustr. Zeitung von 1871, 61a: 1. Dc7, cd4 2. Sc5†, Kd5 3. c3 (droht Dd7†), dc3 (wenn f4, so Dd7†) 4. d4 (der Ld1 ist untätig). Var. 1. ...., f4 2. Sc5‡, Kf5 3. Lg4‡, auch 3. Df7†; 1. ...., Td8 2. Sc5‡, Kd4:! 3. c3†, Kd5 4. Dd8‡; 1. ...., Kd4: 2. Dd6† 3. Sc5† 4. Sf7(3)‡; andere Var. sind kürzer.

62a. 1873.

Mat in zwei Zügen.

62. 1. Dg7—g1 (die direkte Deckung des Punktes d4 wird in eine indirekte verwandelt). D. Schz. 1910. In der ersten Ausarbeitung (Leipziger Illustr. Zeitung 1873) Nr. 62a ist die Idee allerdings konsequenter durchgeführt, aber die Position ist partieunmöglich (1. Dh2).

63

1873

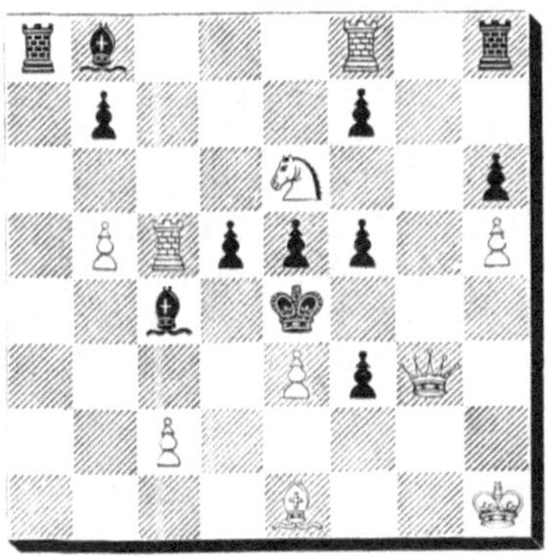

Mat in fünf Zügen

64

1874 (1883)

Mat in drei Zügen

65

1892

Mat in drei Zügen

66

1874

Mat in vier Zügen

63 1. Tc5—c7, fe6 2. Tf5:, ef5 3. De5‡ 4. Te7† (die Idee liegt in der Herbeiführung der zwei Läufermats, nicht in letzteren selbst; vgl. 108). Var. 1. ...., La7 2. Sd4, Ld4: (wenn Le2, so Df4†) 3. Te7, Ke3: 4. Te5‡; 1. ...., b6 2. Sg5†, hg5 3. De5‡, Ke5:, 4. Te7†; 1. ...., Lc7:, f6 (Ld3) 2. Sc5†, Ke3: 3. Dg1†, Ke2 4. Df2†; 1. ...., d4 2. Sc5†, Kd5 3. Df3‡, Kd6 (e4, Df5‡) 4. Sb7‡; 1. ...., Ld3 2. Sc5† auch cd3† usw. Drohung Sc5†. Leipziger Illustr. Zeitung 1873.

64a. 1874.

Mat in drei Zügen.

64. 1. Dg8—d8, Kd5: 2. Da5: (Idee). Var. 1...., Sd6:, oder S ~, a5—a4 2. Dg5:. Erschien 1874, Österr. Schachz. in der Stellung 64a mit einem überflüssigen w. T. Die neue Position enthält die Verführung 1. Lc7 oder b8, a4 2. Df7, Sd6. 1883, Schachproblem.

65a. 1883.

Mat in drei Zügen.

65. 1. De8—a4, Se5: 2. Da5. Var. 1. ...., Se7† 2. Kh7; 1. ...., Sf4 2. Kh7. Verführung 1. Df7, Se7†! 2. Kh7, Sf5. Drohung 2. Dg4†. Andere Auffassung der Idee von 64. Neue Würzburger Zeitung 1892. Eine dritte Art der Ausführung (Lösung 1. Dd5), in welcher der w. L erst seinen Platz aufsuchen muß, enthält 65a (1883, Schachproblem. Korrigiert: Db7 statt d8, wegen der Nebenlösung 1. Se6† 2. Df8).

66. 1. Ld6—b8, Se4 2. Lf3, Kc5 (oder Kc6, Dc7†, oder Kd4, De5†) 3. Dd6†. Var. 1. ...., f6 2. Dd6†, Ke4 3. Kc2; 1. ...., e2 2. Dd6†, Ke4 3. Lc2†; 1. ...., Kc6 2. Dd6†, Kb7 3. Dc7†. Drohung 2. Dd6† usw. Salonblatt in Wien 1874.

67

1875

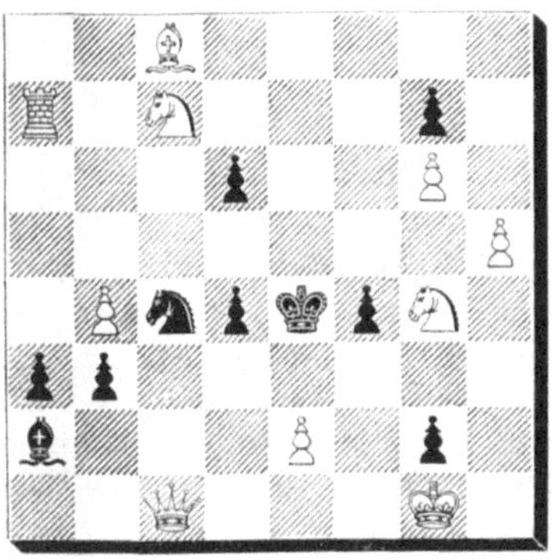

Mat in drei Zügen

68

1883

Mat in drei Zügen

69

1874 (1883)

Mat in drei Zügen

70

1883

Mat in drei Zügen

67. 1. Ta7—a4 (Zugzwang), Sa5 2. Dc3 (Idee). Var. 1. ...., Sb6, e3, b2, d2 2. Dc6†; 1. ...., Lb1 2. Db1 ‡; 1. ...., b2 2. Dc2†; 1. ...., d5 2. Se6; 1. ...., f3 2. Sf2†. Österr. Schachz. 1875.

68. 1. Ta3—a4 (Zugzwang), cb3 oder c3 2. Dc3(:) (Idee). Var. 1. ...., Sf4 2. De5†; 1. ...., Sg7(g3) 2. Dg3(:); 1. ...., Ta8, b7 ~ 2. Db7 ‡ oder c6†. Verwandt mit 67 in den Äußerlichkeiten, aber nicht in der Idee. Dem Springerzug 1. ...., a5 in 67 mußte das reine Mat geopfert werden. 1883, Schachproblem. Der w. Bf5 dient zur Verhinderung von 1. Dh2 (droht Dh1†), Sf4 2. Df2, Se2: 3. Df5‡.

69a. 1874.

Mat in drei Zügen.

69. 1. Lf6—d8, Dg1: 2. Tf2†. Var. 1. ...., Dh7: 2. Lb6; 1. ...., Kd3 2. Te5‡. Drohung Tf7‡. Veränderung (1883, Schachproblem) von 69a, welche an dem ersten Sendungspreis im Turnier der „Westminster Papers“ 1874—1875 teilnahm. 69a: 1. Lc8, Df1: 2. Te2†. Var. 1. ...., Kc3 2. Td5‡; 1. ...., Te2 2. Td5‡. Drohung 2. Te6†. In der Schlußstellung der Ideevariante sind ein T und ein S untätig; die schärfere Ausprägung der Pointe war im Stile Loyds angestrebt worden.

70. 1. Le6—c8, Df1: 2. Te2†; 1. ...., Dg6 2. La6, Da6: 3. Te6‡ (Begleitspiel); 1. ...., Kc3 2. Td5‡; 1. ...., Sg6 2. Te1†; 1. ...., Dg7: 2. La6 (Droh.). In dieser 1883 (Schachproblem) erschienenen Fassung wurde die Grundidee in ihrem äußeren Eindrucke abgeschwächt, aber ein Begleitspiel (Ablenkung der schw. D nach einer zweiten Richtung) eingefügt.

71

1904

Mat in drei Zügen

72

1874

Mat in drei Zügen

73

1874

Mat in vier Zügen

74

1875

Mat in vier Zügen

71. 1. Lg6—h7, Lh7: oder Kf4 2. Tg6†. Var. 1. ...., Sg3, oder d5—d4, Lc2, b1 2. Th6† 3. Da4 (b5†)‡; 1. ...., Kd4 2. Da4†. D. Schz. 1904. Verwandt mit 70, aber hier weist der w. L dem schw. L den Weg. Der w. L könnte auch auf f5 stehen. Das würde aber die Lösung weit mehr bloßlegen. Der schw. L überschreitet den Punkt g6, wie die schw. D in 69 den Punkt f2.

72. 1. Sf2—e4 (Zugzwang), Sd5 2. De5† (Mittelpunkt); 1. ...., Kd3: 2. Dc5; 1. ...., Ke3 2. Dd5; 1. ...., L ~ 2. Dc5†; 1. ...., Sd3: 2. Sf3†; 1. ...., Se6 2. Df6†; 1. ...., S ~ 2. Dc5†. Westminster Papers 1874—1875 wie 69a.

73. 1. Kg7×g6, Tc1: 2. Kh5, Sf3: (wenn Se6, so Sf7†) 3. Df4† (Ideenspiel); 1. ...., Kd6: 2. Kf5†, Kc5 (Ke7, Sg6†) 3. Dd6† (Begleitspiel). Var. 1. ...., Tf3: 2. Dg7(h8)†, Kf4 3. Kh5; 1. ...., Tc7 oder Lc6 ~ 2. Sf7†, Ke4 3. Te3‡; 1. ...., d4 2. Dg7†, Kd6: 3. La3†. Drohung Dg7†. Westminster Papers 1874—1875 wie 69a und 72.

74. 1. Dg8—e6, Le4: 2. Dd6†, Ld6: (L oder Sd5, Se6†) 3. Se6†; 1. ...., Ke4: 2. Dc4†, Sc4: 3. Sf6†; 1. ...., Sb5 2. Dd6†, Sd6: (Ke4:, Sf6†; ~, Se6†) 3. Se6† (dieser Variantenkomplex stellt die Problemidee dar). Sonstige Var. 1. ...., g5 2. Sc6‡, Ke4: 3. Sc5†; 1. ...., g2 2. Lf3 und es folgt 2. ...., g5 3. Sc6‡, oder 2. ...., Sd5 3. Sc6‡, oder 2. ...., Ld8: 3. De5:(d6)†; 1. ...., Sd5 2. Dc6:, Ke4: 3. Sf6†. Drohung 2. Dd6†. Westminster Papers 1875, Widmung an die Preisrichter.

75

1875 (1883)

Mat in vier Zügen

76

1876 (1883)

Mat in zwei Zügen

77

1876

Mat in vier Zügen

78

1876

Mat in vier Zügen

75. 1. Dh5—f7, Kc6: 2. Lf3, Sd4: (auf andere Züge entscheidet ein Abzugschach des Se4) 3. Db7†; 1. ...., g1D 2. Dd7†, Ke4: 3. Dd5† (zwei Ideevarianten verschiedener Art); 1. ...., g1S 2. Sc5, Sf6 3. Le6‡. Drohung 2. Sc5 und 2. Lf3. Entstanden 1883 (Schachproblem) aus: Kh5, Dg5, Ld5, h6, Sd4, Ba3, b2, c4; Kc5, Ta8, f1, Sd6, f8, Ba4, a7, c2, d3, f5, h4; 1. De7 im „New York Clipper" 1875 (nebenlösig im zweiten Hauptspiel).

76. 1. Se5—c6. II. Preis im Turnier der „Detroit Free Press" 1876—1877, in Gemeinschaft mit einem Selbstmat, welches nebenstehend unter 76a eingereiht wird, weil der Autor im übrigen kein Selbstmatkomponist war. (Als Selbstmatlöser hat er sich indessen zuweilen betätigt; vgl. D. Wochenschach 1895.) Wegen der begründeten Besorgnis, daß Doppelzüge nach Sc8 ~ (Sd4 und Se7‡) beanstandet werden könnten, wurde der direkte Zweizüger in folgender Form zum Turnier eingereicht: Kf7, Da7, Td4, Sd5, f2, Bb4, d7; Ke5, Dh2, Le3, Sc1, g7, Bb7, f5, h5. Die Lösung des Selbstmats lautet: 1. Db8—h2 (droht Tb3‡, Lb3‡), Kb2: 2. Ld4‡, Sc3 oder Dd4:‡.

76a. 1876.

Selbstmat in zwei Zügen.

77. 1. Df3—f4, Kd5: 2. Sf7:, Ld4 3. De4†, oder 2. ...., Ke6 3. De5†; 1. ...., Le3 2. De3:, f4 (Kd5:, Sf7:) 3. Sc4†; 1. ...., Sa5 (d8) 2. Ld7†, Kd5: (Ke7, Dh4†) 3. Sf6† (Ideenspiele). Var. 1. ...., Sd6 2. Td6‡, Kd6: (Ke7, Sc6†) 3. Sg6†; 1. ...., Lg2 2. Sg6, fg6 (f6, Td7) 3. De5†; 1. ...., c4 2. Td7, Sd6 oder d8 (~, Sg7†) 3. Sg6; 1. ...., f6 2. Td7, Sd6 3. Sg7†. Drohung 2. Dh6‡ 4. ‡. I. Preis im Turnier des Westdeutschen Schachbundes, Köln 1876. Ein Preis gleichen Ranges (nicht I, II ex aequo) fiel an A. Bayersdorfer.

78. 1. Tf4—f2, Le4 2. Df4, Kd4: (Se2 oder f3, S×S) 3. De3‡; 1. ...., ef2 2. Se6‡, fe6: 3. Lb6† (Ideenspiele). Var. 1. ...., Tc8, b7—b6 2. Df4, Tc7: 3. De3:; 1. ...., fe5 2. De6:; 1. ...., Se2, f3 2. Se2:, f3:. Droh. 2. Se6‡. 4. ‡. Der Probleminhalt besteht nicht nur in den Ideenspielen, sondern auch in der Scheinlösung 1. Tf5, welche durch Tc8 vereitelt wird. Widmung an die Preisrichter in Köln, Kohtz und Kockelkorn und Dr. C. Schwede, D. Schz. 1876.

79

1876

Mat in fünf Zügen

80

1876

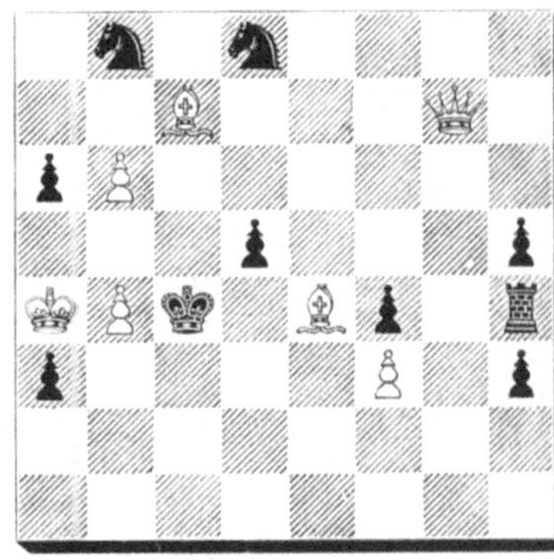

Mat in fünf Zügen

81

1876

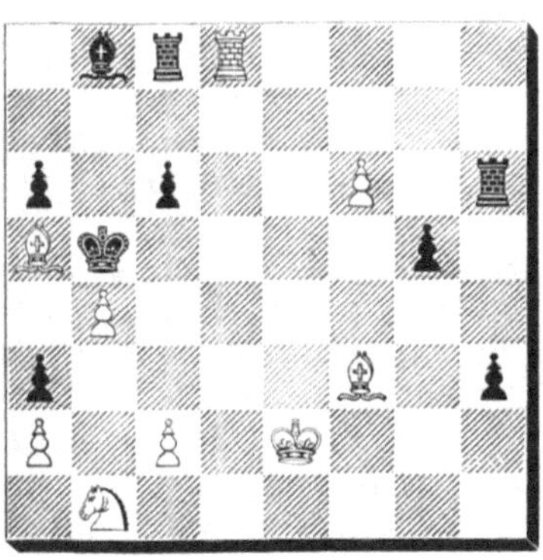

Mat in fünf Zügen

82

1876

Mat in fünf Zügen

79. 1. Sd3—e5 (gewissermaßen der umgekehrte Fall: Se5—d3 wäre ein viel benutzter Anfang in Vier- und Fünfzügern), Ld4 2. Sg6, fg6 (wenn La7 oder b6, so 3. Dc3:; wenn Kf5, d5, so 3. Se7†, sonst 3. f3†) 3. Dc4, Sc4: 4. f3† (Idee). Var. 1. ...., ab4, d6 2. Dd6(:), Ld4 (Sd5, f3†) 3. f3†, Kf5 4. Dd5; 1. ...., h4 2. f3†, Kd5 (Kf5, Dc4; Kd4, Dd6†) 3. Da5‡, Kd4 (b5, Db5‡) 4. Db5; 1. ...., d5 2. Sef7:, Sc4, f5 (Lc5, Sg5†) 3. Sd6†, Sd6: 4. f3†; 1. ...., Lc5 2. Dc5:, Kf5 (ab4, De3‡, Kd5, Dd3†) 3. Sd7‡, Sd5 4. Dd5‡; 1. ...., Kf5 2. Dc3:, fe5 3. De5‡, Kg6 4. Dg5†. Drohung 2. Dc3: auch Dd6 und f3†. Konkurrierte mit 80 und 81 im Turnier des „New York Clipper“ 1876—1877. Der Sendung wurde wegen Inkorrektheit eines (vierten) Problemes der dritte Preis zugesprochen.

80. 1. Le4—h7, Sd7 2. Dg1, d4 (wenn T ~, Sd8 ~ oder a2, so Dc1†, Kd4, Dd2†) 3. Dc1†, Kd5 4. Dc6† (Idee). Var. 1. ...., Tg4 2. Da1, Tg6 (wenn Tg1, so Da2†, sonst Dc1†) 3. Le5, Kd3 4. Dd1†; 1. ...., Sc6 2. Da1, Sb4: 3. Le5, Kc5 4. Dc3† ;1. ...., d4 2. Dg8†, Se6 (f7) 3. D×S†, Kc3 4. Da2. Drohung 2. Da1 und 2. Dg1. Vergl. oben. Zufolge einer Turnierbestimmung wurde 80 als Sechszüger eingereicht mit Dh6 statt g7, w. Bd5, schw. Be6, Anfang 1. Dg7, ed5 2. Lh7.

81a. 1877.

Mat in sieben Zügen.

81. 1. Ke2—e3 (droht Le2† auch c4†), La7† 2. Td4, Te8† (wenn Ld4‡, so Kd3) 3. Kd2, Ld4: (wenn Te3, so c4†; wenn Te2†, so Le2‡) 4. c2—c4† (Idee). Var. 1. ...., Lf4† 2. Ke4, Td8: (oder c5) 3. c4†; 1. ...., Td8: 2. Le2†, Td3† 3. Ld3‡. Vergl. oben. Konkurrierte zufolge einer Turnierbestimmung als Siebenzüger in der Form 81a, aber mit w. Kh4, w. La5. Das Hauptspiel ist: 1. La5 (Kg5), Sh7† 2. Kf4:, Lb8‡ 3. Ke3, La7† 4. Dd4 usw.

82. 1. Le4—d3, ba6 2. Dh6, Sh6: 3. Sc7, Ke5: (wenn Le5:, so Sb3†) 4. Sc6† oder 2. ...., f6 3. Sb4, Ke5: (Le5:, Sb3†; Se7, Sc6†) 4. Sac6†, oder 2. ...., Ke5: 3. Sc4†, Kd4 4. Dd6:, oder 2. ...., f1D 3. Dd6:, Da1 oder b1† 4. K×D, oder 2. ...., Sf6 3. Df6:, Kc5 (Le5:, Sb3 auch Db6†) 4. b4†. Var. 1. ...., Ke5: 2. Sc4†, Kd4 (Kd5:, Td6‡, Kc5, b4†) 3. Td6:, ~ 4. Sc7 oder c3†; 1. ...., Sf6 2. Td6: auch Dh6. Alle anderen Varianten sind vierzügig. Drohung 2. Te4† usw. Ursprünglich stand der w. T. auf a8, der L auf d3, der erste Zug war Ta8× schw. Ba6. „Feierabend“ 1876, D. Schz. 1877. Der Gedanke, welcher dem Autor vorschwebte, wurde später (1883) selbständiger bearbeitet. Vgl. 131.

83

1877

Mat in vier Zügen

84

1877

Mat in fünf Zügen

85

1877

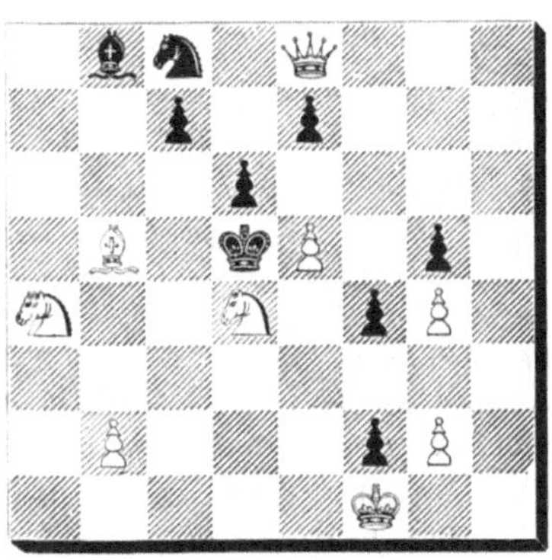

Mat in vier Zügen

86

1883

Mat in vier Zügen

83. 1. Se5—g6, cb5 (ab5) 2. Sc6(:), Lc6: oder dc6 3. Dh7; oder 2. ...., Se4: 3. Dg8†; 1. ...., Sb5: 2. Sb3, c5 3. Dg8† (Ideenspiele); 1. ...., Ld8, Lc8 2. Dg8† Ke4: (Kc5, Sb3†) 3. Lf1 (Begleitspiel). Var. 1. ...., Se4: 2. c4†, Sc4: 3. Dg8†. Drohungen Sb3, Sc6: und Dg8†. I. Sendungspreis mit 84 im Anderssen-Jubiläumsturnier, Leipzig 1877.

84. 1. Dh1—f1, Lc7: 2. Dd3, Ld6: 3. Se2, Le2: 4. De3†, oder 2. ...., Kd6: 3. Sf5 ††, Ke5 4. De3†, oder 2. ...., Da3 3. Sc6‡, Kf4 4. Td4†; 1. ...., Da3 2. Te6‡†, Kd4: (Kd5, Te5†) 3. Dc4†, Kc4: 4. Tc6‡ (Ideenspiele). Var. 1. ...., Dc2: 2. f4†, Ke4 3. Sc2:, Kf5 (anderes doppelt lösbar) 4. Le6‡; 1. ...., Kf4 2. Dd3, Lf3† (oder Da3, Se6‡ Kg4, Td4†, anderes vierzügig) 3. Df3‡, Kg5 4. Se6‡; 1. ...., Le2 2. De2‡ und zwei Erledigungen; 1. ...., Td8 2. f4†, Ke4 3. Dd3†, Kf4: 4. Se6‡; 1. ...., Sb4 2. Te6‡† auch 2. Dc4 usw.; 1. ...., f5, Th8, Lg4 oder h5 2. Te6‡†, Kd4: 3. Dd3†, Kc5 4. Te5†. Drohung 2. Dd3 und 4‡. Hier ist der Fall, daß zwei ganz verschiedene Ideen vereinigt sind, und daß beide Ideen aus Doppel(Echo-)wendungen bestehen. Vergl. oben.

85. 1. Sd4—c6 (Zugzwang), La7 2. Dg6, Le3 3. De4† oder 2. ...., Ld4 3. Sb4†, oder 2. ...., Lb6, Sb6 3. Sc3†, oder 2. ...., Lb8 3. b4, oder 2. ...., de5 3. Sb4†, oder 2. ...., e6 3. Dd3†, oder 2. ...., f3 3. Df7†. Var. 1. ...., Ke4 2. Dg6†, Kd5 3. b4; 1. ...., Sa7 2. Sc3†, Kc5 3. b4†; 1. ...., de5 2. Dg6 auch Sb4(e7)†; 1. ...., ~ ‡ in zwei Zügen. Widmung an den Preisrichter von 1877, Leipzig, Dr. C. Schwede.

86. 1. Dg1—c1 (Zugzwang), Kd4 2. Sg5, Tab6 3. Dc5†, oder 2. ...., Ta7, a8 3. Se6†, oder 2. ...., Ta4: 3. Db2†, oder 2. ...., c5 3. Da1†, oder 2. ...., d2 3. Dc2, oder 2. ...., f2 3. Se6†. Var. 1. ...., Kf4: 2. Dc5, Te4 3. Sg2†, oder 2. ...., f2 3. Sg2†; 1. ...., Td4 2. Kg3, Tb4 oder a4:, d3—d2 (Td5, 6 usw. Dc4†) 3. Dc3; 1. ...., d2 2. Dd2:, Kf4: (Tb2, b3, d4, f3—f2 oder ~, Sg5(d6)†) 3. Sf1(c4)†; 1. ...., Tab6 2. Sg5†, Kd4 3. Dc5† oder 2. ...., Kf4 3. Sc4(g4)†; 1. ...., Ta7, 8 2. Sg5† w. o.; 1. ...., Ta4 2. Sg5† w. o.; 1. ...., c5 2. Sg5† w. o.; 1. ...., ~ 2. Sg5† w. o. Entstanden 1883 (Schachproblem) als Erweiterung und Vervollkommnung von 85 in der Richtung, daß der Zugzwang die Anfangsposition gar nicht beeinträchtigen soll.

87

1877

Mat in drei Zügen

88

1877

Mat in vier Zügen

89

1878

Mat in drei Zügen

90

1880

Mat in drei Zügen

87. 1. Le8—c6 (die schwächere Figur löst die stärkere ab), Lh3: 2. Se3‡; 1. ...., Ta1, Ld2, e1 ∼ 2. Sf4‡; 1. ...., Kd3 2. Lb5‡ (Matbild); 1. ...., Kf5 2. De8. Drohung 2. Se3‡ und 2. Sf4‡. Erster Sendungspreis mit 88 im Turnier des Westdeutschen Schachbundes, Köln 1877.

88. 1. Tg2—g8, Sd7: 2. Dg6, Kc5 (Ke4 oder ∼, Dg3 bzw. g1†) 3. Dc6‡ (Idee). Var. 1. ...., Ta6, a5: 2. e3†, Ke4 3. Dh5; 1. ...., Ke4 2. Dh5 3. Df3(†). Drohung 2. e3† 3. Sc5 oder f6†. Vergl. oben. Ist verwandt mit 44, denn der T räumt der D zum Zwecke der Matdrohung auf g1 oder h1 den Punkt g2.

89. 1. Dg7—h7 (Idee), Kd5 2. Lb1 (wenn Le5, e7—e5, so La2‡). Var. 1. ...., Ke5, Lc5 2. Ld3 (c2, b1); 1. ...., Lb8:, c7 2. De7‡; 1. ...., Le5 2. Dg8†; 1. ...., Sc6, f7 2. Df7(:)†. Droh. 2. Le4, d3 usw. „Feierabend“ 1878.

90. 1. Tc3—c5 (vgl. 87), Sf2: 2. Sf6†; 1. ...., Kf5:, Tf5:, Lf5: 2. Sf4†. Drohung 2. Sf6, f4 oder e7†. Berliner Sonntagsblatt 1880.

91
1878

Mat in drei Zügen

92
1877

Mat in vier Zügen

93
1879

Mat in drei Zügen

94
1880

Mat in drei Zügen

91. 1. Dh5—e8, Kc4 2. Db5†; 1. ...., Ke4 2. Dg6†; 1. ...., Ld5: 2. Db5†; 1. ...., Lf3 2. Db5†. Drohung 2. Da4. In der Drohung (D über e8) liegt die Idee. Leipziger Illustr. Zeitung 1878.

92. 1. Dh5—h6, Lb5: 2. Sd4; a) 2. ...., Ld3 3. De6†; b) 2. ...., Ld7 3. Dg7† (wenn 2. ...., cd4, so 3. Kg7, sonst 3. De6†) Idee. Var. 1. ...., Sc8 2. Kg7, Sd6: 3. Sd6:; 1. ...., Sb5: oder ~ 2. De3 †, Kf6 3. Sh4 (Droh.). 1. ...., Lb5: verhindert 2. De3†, Kf6 3. Sh4, weil nach 3. ...., Sc8 die beiden Felder e7, e8 gedeckt sind. 1877, „Feierabend“ und D. Schz. 1878, Widmung an die Preisrichter in Köln 1877, Kohtz und Kockelkorn.

93. 1. Dh4—h1, Dc8: 2. Te6:; 1. ...., Ke4: 2. Tg3† (Ideenspiele). Var. 1. ...., Kc6: 2. Tf7; 1. ...., e5 2. Te5‡. Drohung 2. Td4†, Te5†, Tf7 und Te6:. Verdeckte Abzugzusammenstellung. „Über Land und Meer“ 1879. Dort stand der w. K, den Zweig Ke4: schädigend, auf f1.

94. 1. Dd5—a8 (die D muß auf a7 die Abzugstellung gewinnen), Tg3: 2. Da7. Var. 1. ...., Tf1: 2. Te5. Drohung Da7 oder Td5, e5, f5. Spezialpreis im Nuova Rivista-Turnier 1880.

95

1882

Mat in drei Zügen

95 a

1883

Mat in drei Zügen

96

1883

Mat in drei Zügen

97

1883

Mat in drei Zügen

95. 1. Tf4—f7, Te4: 2. Dd5† (seitliche verhüllte Abzugbildung). Var. 1. ...., Te5(e7) 2. Tf2; 1. ...., Td6 2. Dd6‡; 1. ...., Se8, f5 2. Tf5†(:). Drohung 2. Tc7. Berliner Sonntagsblatt 1882.

95a. 1. Lf8—g7 (wie 95), Te3: 2. Dd4†. Drohung 2. Tc6. 1883, Schachproblem.

96. 1. Tf4—f2 (droht Db4), Ta2: (zur Verhinderung von Db4 und Dd6‡) 2. Dd4†. Andere Auffassung; der schw. T muß erst dem w. T den Zutritt zu d2 ermöglichen. 1883, Schachproblem.

97. 1. Dg3—g4, Kc6 2. Lf3 (hier wird die äußerste Bewegungsfreiheit des schw. K vor dem Abzugmat dargestellt). Var. 1. ...., Ke4: 2. f5†; 1. ...., Sb3, e2 2. Dd7†; auf 1. ...., La5, c7, e7, a6—a5 und dc2 muß 2. Lf3 geschehen; auf 1. ...., Lb6, Lf6: und d3—d2 geht nur 2. Te4—b4. 1883, Schachproblem.

98

1878

Mat in zwei Zügen

99

1883 (1912)

Mat in drei Zügen

100

1878

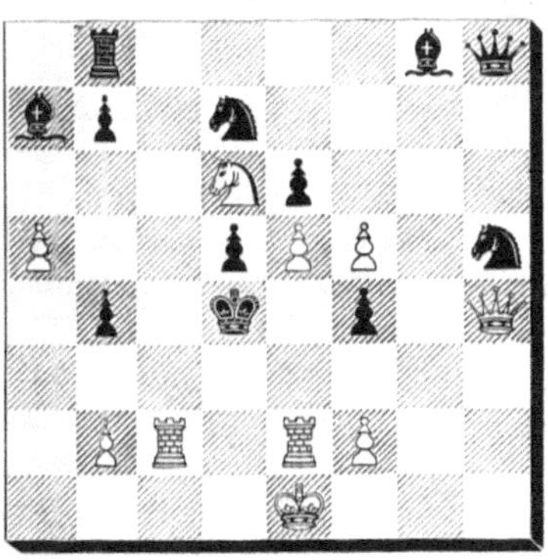

Mat in drei Zügen

100a

1883

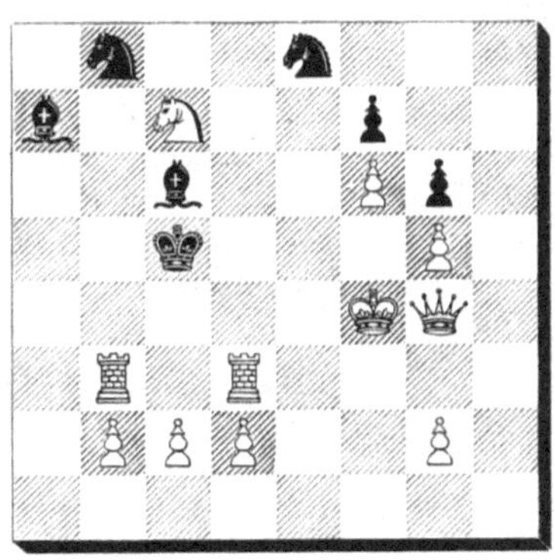

Mat in drei Zügen

98. 1. Dd2—h6. Bildete mit 100, 102 und 103 die Sendung, welche im Pariser Turnier von 1878—1879 zunächst mit dem zweiten, nach Ausscheidung der Sendung Pradignats aber endgültig mit dem ersten Preise gekrönt wurde.

99. 1. La7—e3, f2 2. Dg6. Var. 1. ...., Ke5 2. Dd3; 1. ...., Sd6 ~ 2. Dc4†; 1. ...., Se5 2. Dc5†. In 98 besteht ein unverhältnismäßig großer Aufwand von w. Offizieren. Mit dem in „Über Land und Meer" 1883 veröffentlichten Versuch einer Erweiterung auf drei Züge: Kh1, Dg1, Tc5, Le2, h2, Sf7, Ba3; Kd4, Tc6, Se3, Ba4, c7; 1. Dc1 war der Autor auch nicht zufrieden. Die neue Position 99 faßt den 1883 (Schachproblem, S. 228) in Typen verzeichneten Zweizüger in sich. 1. Tc5† scheitert an Kd4.

100. 1. Dh4—d8, Se5: 2. Te4† oder 1. ...., Sc5 2. Tc4† (Idee). Begleitspiel 1. ...., Td8: (Lb6) 2. Kd2. Var. 1. ...., b3 2. Sb5†. Drohung 2. Tcd2†. Die Idee ist wohl ökonomisch durchgeführt (es sind alle w. Figuren an den Schlußstellungen der Hauptspiele beteiligt), aber auf reine Mats wurde wegen sonstiger Positionsvorzüge verzichtet.

100a. 1. Dg4—c8 (Zugzwang), Lb6 2. Tb5† oder 1. ...., Sd6 2. Td5†. Var. 1. ...., Kc4 2. Tdc3†; 1. ...., Sb8 ~ 2. Sa6†; 1. ...., Se8 ~ (außer Sd6) 2. Df8†; 1. ...., Lb5 oder d5 2. Tb5 oder d5‡. 1883, Schachproblem. Diese Position enthält den ersten Zug und die Hauptspiele von 100 und bietet reine Matstellungen; sie verrät aber doch äußerlich den Zugzwang.

101

1883

Mat in drei Zügen

102

1878

Mat in vier Zügen

103

1878

Mat in fünf Zügen

104

1879

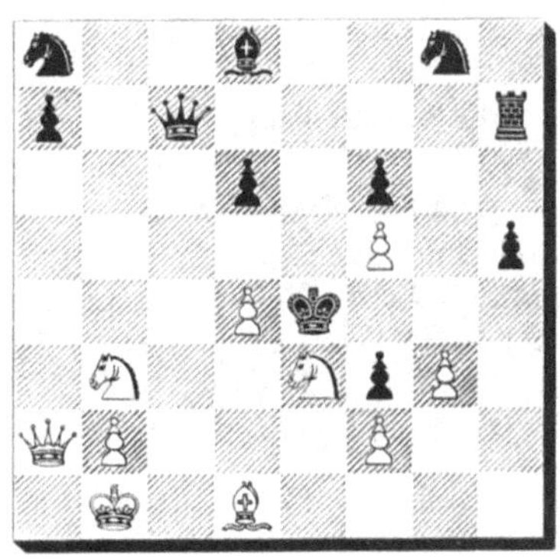

Mat in vier Zügen

101. 1. Se5—d7, Le6 2. Te5† oder 1. ...., Sc6 2. Tc5†. Var. 1. ...., Tg6, Lg8 2. Kd3; 1. ...., Te6, Lf7 ~ 2. Sb6† (bei Lg6 auch Sf6†); 1. ...., Sg6, T ~ 2. Sf6†; 1. ...., Sb5 2. Da8†; 1. ...., Kd4 2. Tcd3†. 1883, Schachproblem. Eine äußerlich ansprechende Zugzwangsposition. Statt der Hinterstellung durch die D wird die Verdeckung der Damenlinie d8—d5 durch den S vollzogen. Aber der erste Zug ist trotz der Verführung 1. Sd3 2. Tc5† minder eindrucksvoll.

102. 1. Kb8—b7, Sf5 2. Dg5, Ke5: 3. Df4† oder 2. ...., Df1 3. Te6‡; 1. ...., Df1 2. Te6‡, Le6: (Ke6:, De8†) 3. Dc5† (Ideenspiele). Var. 1. ...., Sd5 2. Te4, Lh2 3. Dd5‡; 1. ...., Sb6: (c7) 2. Lc7(:)†, Ke7 3. Dg5†; 1. ...., Lf7 2. Df7:. Drohung 2. Dg5 und 2. Te4. Vgl. 98. In diesem Problem sind wieder zwei verschiedene Ideen, eine derselben mit Doppelwendung, vereinigt.

103. 1. Ld5—f7, ef2 2. Tc3:, Ke5: 3. Lb2, Kf6: (oder Sd4, Tcf3, oder Se6, Tf3†, oder Kf4, De3†, oder T oder S×f7, Td3†, oder e3, Tc4†, oder D ~, Sc6, d6—d5, Tf3†) 4. De7† (Ideenspiel; die Abzugzusammenstellung wird erst im Laufe der Lösung vollzogen), oder 2. ...., Df3 3. Tf3‡, ef3 4. Dd4†, oder 2. ...., Sb7 3. Df2‡, Df3 4. Dh2‡, oder 2. ...., Sf7:, c6 3. Sf7: oder c6:, oder 2. ...., Te8 3. Ld6:, oder 2. ...., Dd1 3. Df2‡. Var. 1. ...., de5 2. Dd7, ef2 (Se6, Tf5‡, Kf5:, De6‡) 3. Tc3:, Df3, e3 (Se6, Dd2†) 4. Df5‡. Drohung 2. Sd3†, ed3 3. Tf5‡, oder 2. Sg6† 3. Tf5‡. Vgl. 98.

104. 1. Da2—a5, Dc6 2. Sc4, Dc4: 3. Dd5† (Idee: Die schw. D wird nach und nach zur Besetzung von drei Feldern veranlaßt), oder 2. ...., La5: 3. Lc2† (Begleitspiel), oder 2. ...., Kd3 3. Dc3†, oder 2. ...., Dc5 3. Sd6‡. Var. 1. ...., Dc8, Tg7, d6—d5, h5—h4 2. Dd5†, Kd3 3. Sc4; 1. ...., Dc1‡ 2. Kc1:, Tc7† 3. Dc7:; 1. ...., Dc4 2. Dd5† usw. Drohung 2. Dd5† und Dd2. Stratégie 1879, Widmung an die Pariser Preisrichter.

105

1879

Mat in drei Zügen

106

1883

Mat in zwei Zügen

106 a

1901

Mat in zwei Zügen

107

1879

Mat in vier Zügen

105. 1. De7—a3, e6 oder g6×f5 2. Da1 (Idee: In zwei Zügen besetzt die D die Ecke, um durch Bestreichung des Feldes e5 dem Lb2 den Matzug c1 zu ermöglichen). Var. 1. ...., Sb7 ~ 2. Lc1† (diese Var. ergibt sich nur aus der ungezwungenen Position; sie soll nicht das Problem verbessern. Heimat in Wien 1879.

106. 1. Da3—a8 (Ideenverbindung). 1883, Schachproblem.

106a. 1. Da3—a8 (die gekürzte Nr. 105 als Variantenproblem). 1901, D. Schz.

107. 1. Kc1—d1 (Zugzwang), Lg2 2. Te3, Ke3: (Kc4:, Te4†) 3. Db4 (Ideenspiel). Var. 1. ...., Th6 ~ 2. Td3†, Kc4: 3. Db6(7); 1. ...., Sf5, h5, e8 2. De8(:) 3. Td3†; 1. ...., Se6 2. de6, Lf6 (sonst folgt Dd8† oder ‡) 3. Da8 (b7); 1. ...., a5 2. Db5, Se5 (Sf4, L oder Bf4:) 3. Te3. Lösungsturnieraufgabe, Leipzig 1879.

108

1879

Mat in fünf Zügen

109

1880 (1883)

Mat in zwei Zügen

109a

1880 (1912)

Mat in zwei Zügen

110

1883

Mat in drei Zügen

108. 1. Ld5—e4, Kd4: 2. Tb5:, Sb5: (oder Te1:, Dc3†, Ke4:, Te5‡, oder Sd5, Td5‡, Ke4:, Te5‡) 3. De5‡, Ke5: (Ke3, L ~†) 4. Te7‡ (die vierfache Wendung in einem Problem großen Stils). Var. 1. ...., Sb6: 2. Tc7‡, K ~ 3. De5‡, Ke5: 4. Te7‡; 1. ...., Te1: 2. Tb5‡, Sb5: (Kd6, De5‡, Kd7, De6†; Kd4:, Dc3†) 3. De5‡ usw.). Andere Varianten sind vierzügig. Zuerst in inkorrekter Form zum Turnier in Leipzig 1879 eingereicht und wieder zurückgezogen. 1883 (Schachproblem) wurde auch folgende Position veröffentlicht: Kh8, Dg3, Ta7, b6, Ld5, e1, Sd4, Bb2, c2, h2, h3; Kc5, Da1, Tg1, Lh5, Sc7, e8, Bc4, e5, e7, g2 (Begleitvar. 1. Le4, Da7: 2. Tc6† 3. Tc4‡ 4. Dc3†) als Beispiel, daß sich die Varianten besser ausgestalten lassen, wenn das Hauptspiel nicht in allen Zweigen reine Matstellungen hat.

109 b. 1880.

Mat in zwei Zügen.

109. 1. Lh8—f6. Konkurrierte im amerikanischen Turnier 1880 in der nebenstehenden Form 109b. In der vereinfachten Aufstellung 109 ist die Figurenökonomie gewahrt. Große Schwierigkeiten bereitet die Darstellung der Idee, wenn ein ökonomisches und reines Hauptspiel hervortreten soll. Eine bessere Position als **109a** (1. Lf4) wird sich kaum erzielen lassen (NB. der w. K muß offen in der Läuferlinie stehen). Es enthält 109a Scheinlösungen: 1. De1, Lg5!; 1. Lc1, Kc2, welcher Umstand das En-prise-Stehen des Lh6 in günstigerem Lichte erscheinen läßt.

110. 1. Df4—f8, Kd4 2. Se4 (Idee). Var. 1. ...., Kb6 2. Sc8†; 1. ...., Kb4 2. Se4†; 1. ...., Kc6: 2. Sc4; 1. ...., d4† 2. Sc4†. Drohung 2. Sc8†. Entstand 1883 (Schachproblem) aus 109.

111

1880

Mat in drei Zügen

112

1880

Mat in vier Zügen

113

1880

Mat in drei Zügen

114

1887

Mat in drei Zügen

111. 1. Da5—c3 (Zugzwang), Sg2: 2. Sd3 (Idee). Var. 1. ...., g5 2. Se5†; 1. ...., Sc2 2. Df3‡; 1. ...., Sd3 2. Sd3:; 1. ...., Sh2:, g1 2. Le1: (h3†). Konkurrierte mit 109b, 112 und 113 im amerikanischen Problemturnier 1880. 1. Dc5 scheitert nur an Sh2:. Dem Autor wurde diese Scheinlösung mit 1. ...., Sd4 2. Dg5† 3. Se5‡ aus Amerika als Lösung mitgeteilt; man scheint das Problem zur Zeit der Preisentscheidung als inkorrekt betrachtet zu haben.

112. 1. Dg5—e8, dc4 2. Dc8, Kd4: (Sf3, Sdf3:; wenn ~, so Sc2, f5† oder Dc5) 3. Dc5† (die Idee liegt in der Promenade der w. D). Var. 1. ...., e5 2. Sd1†, Ke4 3. Se6†; 1. ...., Ld3 2. Db8 3. De5†. Drohung 2. Sd1†, auch ev. Db8. Vgl. unter 111.

113. 1. Tf1—g1 (Zugzwang), Sf4: 2. Df5† (Idee). Var. 1. ...., Lf7 ~ 2. Sc5†; 1. ...., Kd5 2. Df5†; 1. ...., d1 ~ 2. Td1:; 1. ...., Se1, h4 zwei Erl. Vgl. 111.

114. 1. Th1—f1 (Zugzwang), Kd4 2. Dd3† (Matbild). Var. 1. ...., Kb5:, b4 2. Tb1†; 1. ...., e5 2. Tb1. Widmung an H. Zwanzig, Didaskalia (Frankf. Zeitung) 1887.

115

1910

Mat in drei Zügen

116

1879

Mat in vier Zügen

117

1880

Mat in vier Zügen

118

1880

Mat in vier Zügen

115. 1. Lb3—d1, Lh6 oder ~ 2. De7† (Idee). Var. 1. ...., d2, de2 2. Lc2; 1. ...., Kg5 2. Kf7; 1. ...., g5 2. g4. Widmung an Eduard Miksch, Bohemia 1910. Es wäre wohl eine Versündigung gegen den Geist des Schachspiels, wollte man durch einen Bauernaufbau auf der linken Brettseite den „Dual“ 1. ...., La7 usw. 2. Df4† 3. Lb3‡ beseitigen. 1. Lc4 scheitert an Lh6 2. Ld3:, Lf8.

116. 1. Sd3—c1, La5 2. Le7, Tb6: oder ~, Se5 (oder Lb4 oder c3, Ld6, oder Kc3, Dd3†, oder Lb6:, Dd2‡, oder Sd2 ~, Dd3†) 3. De3† (die Idee liegt in der Herbeiführung von 1. ...., La5). Var. 1. ...., Tb6: 2. Lc6, Se5 (Tc6: oder ~, Dd3†) 3. Lf6; 1. ...., hg6 2. Sb3†, Sb3: 3. Kb3:. Drohung 2. Sb3† und ev. Lc6. Konkurrierte im Nuova Rivista-Turnier 1879—1880, mußte aber nachträglich (Chess Monthly 1881) durch den schw. Bh6 von einer Nebenlösung befreit werden.

117. 1. Tc1—c3 (Zugzwang), c6 2. Tb3, Le5 (oder Lc7, Sd7†, oder Lf4, oder a7, Df4:, oder Sb2 ~, Dd3, oder Kd6, Dd4†) 3. Dd4† (die Idee liegt in der Art der Matnetzentstehung). Var. 1. ...., Kb6, 5, 4 2. Tb3† 3. Db7, a8 oder c6†; 1. ...., La7 2. Dd5† 3. Tb3†; 1. ...., Sd3, a4, d1 2. Tc4‡ (ev. Dc4‡) 3. Dc6†; 1. ...., Kd6 2. Dd5† Gewann mit 118 den ersten Preis (ex aequo mit Plachutta) im Turnier der Wiener Novellistischen Blätter 1880.

118. 1. Sd4—b5, g2 2. Sd7, Lb3, b1, Lh2 ~, Sc6, e6, B ~ 3. Dc6†, oder 2. ...., Ke6 3. Df5‡, oder 2. ...., Lc4 3. Df5‡, oder 2. ...., Sb7 ~ 3. Dc5†; 1. ...., b1 D oder L, Lb1, b3 2. Sc7†, Kd6 3. Lf4 oder 2. ...., Ke5: 3. Dc3† (Ideenspiele). Var. 1. ...., Se6 2. Df5:, Sd4, d8 3. De4†; 1. ...., Ke6 2. Ld7†, Kf6: (Kd5, Dd3†) 3. Df5‡; 1. ...., Ke5: 2. Dc3† 3. Sc7†; 1. ...., Lc4 2. Dc4‡, Ke5: 3. Dd4†. Drohung 2. Sc7† ev. 2. Sd7. Vgl. 117.

119

1880

Mat in drei Zügen

120

1880

Mat in drei Zügen

121

1880

Mat in drei Zügen

122

1880

Mat in vier Zügen

119. 1. Dh1—a1, Th3 2. Td6† (Idee). Var. 1. ...., Ta3 2. De5. Drohung Da8, ev. Da6, Td6†. „Über Land und Meer“, 1880 in folgender Form: Kg8, Dh1, Tc6, f8, Bb5; Kd7, Td2, Lg4, Bc5, c7, e6, e7, f5, g6. Die neue Aufstellung (1883, Schachproblem), war durch Verwandlung des w. B f2 in einen schw. B zu korrigieren.

120. 1. Sd5—f4, Kf5 2. Df6† (Abzugzusammenstellung mit ST; dem schw. K werden im letzten Zuge sechs Felder genommen). Var. 1. ...., Sb3 2. Dc2† (Drohung Df6). Stratégie 1880 mit w. B a4.

121. 1. Db8—d6 (Zugzwang), ed6 2. Se3 (drei Matnetze mit T und S, vgl. 175). Var. 1. ...., c3 2. Se3; 1. ...., Kf5 2. Se3†; 1. ...., Sa4 ~ 2. Sc3† 1. ...., e6 2. Sd2†; 1. ...., e5 2. Sd2†. Berliner Sonntagsblatt 1880.

122. 1. Da5—b5, g3 2. Ld7, gh2 (wenn gf2, Lc2: oder Sd5, so Dc4‡; wenn Se3, so Sd2†) 3. Df5†; 1. ...., La1 2. Lf7:, Tc2: 3. Dd5†; 1. ...., Lc3 2. Ld7, Sh2: (Se3, Sd2†) 3. Df5† (Ideenspiele). Var. 1. ...., Le2 2. Lf7:, cb3 3. De2‡; 1. ...., Lc2: 2. Dc4‡, Kf5 3. hg4†; 1. ...., Lh8, g7, f6, f7—f6 2. Dc4‡, Kf5 3. Ld7†(‡); 1. ...., Ld4 2. Lc6† auch Dc4:; 1. ...., Sd5 2. Dc4‡ 3. Dd5‡; 1. ...., Lf3 2. Sf1:. Droh. 2. Ld7 und 2. Lf7:. Berliner Sonntagsblatt 1880.

123

1880

Mat in drei Zügen

124

1880 (1883)

Mat in vier Zügen

125

1879

Mat in vier Zügen

126

1881 (1883)

Mat in zwei Zügen

123. 1. Le2—d3, Lh4: 2. Dc3 (der Le2 hemmt den d-Bauern und den Lc1, die aber dann über c3 zur Geltung kommen). Drohungen 2. Lg6 und 2. Dd1. Die Ansicht des Autors ist: Wer die Schwierigkeiten kennt, die zu überwinden sind, bis es in einem solchen Ideenproblem gelingt, einen schönen Schluß zu erreichen, wird nicht ohne weiteres jedes Ideenproblem von einem schönen Ausläufer dispensieren. Denn das hieße den leichten Stil begünstigen. Detroit Free Press-T. 1880—1881.

124. 1. De7—d8, Lc7 2. Da8, Kd4 3. Dd5† oder 2. ...., Ke3 3. Df3‡ (Idee; zweimal T-L-Mat ohne Abzug); wenn 2. ...., La5, Sb6, e6, f6 oder c5—c4, so 3. Df3‡, wenn 2. ...., e4, so 3. Dd5†.

124a.

1880.

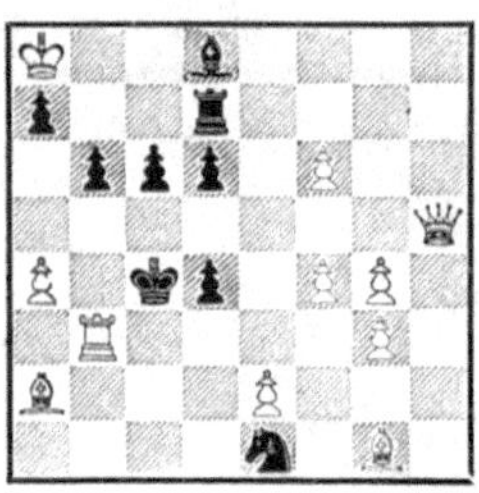

Mat in vier Zügen

Var. 1. ...., Ke4 2. Td2†, Ke3 3. Da5; 1. ...., Kd4 2. Da5, e4 (wenn c4, so Tc4‡) 3. Dc3†; 1. ...., c4, e4 2. Da5, Sc5 3. Tc4‡ oder 2. ...., Kd4 3. Tc4‡ bzw. Dc3†; Droh. 2. Da5 und 2. Tc4†. Ersatz 1883 (Schachproblem) für 124a, welche im Detroit Free Press-Turnier 1880—1881 konkurrierte und durch einen w. Bg3 rechtzeitig von einer Nebenlösung befreit werden mußte. 1. Le3, de3 2. Dh1 usw. Die erste korrekte Verbesserung der Ausführung war 1883: Kf1, Dd8, Tc2, Lb1, Sd2, Ba5, b3, b5, f5, g3, h3; Kd3, Th7, Lh4, Sd7, Bc5, e4, e5, g5; 1. Sf3, ef3 2. Da8. Die weitere Suche nach Besserem führte zu 124.

125. 1. Ld1—c2 (Zugzwang), a3 2. Da7, Le5:, de5 3. Df2†, oder 2. ...., Ke5: 3. De3†, oder 2. ...., Kf3 3. Df2†, oder 2. ...., Kg4, g5 3. Dg1†, oder 2. ...., Lf6 3. Df2†, oder 2. ...., Lg7 3. Dg7:, oder 2. ...., d4 3. Dd4‡. Var. 1. ...., Kf3 2. Dg5, Le5: 3. Kd3; 1. ...., Ke5: 2. Lg3†, Kd4 3. Dc7; 1. ...., Le5: 2. Dh4†, Kf3 3. Dh3†; 1. ...., d4 2. Df7(8)†, Kg5 oder Lf6 3. Df5 oder f6:†. Leipziger Illustr. Zeitung 1879.

126. Dc1—g5. Chess Monthly-Turnier 1881—1882 in der Aufstellung: Ka6, De3, Th4, La3, f5, Sb5, d8, Bc3, d6, f3; Kd5, Dg4, Le5, Ba4, b6, c5, d7; 1. De3—g5. Veränderung 1883, Schachproblem.

127

1881

Mat in drei Zügen

128

1881

Mat in vier Zügen

129

1882

Mat in vier Zügen

130

1883

Mat in vier Zügen

127. 1. Sd6—b7, Ta6: 2. Dd6 (Idee; Ta7 wird auch vom zweiten S eingeschlossen, er entscheidet aber auf a4). Var. 1. ...., Kc4 2. Db6; 1. ...., Ke4 2. f6†; 1. ...., e2 2. Dg3. Drohung 2. f6. Erhielt den Sonderpreis für Dreizüger im Chess Monthly-Turnier 1881—1882. Die Sendung selbst blieb unprämiiert, weil eine Nummer nebenlösig war.

128. 1. Sd5—f4, Ke4: 2. Sd3, Tg6 (Le7:, De7‡; f2 oder ~, Df7) 3. Df5‡. Begleitspiel 1. ...., fe4 2. Df5, Tf5: 3. c3†. Var. 1. ...., b5 2. Lc5†, Ke4: (e5) 3. Sd3(†); 1. ...., Ke5 2. Sd3, auch g6† 3. Df7 (f5‡); 1. ...., Le7: 2. De7:, Tg8: 3. hg8 D oder L. Drohung 2. Df7. Chess Monthly-Turnier 1881—1882. Oft kommt es (und namentlich in neuester Zeit wieder) vor, daß in einer Nebenvariante die Bauernumwandlung vor sich geht, womit das Problem vor der Unlösbarkeit geschützt wird. Dem Autor behagt dies eigentlich nicht. Der vorgerückte B ist gewissermaßen ein auf dem Brette bereitstehender Reserveoffizier.

129. 1. Lc5—e3 (droht Dg3 und Dc3), bc4 2. Df1, Lb3: (Kd6) 3. Df5(†) oder 2. ...., Kd5 3. Dc4‡ (zwei Matnetze verschiedener Art). Var. 1. ...., Kd5 2. Dc3, L oder T×b3 3. De5‡; 1. ...., L oder T×b3 2. Dg3, Lc4: oder bc4 3. Dh3†. Brentanos Chess Monthly 1881.

130. 1. Td3—d5 (Zugzwang), Kc4: 2. Dh8, Kd5: 3. e4† (Ideenspiel). Var. 1. ...., Tb7 2. Dd8 (die D beherrscht nun den T), Tc7 3. Dc7: oder 2. ...., Tb8, b6 3. D×T oder 2. ...., Td7 3. Dd7:, oder 2. ...., Ta7, e7 usw. 3. Dd6‡, oder 2. ...., Kc4: 3. Dd6:; 1. ...., Ka5 2. Dd8, Kb4 (auf Ka6 nochmals Frontalmat, Da8) 3. Db6:. I. Preis Nürnberg 1883 in der Vierzügerabteilung des Turniers. Vgl. 46.

131

1883

Mat in fünf Zügen

131a

1883

Mat in drei Zügen

132

1883

Mat in vier Zügen

133

1883

Mat in zwei Zügen

131. 1. Lg3—e5, gf3 2. Dg5, Sg5: 3. Sb7, Ke6 4. Sc5† oder 3. ...., Ke4 4. Sc5†, oder 3. ...., Se6 4. Sf6†, oder 3. ...., Sf7 4. Se7†, oder 3. ...., Se4 4. Se7†, oder 3. ...., dc6 4. Sc5, oder 3. ...., d2 oder ∼ 4. Se7† (Ideenspiele). Wenn 2. ...., dc6, so 3. Sb7, Ld7 oder f7, Sd7 oder e6 4. Se7†, oder 3. ...., Sf6 4. Sf6‡, oder 3. ...., ∼ 4. Sc5; wenn 2. ...., Ke6, so 3. Sb7, Kf7 (Sf6, Sd8†) 4. De7†; wenn 2. ...., Ke4, so 3. Df4† auch Sb7; wenn 2. ...., Lf7, so 3. Se7†, Ke6 4. Sb7; wenn 2. ...., d2, b4, so 3. Sb7, d1D 4. Se7†. Var. 1. ...., d2 2. Sb7, d1D, g5 3. Se7†, Ke6 4. Dd7‡ oder 2. ...., Sf6 3. Df6:; 1. ...., Lf7 2. Se7†, Ke6 3. Sb7; 1. ...., g5 2. De8:, gf3 3. Se7† 4. Sb7; 1. ...., Sg5, f6 2. Df6(:), gf3 3. Se7†; 1. ...., g3 2. De8: 3. Df7†; 1. ...., Ke6 2. Sb7 auch De8‡; 1. ...., b4, dc6, h4 2. De8: auch Sc4, Dg5. II. Preis Nürnberg 1883 in der Fünfzügerabteilung; 46, 130 und 131 erhielten auch den ersten Sendungspreis.

131a. 1. Sa5—b7. Das Variantenspiel ist zu erkennen aus 131 vom 3. Zuge ab. 1883, Schachproblem.

132. 1. d2—d4, Kd5 2. Td2, Ke4 3. Df3†, oder 2. ...., Kc4 3. Db3‡ (in der Zusammenstellung e4, Td2 liegt die Idee), oder 2. ...., Kd6 3. Db3:, oder 2. ...., Ta5, Lg6:, Sg8-f6, e5 3. Db3‡, oder 2. ...., Ta3, f3 3. Df3(:)†, oder 2. ...., Se5 3. De6†. Var. 1. ...., Sg8-h6 2. Db3:, Sf7† 3. Df7:; 1. ...., Ta3, f4—f3 2. Dh5:, e5 3. Te5:; 1. ...., Ta5, Lg6:, e5 2. Db3:. Drohung 2. Db3:. Widmung an den Preisrichter Max Kürschner, in „Haus und Welt" Nürnberg 1883, ursprünglich mit w. Bd3 (statt d2) und schw. Bg6, h5 (statt w. Bg6 und schw. Lh5). Die veränderte Position bringt die Pointe schärfer zum Ausdruck. Die Scheinlösung 1. Db3: scheitert an Se3 2. d4, Lg4. 1883, Schachproblem. Vgl. auch 59.

133. 1. Dc2—c8. 1883, Schachproblem.

134

1883

Mat in zwei Zügen

135

1883

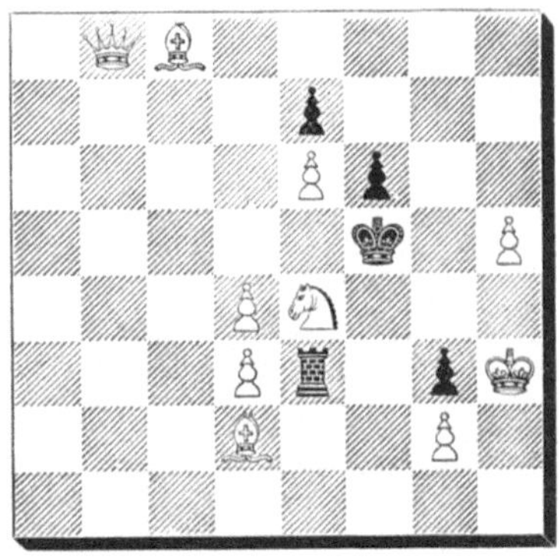

Mat in zwei Zügen

136

1883

Mat in drei Zügen

137

1883

Mat in vier Zügen

134. 1. Db6—b2 (unterbricht die Ferndeckungslinien der schw. D in der Richtung a2—g2). 1883, Schachproblem.

135. 1. Db8—b1. (Idee 1. ...., Td3: 2. Sg3‡). 1883, Schachproblem.

136. 1. Dg8—h7, Sd4: 2. De4†. Var. 1. ...., Lb6 2. Sc3†; 1. ...., Lf6 2. Db7†; 1. ...., c3 oder T, L, S ~ 2. Df5† (Drohung). 1883, Schachproblem.

137. 1. Dg8—f8, Ke4: 2. Sd3:, f2 (Lf7 oder ~, Sg3†) 3. Df5‡, oder 1. ...., de4 2. Se3, Lg6, g4 (Lf7, Dg7‡; Ke5, Df5‡; Te7 oder ~ Sb3†) 3. Dc5† (Idee; der K wird auf Feldern von verschiedener Farbe abwechselnd von dem einen und dem anderen S matgesetzt). Var. 1. ...., Td6 2. Dd6:, Ke4: 3. Sg3†, auch Tb4†; 1. ...., fe4 2. Se3, auch Sd3:; 1. ...., Te7 2. De7:, auch Tb4†; 1. ...., Ke5 2. Sd3‡, auch Df5‡; 1. ...., Se6 oder ~ ‡ im 3. Zuge. 1883, Schachproblem.

138

1881

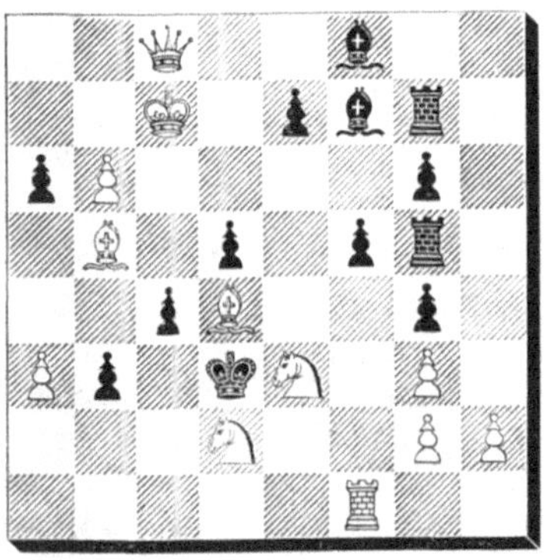

Mat in fünf Zügen

139

1884

Mat in zwei Zügen

140

1885

Mat in vier Zügen

141

1885

Mat in drei Zügen

138. 1. Dc8—e6, ab5 2. Sb3:, cb3 3. Sd5:, Le6: 4. Td1† (das vierfache S-T-Mat in großem Stile), oder 3. ...., Kc4 4. Td1, oder 3. ...., Kd4: 4. Td1† oder 3. ...., b2 4. Td1†. Wenn 2. ...., Le6:, T ~, B ~, so 3. Td1†, Ke2 4. Sc1†. Var. 1. ...., Le6: 2. Sb3:, Ke4 3. Sc2, Kd3 (f4, Sc5†) 4. Tf2; 1. ...., Kd4: 2. Sf3†, Kc3 (Kd3 oder gf3, Td1†, Kc3, De5†) 3. De5†, Kd3 4. Dd4, auch Td1†; 1. ...., Ke2 2. Sb3:, Kd3 3. Td1†; 1. ...., b2 2. Sb1, Le6: 3. Td1†, Ke2 4. Sc3†. Drohung 2. Sb3:, 4. ‡. 1881, Leipziger Ill. Zeitung, Neujahrs-Lösungspreisaufgabe.

139. 1. Da1—a5. Magdeburger Zeitung 1884.

140. 1. Sg5—f7, bc5 2. Sd6; es entstehen vier Matbildvarianten, 2. ...., Ke5: 3. Lg3†; 2. ...., Th6 3. Lg3†; 2. ...., Lf5 3. Lg3†; 2. ...., ~ 3. Sg6†; wenn 2. ...., Sd4, e1, so e3†. Var. 1. ...., T ~, Lg4, B ~ 2. e3†; 1. ...., Kf5 2. Sd6† 3. Sg6†; 1. ...., Se4 2. e3†, Kf5 3. de4†; 1. ...., Sg4 2. Sg6† 3. Se7†. Gazzettino di Venezia 1885.

141. 1. Ld4—c5, Kd5: 2. Ld6:; 1. ...., Tc5:, dc5 2. Sf6†; 1. ...., ed5 2. Dg4† (Ideenspiele). Var. 1. ...., Kf5 2. Dg5‡; 1. ...., gh4, g4 2. Df4†. Drohung 2. Sc3(f6)†. Sammler (Augsburger Abendzeitung) 1885.

142

1888

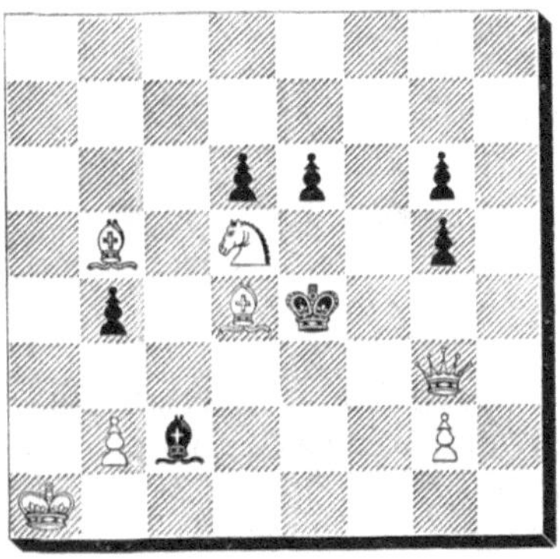

Mat in drei Zügen

143

1912

Mat in drei Zügen

144

1886

Mat in drei Zügen

145

1886

Mat in drei Zügen

142. 1. Ld4—e5, Kd5: 2. Ld6:; 1. ...., ed5 2. De1†; 1. ...., Kf5 2. Se7†; 1. ...., de5 2. Sf6† (Ideenspiele). Drohung 2. Ld6:. Gartenlaube 1888.

143. 1. Sc4—b6 (Zugzwang), Ta6,7,8 2. Scd7:; 1. ...., Tb5 2. Dd1†; 1. ...., Tc5: 2. Dd1†; 1. ...., Kc5: 2. Sd7 ‡ (Ideenspiele). Var. 1. ...., Sa6 2. Dc1; 1. ...., Se6 2. De1; 1. ...., dc5 2. Dh8†; 1. ...., f4 2. De4†. In den Turmbewegungen liegt das Problemmotiv. 139—141 sind um 1885 entstanden; 143 blieb unveröffentlicht.

144. 1. Db5—f1. Die D muß den Knotenpunkt f7 besetzen, worauf stets ‡ im 3. Zuge folgt. (1. Dh5?, Kf6). Mirror of American Sports, 1886. Veranlassung zur Herstellung dieser Position gab ein Problem von W. A. Perry: Kg1, Df5, La1, h5, Sb8; Kd4, Sh8, Bc3, g2; 1. Dc8 im Mirror of American Sports. Loyd bearbeitete das gleiche Thema in anderer Richtung: Ka8, De6, Td5, e1, La1; Kg7, Tb2, Le8, Sh3, Ba2, b7, d6, h5; 1. De2 2. Db2:(†).

145. 1. De6—h3 (dem schw. K werden die restlichen fünf Felder seines Gebietes freigegeben). Ökonomisch, aber nicht matrein. Andere Auffassung von 144. Mirror of American Sports 1886.

146

1885

Mat in drei Zügen

147

1886

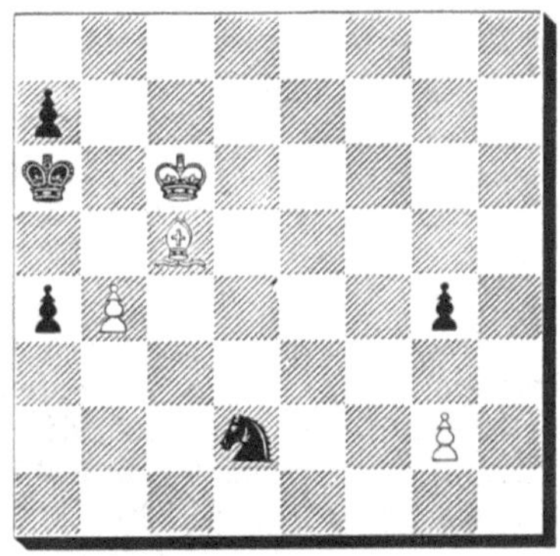

Mat in vier Zügen

148

1886

Mat in zwei Zügen

149

1886

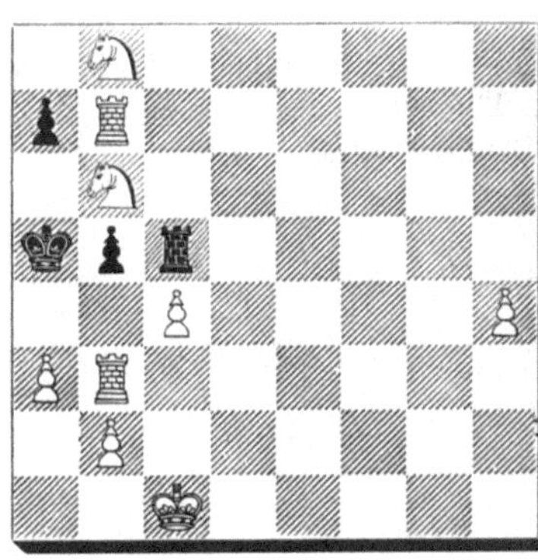

Mat in drei Zügen

146. 1. Da4—c4 (Zugzwang), Ld4‡ 2. Se5 (Ideenspiel; der schw. S. entfesselt durch Sf6 oder g7 den w. S; Matbild nach Ke5:). Var. 1. ...., La7 2. Dc7†; 1. ...., La5, d8 2. d5†; 1. ...., Sd4: oder e3, a3 2. Dd3; 1....., Sc2 ~ 2. d5†; 1. ...., Sf6 2. De6:; 1. ...., Sg7, e5 2. Dd3, e2 ev. Df7†. D. Schachz. 1885, S. 230. Neue Position für eine Idee, die vorher von Kohtz und Kockelkorn und auch von Loyd dargestellt wurde.

147. 1. Lc5—f2, a3 2. Le1, a2 3. Ld2:; 1. ...., Sc4, b3 oder e4 2. b5† 3. Le1†; 1. ...., Sf3 2. gf3, g3 3. Le1. Endspielartiges Ideenproblem (der S wird von rückwärts gefaßt). „Über Land und Meer" 1886.

148. 1. Df3—c6 (1. Dd1?, Ta6). Mirror of American Sports 1886.

149. 1. h4—h5 und der w. T verfolgt den schw. T auf der fünften Linie: Td5, Td3 usf. (Droh. b4‡, Matbild nach bc4.) Var. 1. ...., a6 2. Tb5‡; 1. ...., Tc4‡ 2. Sc4‡. Ausgestaltung einer Idee von Hume. „Brüderschaft" 1886.

150

1886

Mat in drei Zügen

151

1886

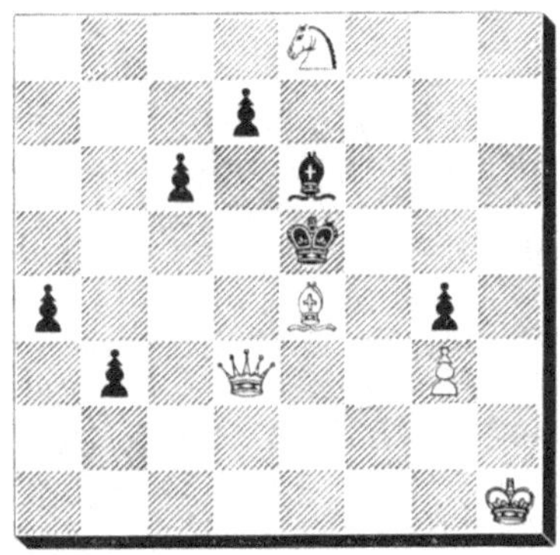

Mat in drei Zügen

152

1886

Mat in vier Zügen

153

1904

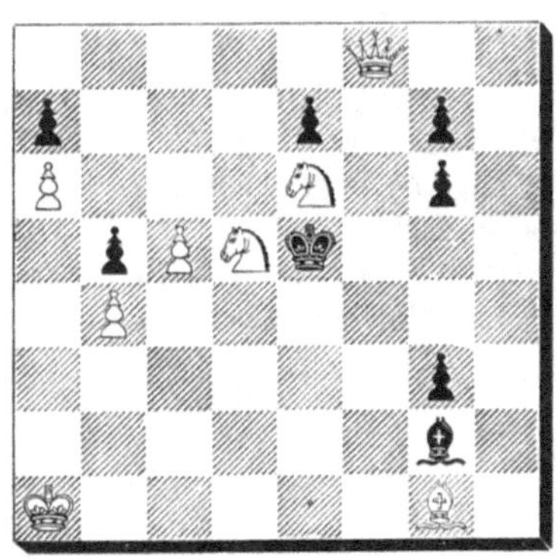

Mat in vier Zügen

150. 1. Sd8—b7. Es folgt die Abwehr des w. L gegen schw. T und L: Tb5, Le5; Tb3, Lg3; Td1, Ld6; Tf1, Lf4; Tg1, Lg3; Th1, Lh2. (Droh. 3. Dc7‡.) Reines und ökonomisches Mat nach Tf1, Lf4, Lf4: durch die D. Ausgestaltung einer Idee von Dobrusky. „Brüderschaft“ 1886.

151. 1. Dd3—e3 (Zugzwang) und der w. L kann die Bewegungen des schw. L und der Bauern ausnutzen (a3, Lc2†; b2, Lb1†; Lc4 oder g8, Lh7†; Lf7, Lg6†. Ökonomisches Schlußspiel: 1. ...., Ld5 2. Dc3†. Var. 1. ...., c5 2. Ld3 usw. †; 1. ...., d6 2. Ld3†; 1. ...., Lf5 2. Lf3†. Ausgestaltung einer Idee von Shinkman. „Didaskalia“ (Frankf. Zeitung) 1886. (Verschiedene andere Neubearbeitungen fremder Probleme hat der Autor nur als Beweispositionen aufgefaßt, aus welchen für ihn keine Autorrechte erwachsen sind.)

152. 1. h5—h6, Lh1 2. h7, g2. Schw. hat durch Selbstpatt die Bauernumwandlung verhindert; das Einsperren des L ermöglicht aber, daß W. mit 3. c5—c6 ein Matbild herbeiführt. Berliner Sonntagsblatt 1886. In der Position von J. Kohtz: Kg1, La1, Sf6, Bh6; Kh8, Lf3, Bg3 trat eine Verzögerung der Matführung wegen 1. Le5, Lh1! (droht g2) 2. Lg3: ein.

153. 1. Se6—g5, Lh1 2. Se7:, g2 (Le4, Le3) 3. c6 (Df3 oder f7 patt; die Idee von 152 in großem Stile). Var. 1. ...., Kd5: 2. Dg8†, Kc6 (Ke5, De6†) 3. Dc8†; 1. ...., Ld5: 2. Le3, L ~ 3. De7‡ oder Df7:, oder Df4†; 1. ...., Lf3 2. Df3:. Nach 1. ...., Lh1 geht 2. Le3 nicht wegen Kd5:. D. Schachz. 1904. Das Bauernpaar a6, a7 wurde nachträglich (1905) beigefügt.

154

1886

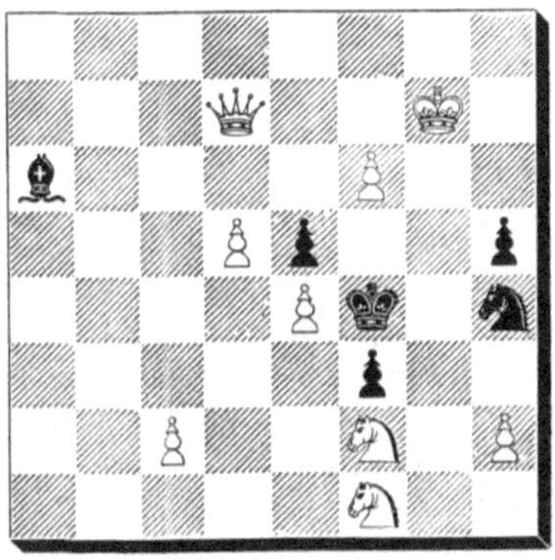

Mat in drei Zügen

155

1886

Mat in drei Zügen

156

1887

Mat in zwei Zügen

157

1887

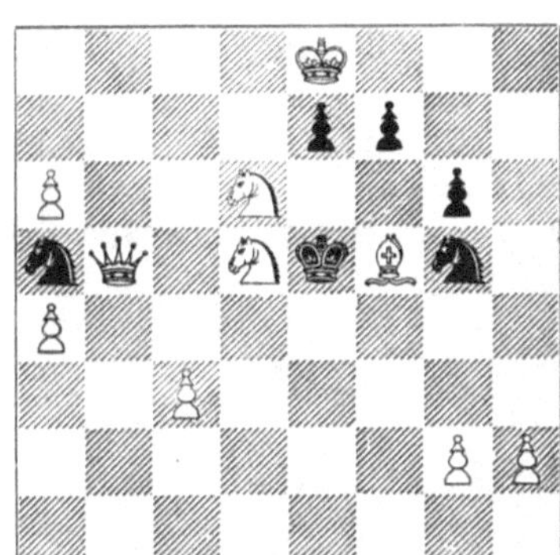

Mat in drei Zügen

154. 1. c2—c4, Lc4: 2. Dc8 (Zugzwang; reines ‡ nach Lf1:). Var. 1. ...., Lc8 2. Dc8: (Zugzwang). Drohung 2. Dh3. „De Tijd“ und Chess Monthly 1886. Der Autor glaubt auf dieses Problem und die Jahreszahl 1886 wegen verschiedener neuerschienener Schnittpunktprobleme aufmerksam machen zu sollen. Entstanden ist 154 aus einem Problem von D. T. Brock: Kb6, De6, Ta4, h4, Sd1, e4, Bc3, d6, f6, g2, g4; Kf4, Dg5, La6, Ba5, b7, e5; 1. c3—c4, Lc4: 2. Dc8; 1. ...., Lb5 2. cb5; 1. ...., Ke4: 2. Dd5†. Die Turmwirkungen (z. B. 2. ...., Dg6 3. g5‡) und der Mangel eines Matbildes (als Mittelpunkt des Variantengefüges) ließen nicht deutlich erkennen, ob Brock wesentlich das darstellen wollte, was in 154 klar hervortritt: Bannung des L auf einen bestimmten Punkt und Nutzung der frei gewordenen Linie im Hauptspiel.

155. 1. Lg2—e4 (Zugzwang; der L muß wegen Lc7, d8 gerade nach e4 gehen), Se4: 2. Sb3†; 1. ...., Lc7, d8 2. Dc6†; 1. ...., Lb4, b6† 2. Db6†; 1. ...., Lc3 2. Dc6†; 1. ...., Kd4: 2. Dd3†. Dresdner Nachrichten 1886.

156. 1. Kb7—a8. „Didaskalia“ (Frankf. Zeitung) 1887.

157. 1. Db5—d3 (Zugzwang), Se4 2. Sf7‡; 1. ...., ed6 2. De2† (Ideenspiele). Var. 1. ...., f6 2. Sf4; 1. ...., Kd6: 2. Se7‡; 1. ...., gf5 2. Kd7 5. Turnier des D. Schachbundes, Frankfurt 1887. Belobung.

158
1887

Mat in vier Zügen

159
1887

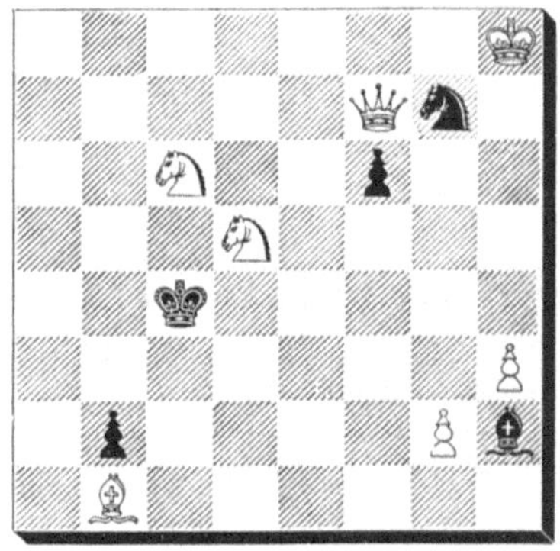

Mat in vier Zügen

160
1888

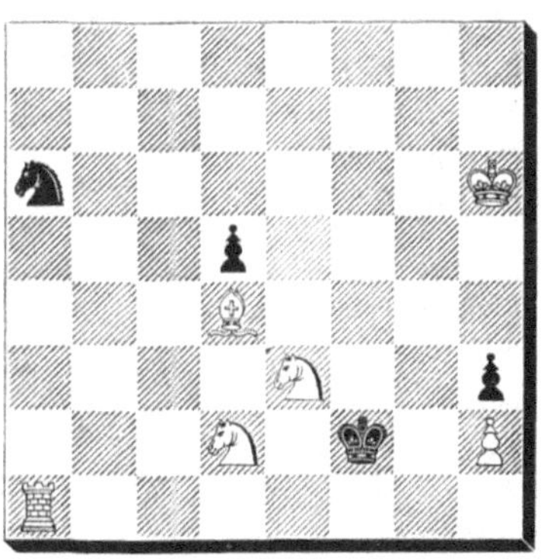

Mat in drei Zügen

161
1892

Mat in zwei Zügen

158. 1. Dh8—a8 (Zugzwang), ab2 2. Dd5†, Kb6 (Kb4, Dc4†) 3. Sa8†; 1. ...., Lc8 2. Dd5†, Kb6 3. Sc4†; 1. ...., Ld7 2. Se4†, Kb6 (Kc4, Da3:) 3. Lc3; 1. ...., Ld3, c2 usw., e6, g4, h3 2. La3‡, Kd4 3. Lb4; 1. ...., Le4 2. Se4‡; 1. ...., Kd6:, 2. Le5†. Die Idee liegt in der Herbeiführung von ungewöhnlichen Matstellungen mit Hilfe der schw. Steine a3 und f5. I. Preis in obigem Turnier. Zuerst nebenlösig, in der Stellung Da8, Sd5 (statt Dh8, Sc7) erschienen.

159. 1. Df7—a7, Lg1 2. Da3, Kd5: 3. Le4† (jene Variante ist hier das Hauptspiel geworden, welche in 158 nur ein dreizügiges Nebenspiel: 1. ...., Kd6 2. Le5† ergibt), oder 2. ...., Kb5 3. Sce7; 2. ...., Ld4 3. La2†; 2. ...., L ~, Se6, e8 3. Sce7; 2. ...., Sf5 3. Sc7; 1. ...., Se6 2. Da5, Lg1 3. Db4† oder 2. ...., Ld6, Sc5 oder d4 3. Se3†; 1. ...., Se8, f5, h5 2. Scb4 3. Ld3(†), auch 2, Da5. Widmung an die Preisrichter von 1887. Berliner Sonntagsblatt 1887.

160. 1. Sd2—b1 (der S muß nach c3 gelangen); es ergeben sich Matstellungen in den Linien d, f und h (Kh2:, Le5‡). Gartenlaube 1888.

161. 1. Lc2—d1. Neue Würzburger Zeitung 1892. 65, 161 und 162 wurden dem Schachverein Würzburg zu bestimmtem Klubzweck gewidmet.

162

1892

Mat in zwei Zügen

163

1894

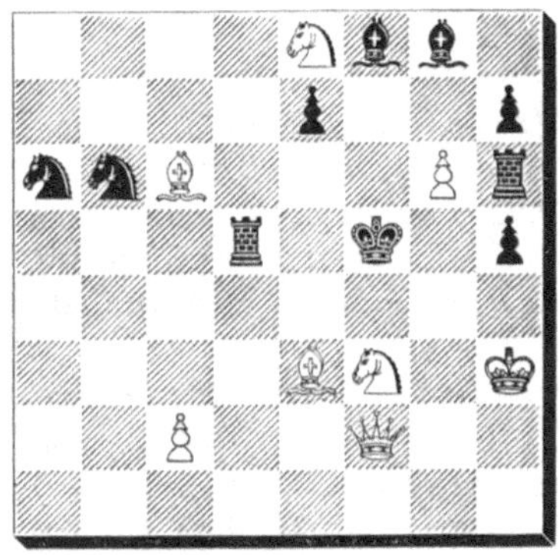

Mat in drei Zügen

164

1894

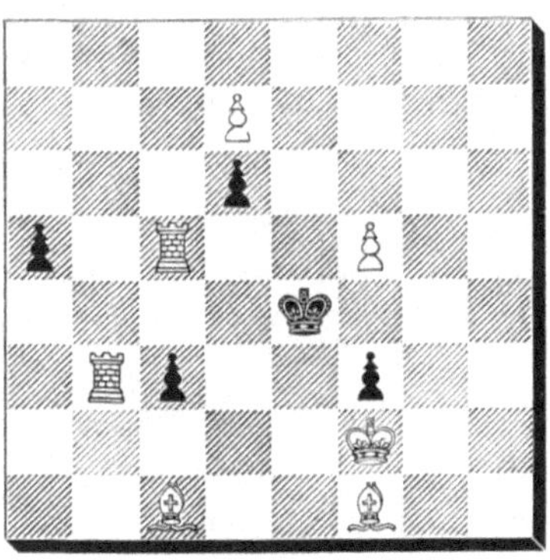

Mat in drei Zügen

164a

1912

Mat in drei Zügen

162. 1. Db8—h8 (1. Dd6 scheitert nur an Sf7 und g8). Wie oben. Diese Komposition hatte einen Vorgänger, Dr. H. v. Gottschall 1891; Ka3, Df7, Sb5, d7, Ba6, e2, g3; Kd5, Se6, Bb6, c5, g4; 1. De8. Sie wurde nur deshalb in die Sammlung eingereiht, weil die beiden Probleme doch nicht die ganz gleiche Position haben. Dem Autor war die Gottschallsche Stellung erst später bekannt geworden.

163. 1. Df2—g3 (Zugzwang), Tg6: oder hg6 2. De5†; 1. ...., Le6 2. De5†; 1. ...., Ke6 2. De5† (zwei Ideenspiele und ein Begleitspiel mit einheitlichem Inhalt). Var. 1. ...., Td6, 7 usw. 2. Dg5†; 1. ...., Lf7 2. Df4†; 1. ...., Lg7 2. Df4†; 1. ...., Sa6 ~ 2. Df4†; 1. ...., Sb6 ~ 2. Dg5†; 1. ...., d7~ 2. Dg5†. Le Monde Illustré, Paris 1894, Widmung an S. Rosenthal.

164. 1. Tb3—b6, Kd4 2. Td6‡; 1. ...., dc5 2. Te6†. Drohung 2. Td6:. In den „Münchener Neuesten Nachrichten" war ein Thematurnier ausgeschrieben worden. Mit T und zwei Läufern sollten die zwei möglichen Matbilder auf weißem und schwarzem Matfelde dargestellt werden. Der Autor hatte damals nicht die Mußezeit zu Turnierarbeiten übrig. Er sandte nur 164 als Achtungszeichen hors concours an die M. N. N. (1894) ein. Bedenklich ist in dieser Stellung aber der Offizierstellvertreter, der nach 2. Te6†, Kd4 oder d5 3. d8D oder T eingreifen muß. Deshalb würde wohl 164a den Vorzug verdient haben.

164a. 1. Lf6—d4 mit der stillen Drohung 2. Le3 (Var. nach 1. ...., Tg2 ~). Hauptspiele: 1. ...., gf3 2. Ld7† und 1. ...., Se2, f1, h5 2. Th5(:)†. Var. 1. ...., K ~ 2. Le3†; 1. ...., Se4† 2. Le4‡.

165
1895

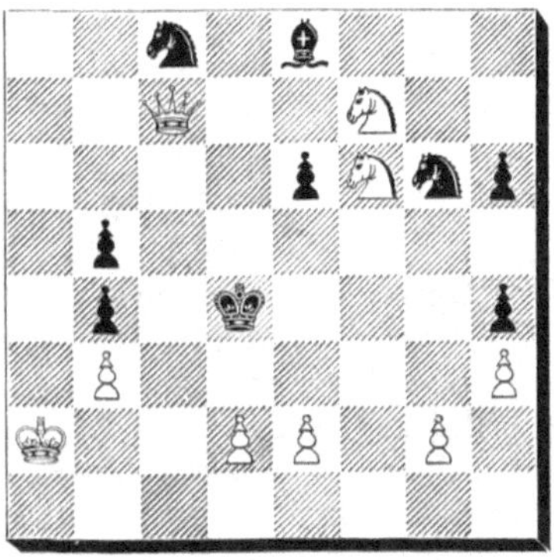

Mat in drei Zügen

166
1897

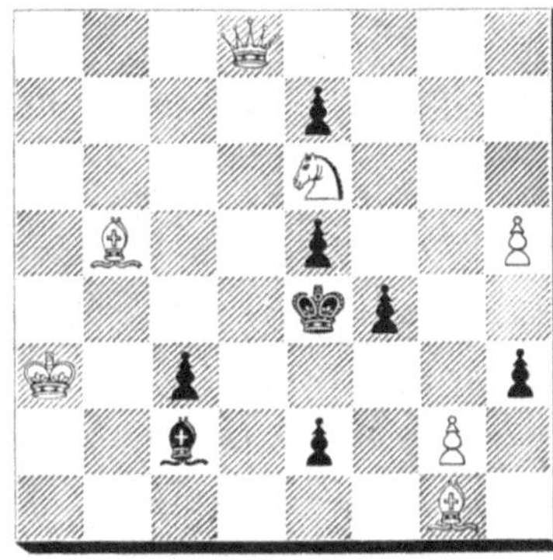

Mat in drei Zügen

167
1903

Mat in fünf Zügen

168
1903

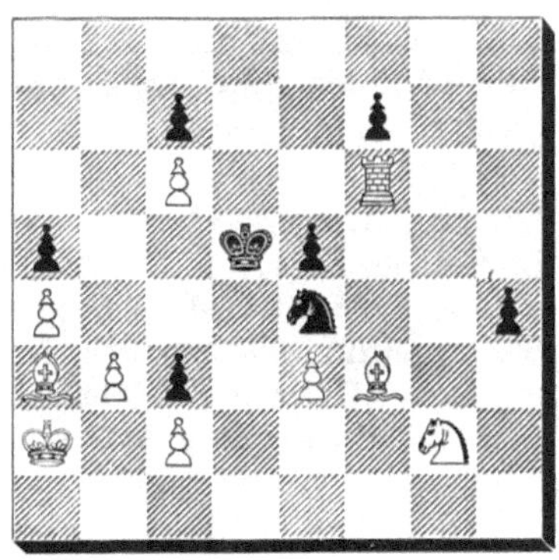

Mat in vier Zügen

165. 1. Ka2—b2 (Zugzwang), Lc6 2. Dh2. Var. 1. ...., Ld7 oder e6—e5 2. Dc2; 1. ...., Lf7: 2. Kc2; 1. ...., h5 2. Sg5. Lösungspreisaufgabe auf dem Schachkongreß zu Hastings 1895. War beim ersten Abdruck mit schw. Sb7 und Ba7 (richtig Sc8) nebenlösig.

166. 1. Lb5—d7, Kf5 2. Dg8 (Ideenspiel). Var. 1. ...., Kd5 2. Lc8†; 1. ...., hg2 2. Sg5†; 1. ...., Kd3 2. Lc6†; 1. ...., f3 2. Da8†; 1. ...., La4, b3 2. Sc5† (Droh.). Lösungspreisaufgabe der Rigaschen Rundschau 1897. Hier ergab sich auch der Fall, daß ein Vorgänger unbeachtet geblieben war: Chocholous, D. Schachz. 1873; Kf1, Dd8, Le8, Se6, Ba3, b4, d2, e3, h5; Ke4, Bd3, e5, e7, h7; 1. Ld7, Kf5 (f3) 2. Dg8 (Zugzwang); 1. ...., h6 2. Sg5†; 1. ...., Kd5 2. Sc7†. Diese beiden Aufstellungen lassen objektive Vergleichungen zu, die einen kleinen Unterschied in der Richtung der beiden Komponisten dartun (einerseits ein markanterer erster Zug, anderseits die Var. 2. Sg5†).

167. 1. Kd2—e3, Te1† 2. Kf4, Sh5‡ 3. Kg5, Te5‡ 4. Kh6, ab5 5. Dd2‡. Var. 1. ...., Td1 2. Lg3:, Te1† 3. Le1:, ab5 4. Dc7. Sonstige Varianten vierzügig. D. Schachz. 1903, dem Andenken Adolf Bayersdorfers gewidmet. Ein Problem von Bayersdorfer selbst hat als Vorwurf gedient. Aber der w. K schreitet schräg aufwärts (nicht abwärts wie bei B.) und der Abschluß ist ein schöner, harmonischer. Die Königsbewegung d2—h6 und die Bewegung der D 4. h2—c7 in der Begleitvariante haben auf den Autor selbst den Eindruck eines gestürzten Kreuzes hervorgerufen.

168. 1. Sg2—e1, h3 2. Lh1, h2 3. Sg2. D. Schachz. 1903. Vgl. Leow, D. Schachz. 1847, Kd8, Tb8, Le4, Sf3, Bc3, d2, e5, h5; Kc6, Sd5, Bc4, c5, e6, g5, h6, h7; 1. Se1 oder g1, h2 2. Lg2, 3. Sf3. 168 enthält einen Stellungswitz. W. hat kein Mittel, den Zug h4—h3 abwarten und hierauf Sh4, Sf5 spielen zu können. Geht der K nach a1, b1, so gibt der vorrückende B Schach, geht der L nach f8, so ist 4. Se7 kein Mat.

169

1903

Mat in fünf Zügen

169a

1903

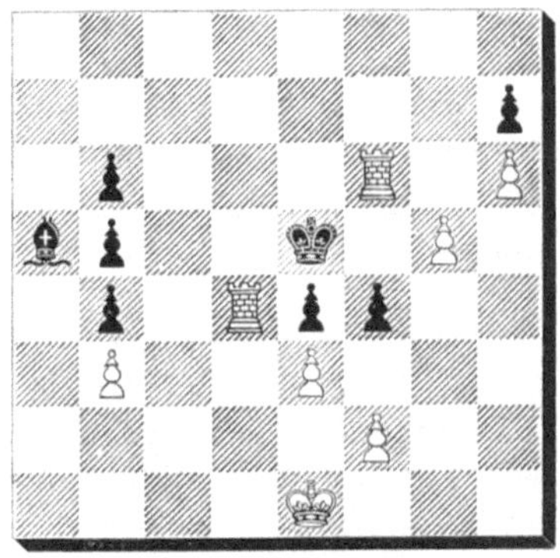

Mat in fünf Zügen

170

1904

Mat in drei Zügen

171

1904

Mat in drei Zügen

169. 1. Td4—d1, ab5 2. Kd2 (der K als Pförtner), Kd5: 3. Th1, Ke5 4. Th5 (Zugzwang) 5. g6‡. D. Schachz. 1903. Das Bauernpaar h6, h7 mußte (1904, S. 67) aufgestellt werden, weil sonst 4. Th6 möglich wäre.

169a. Lösung wie oben: 1. Td1, f3 2. Kd2. Var. 1. ...., fe3 2. Ke2, ef2 3. Ke3, f1 4. Tf1: und wieder Temponutzung. Diese Position zeigt, daß es irreführende Scheindrohungen geben kann. Es wäre offenbar nicht richtig, wenn man schreiben würde: „1. Td1 droht ef4‡", denn Schw. kann nur den Bf4 ziehen und daher kann sich das ‡ ef4 gar nicht ereignen. Der Autor zieht die Stellung 169a vor; er ist der Ansicht, daß die Variante das Problem verbessert. D. Schachz. 1903.

170. 1. Db4—b8 (Zugzwang), Se8 2. fe8L, oder 1. ...., Sd7 2. cd7. Var. 1. ...., S ~ 2. Lh7†. D. Schachz. 1904. Stellt man noch ein w.-schw. Bauernpaar e6, e7 auf, so kann die w. D zu Anfang auf f8 stehen und sie kann, von f8 nach b8 den Linienschnittpunkt der beiden tätigen w. Steine (e8) überschreitend, die Abzugzusammenstellung in der Weise einleiten, wie dies im Indischen Problem vom L geschieht (vgl. 189). Dem Autor gefällt aber die einfachere Position besser. 1. Df8 ist eine Scheinlösung, die an Sd7 scheitert.

171. 1. Dh8—b2 (Zugzwang), Lb3 2. Sc3 (die D muß dem S den Vortritt lassen); 1. ...., Ke4 2. Sc3† (Kd4 3. Lf2‡; die D als B). Var. 1. ...., Ke2 2. Dd4; 1. ...., c3 2. Dc3‡. D. Schachz. 1904.

172

1904

Mat in fünf Zügen

173

1904

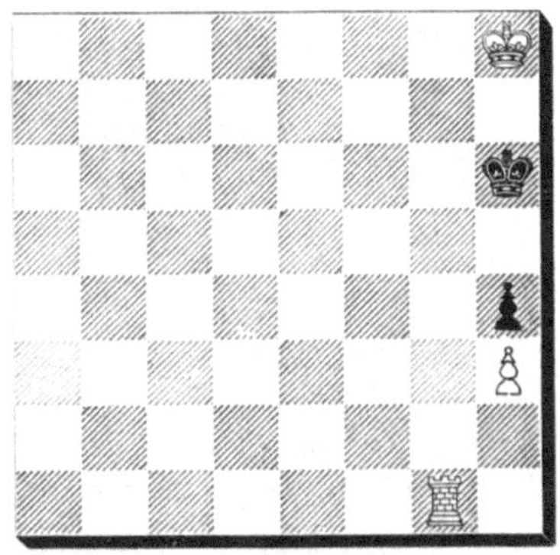

Mat in vier Zügen

174

1904

Mat in drei Zügen

175

1904

Mat in vier Zügen

172. 1. Ld7—h3 (Zugzwang), g4 2. fg4, Kc8 3. g5†, Kb7 4. Ke7 (Hinüberführung des L auf die andere Diagonale, Vermeidung des Patt und schließliche Herbeiführung einer neuen Zugzwangstellung). Auch ein Schnittpunktproblem. 1. Le6 oder f5?, g5—g4. D. Schachz. 1904.

173. 1. Tg1—g8, Kh5 2. Kg7, Kg5 3. Tf8 (durch Erzwingung eines Frontwechsels für die Matstellung wird ein Zug erspart). 1. Kg8 2. Kf7 3. Tg4 4. Kf6 wäre ein ‡ im 5. Zuge auf der h-Linie. D. Schachz. 1904. Die Turmlinienverdeckung selbst kommt schon im alten Schach vor.

174. 1. Tb1—f1 (Zugzwang), f2 2. Sd1; 1. ...., Ke3: 2. Sf3: (Ideenspiele); 1. ...., Kc3: 2. Tf2 (Begleitspiel mit Matbild). D. Schachz. 1904. Ein Problem von Kohtz und Kockelkorn: Kh3, Tf1, Lh5, Sc3, d4, Ba3, b2, e3; Kd3, Bb3; 1. Lg6†, Kd2 2. Sd1; 1. ...., Ke3: 2. Sf3; 1. ...., Kc4 2. Tf6 hatte dem Problemtheoretiker die Frage nahegelegt, ob es Problemideen (bzw. Ideenvereinigungen) gibt, die gut nur durch ein Schachgebot im ersten Zuge dargestellt werden können, so daß in diesem Falle der Komponist der schwierigeren Positionsbildung (vgl. Nr. 9) enthoben wäre. Wenn auf das Schachgebot verzichtet wird, muß ein schw. B vorhanden sein, der mit seinem blinden Zug den einen Zweig hervorruft. Die Position 174a gibt wohl den klarsten Aufschluß hierüber: 1. Lg1; a) 1. ...., d6 2. Sf4; b) 1. ...., Kd5: 2. Sd6. Möglich ist auch folgende Position: Kc6, Tb1, Lg6, Sc3, d4, Ba3, e3, h2, h3; Kd2, Bf3, Lösung wie zu 174; die beiden Ideenspiele sind rein. Der Autor vertritt, als Problem an sich, die Position 174, weil das Begleitspiel verbessert wird (der Sc3 darf nicht gedeckt sein wegen 1. Sf3‡) und die Überdeckung eines Feldes im Zweig Ke3: nur vom K nebenbei erfolgt, wie in 2a. Der erste Zweig für sich allein ist indisch konstruiert. Der T überschreitet d1, der schw. B macht den blinden Zug. Es folgt die Vollendung der imaginären Abzugzusammenstellung durch Sd1. Vgl. 189.

174a. 1904 (1912).

Mat in drei Zügen.

175. 1. Tc5—g5, g3 2. Se5, Kg5: 3. Sh4—f3†. Var. 1. ...., Ke7 2. Se5†, Kd6 (Kf8‡ in 2 Zügen) 3. Sc4†; 1. ...., e5 2. Tg6†, Ke7 3. Sh6†. (Idee: der T muß sich, den Punkt e5 überschreitend, der Deckung durch den S anvertrauen, wird aber nach 1. ...., g3 preisgegeben.) Widmung an Paul Schellenberg 1904. Zuerst dem Dedikaten zugesandt, dann in der D. Schachz. veröffentlicht.

176

1904

Mat in drei Zügen

177

1904

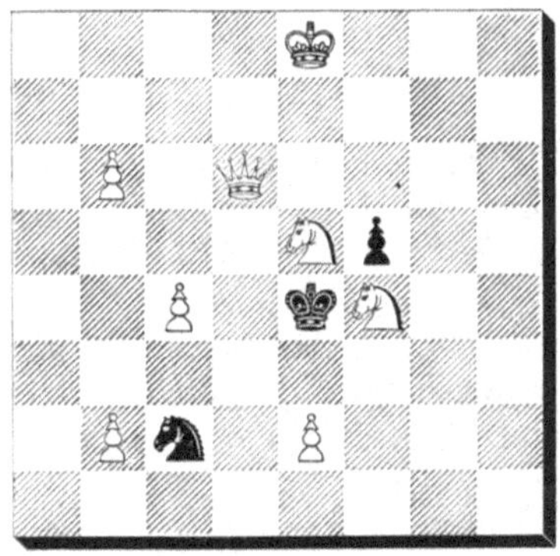

Mat in drei Zügen

178

1904

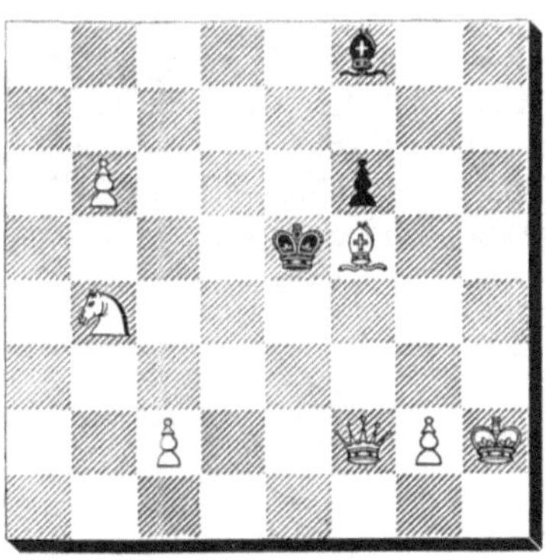

Mat in drei Zügen

179

1904

Mat in drei Zügen

176. 1. Dg8—b3 (Zugzwang), b4 2. Sc4 (Zugzwang), Kd5 3. Lg2‡ (und die D ist nur mehr Deckungsstein wie ein B). Var. 1. ...., Ke5: 2. De6†; 1. ...., c4 2. De3†, auch c3. D. Schachz. 1904.

177. 1. Dd6—d2, Ke5: 2. Sd3† (die D hat d3 überschritten und der S verdeckt die Damenlinie; der schw. K wird auf zwei Reihen matgesetzt). Var. 1. ...., Sb4 oder ~ 2. Seg6 auch Sfg6 (Droh.). D. Schachz. 1904.

178. 1. c2—c3, Le7 oder d6 2. g4. Var. 1. ...., Lb4: 2. bc4; 1. ...., Kd6 2. Dd4†; 1. ...., Lh6 2. Sd3†. Deckung des Sb4 gegen Lb4: und Deckung des Lf5, damit 3. Dg3‡ (und falls Lb4:, so 3. Dd4‡) möglich wird. D. Schachz. 1904.

179. 1. Lg8—b3 (Zugzwang), Sb3‡ 2. ab3, Kd5 3. Da8 reines ‡. Begleitspiel: 1. ...., Sb7 2. Dh6 (Kf5: 3. Dh7‡). Var. 1 ....., Se6 2. fe6. D. Schachz. 1904. Weil Sb3†, L oder B×S patt droht, muß W. den „Abtausch" Lb3, Sb3‡ einleiten, wie bei Kohtz und Kockelkorn: Ka1, De1, Le7, Se5, Bb2; Kd4, Sb5, Bd5; 1. La3. 179 entstand aus Versuchen, ob mit der „Abtauschidee" schöne Matstellungen in Verbindung gebracht werden können. Die erste Fassung war: Kc1, Dc8, Lf7, Se2, f5, Ba2, b4, b5, c2, c6, c7, g2, h4; Ke4, Sc5, Be5, f6, g3, g4 (die w. B. b5 und c7 mußten wegen einer Nebenlösung nachträglich beigefügt werden); 1. Lb3. Es war das Angestrebte nicht auf den ersten Wurf gelungen.

180

1904

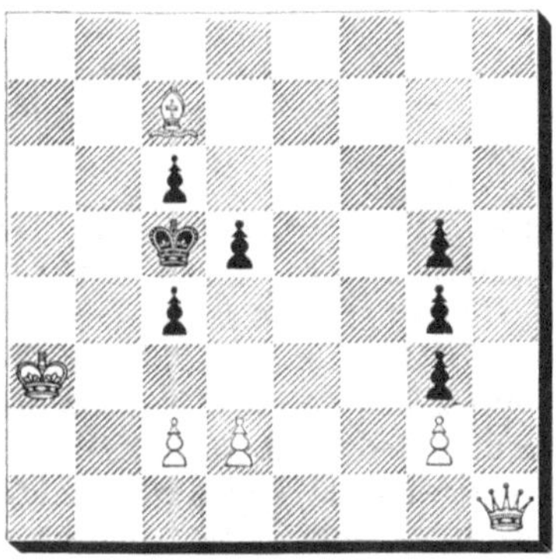

Mat in drei Zügen

181

1904

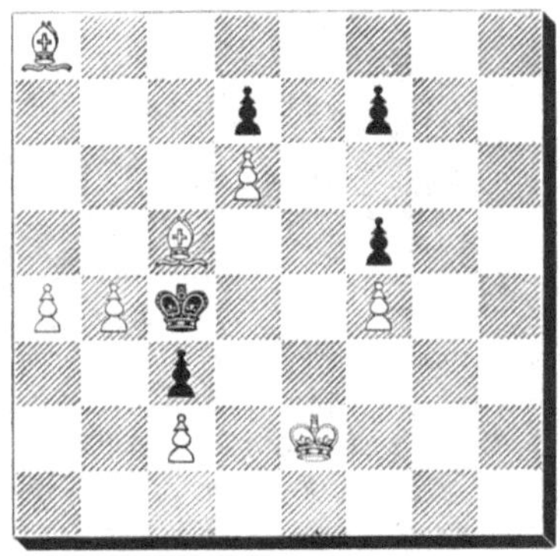

Mat in vier Zügen

182

1904

Mat in drei Zügen

183

1904

Mat in drei Zügen

180. 1. Dh1—f1, c3 2. d3; 1. ...., Kd4 2. Db1 (Ideenspiele). Var. 1. ...., Kb5 2. Db1†. D. Schachz. 1904 mit w. Bg4, schw. Bg5, unter der Überschrift J. Berger und W. Ebert. Die neue Bauernstellung auf der g-Linie wurde nachgetragen, als W. Henneberger auf das Entstehen der Echovarianten bei 1. ...., Kd4 2. Db1 (statt Df2†) aufmerksam gemacht hatte. Allerdings mußte die Anfangsposition verschlechtert werden. Entstanden aus einem Zweizüger (mit Df1 und schw. Bc3 statt c4) von W. Ebert (der aber J. H. Klaar als Vorgänger hatte). Der Autor stellte Proben an mit 1. Da6—f1 und 2. d2—d3 sowie mit 1. Dh1—f1 usw. Die Proben zeigten, daß es besser sei, auf die indische Konstruktion zu verzichten (D. Schachz. 1904, S. 152, 197.)

181. 1. La8—g2, f6 2. Lf1, Kd5 3. Ke3. Die Hinterstellung hat nicht die Abzugzusammenstellung, sondern die maskierte Aufstellung des L für die zwei Zweige a) 3. ...., Ke6, 4. Lc4‡, b) 3. ...., Kc6 4. Lg2‡ zum Zweck. D. Schachz. 1904.

182. 1. Dd3—d8 (Zugzwang; Figurenversammlung auf der 8. Linie), Ke6 2. Sd7, Kd6 3. Ta6‡ (die Damenkraft ist nun auf eine Königswirkung reduziert); 1. ...., Ke4: oder f4 2. Ta5. D. Schachz. 1904.

183. 1. Dd7—d1 (Zugzwang), b4 2. Ld4 (der Be5 muß gedeckt werden; vorher ist aber die w. D über d4 herabzuziehen). Var. 1. .... Ke5: oder f5 2. Dh5† D. Schachz. 1904.

184

1904

Mat in vier Zügen

185

1904

Mat in fünf Zügen

186

1904

Mat in vier Zügen

187

1904

Mat in fünf Zügen

184. 1. Lf6—g7 (Zugzwang), f7—f6 2. Tf6‡, Ke5: (Kd4, Te6:) 3. Tf7† 4. c5‡ (Abzugschach auf w. und schw. Linie zur bloßen Positionsherstellung; zugleich L-B-Schnittpunktnutzung); 1. ...., b6 2. Sc3†, Kd4 3. Td3† 4. Lf8‡ (daher durfte der L nicht nach h8 gehen); 1. ...., b5 2. Tf7‡ 3. cb5; 1. ...., f5 2. Tg3† auch Sc5†; 1. ...., S ~ 3. ‡; 1. ...., g4 3. ‡. Neues Illustr. Blatt. Widmung an Dr. E. Mazel. Korrektur D. Schachz. 1904, S. 375.

185. 1. c2—c4 (droht c5 3. ‡), Kd6: 2. c5†, Kd5: 3. c6†, Kd6 4. c7, Lf6: 5. c8 S ‡, oder 2. ...., Ke5 3. Sd7†, Kd5: 4. e4† 5. Sb8‡ (das Bauernvorrücken in gerader Linie, zugleich Ideenverbindung). Begleitspiel: 1. ...., Ld4 2. Sd7† 3. Kd4: 4. Ta8. D. Schachz. 1904. Widmung an H. Rinck.

186. 1. Dh2—f4, cd3 od. c3 2. Kg7 (W. muß mit seinem 2. Zug den dritten ermöglichen: Vorausdeckung), de2 3. Da4; 1. ...., g3 (wieder Linienöffnung) 2. Dc4:, Ke5: 3. Lc7† 4. Dh4‡ oder 2. ...., Sc4: 3. Se3—c4‡. Var. 1. ...., a4 2. Se5—c4††, Kc6 3. Dd6†. D. Schachz. 1904 (und 1905, S. 68).

187. 1. Sc3, Ka8 2. Kc7, Ka7 3. Lc8 4. Lb7† 5. Sb5‡. D. Schachz. 1904. Die Königspositionsdrehung kürzt das Spiel um einen Zug, wie in Nr. 173.

188

1889

Mat in vier Zügen

189

1904

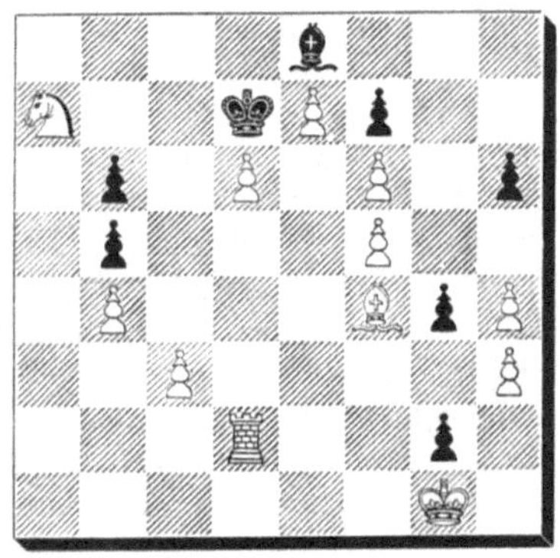

Mat in vier Zügen

189a

1904

Mat in vier Zügen

190

1905

Mat in fünf Zügen

188. 1. Le4—h1, c4 2. Tg2 (die alte Abzugstellung wird aufgelassen und es wird eine Abzugzusammenstellung mit dem indischen Läuferzug vollzogen, um das beabsichtigte Matbild mit T und 2 L herbeizuführen), Kd5: 3. Tg5††, Ke6 4. Ld5‡. Var. 1. ...., Kb5 2. Tg4, Kc6 3. a4. Garten laube 1889.

189. 1. Td2—d3 (Bereitstellung des T für beide Zweige); a) 1. ...., gh3 oder h5 2. Lh2, h5 oder gh3 (g3) 3. Tg3(:) 4. T zieht, d3‡; b) 1. ...., g3 2. Td1, h5 3. Ld2 4. L zieht, f4‡. Stilgerechte Doppelsetzung des Indischen Problems in Mittelstellung. Das Wesen des Indischen Problems von 1845 (vereinfachte Position: Kf2, Td1, Lh6, Bg4; Ke4, Be5, e7) besteht darin, daß W. rund um den schw. K mit zwei Figuren, in den ersten zwei Zügen, den Abzug zusammenstellt, was ihm Schw. durch einen blinden Bauernzug, der an der Stellung von Schw. nichts ändert, ermöglichen muß. (1. Lh6—c1 2. Td1—d2, dazwischen fällt der Bauernzug e7—e6.) Nach erfolgter Abzugzusammenstellung muß der schw. K infolge des Zugzwanges die verdeckte Linie einer der zwei Figuren betreten, worauf die Wirkung des Abzug-Doppelschachs eintritt (3. Td4‡). Da beide Figuren von Anfang an den schw. K einschließen, so enthält das Indische Problem (als Dreizüger) einen charakteristischen Zug. Es muß nämlich zuerst die eine der Figuren, den Schnittpunkt d2 überschreitend, (gewissermaßen) einen Versteckplatz aufsuchen, damit der Abzug entstehen kann; im gegebenen Falle kann dies nur der L sein. Der Autor nennt diesen charakteristischen Zug hier den indischen Zug, damit jede Verwechslung mit anderen Schnittpunktkombinationen vermieden wird. In 189 vollzieht einmal der L (Zweig a), einmal der T (Zweig b) den indischen Zug und in beiden Zweigen kommt die Wirkung der Abzugzusammenstellung gleichmäßig zur Geltung. Die blinden Bauernzüge stellen sich ebenfalls ein und nur der schw. K steht zunächst anders, gedeckt durch einen w. B, in der Turmlinie, die erst nach dem Schlagen des Bd6 vollkommen offen steht. Leipziger Ill. Zeitung Dez. 1904, korrigiert Jan. 1905.

189a. 1. Sb5—a7; a) 1. ...., g5 2. Lh2, dc4 (d4, 3. c5) 3. Tg3; b) 1. ...., dc4 2. Td1, g5 3. Ld2. Ebenfalls eine Doppelsetzung des Indischen, und zwar mehr der Originalstellung desselben (Ka1, Td1, Lg2, h6, Ba2, b3, f2, g4; Ke4, Sf3, Bb5, b6, e5; Mat in vier Zügen, W. hat neun verschiedene Anfänge) entsprechend, aber auch weniger schön. 1904 Illustr. London News (vor 189). Der Autor wollte noch auf a6 einen w. B aufstellen, wegen der Verführung 1. a7, Kc6! 2. a8D†, Kb6! 3. ?, womit aber der Schachredakteur der I. L. N. nicht einverstanden war.

191

1905

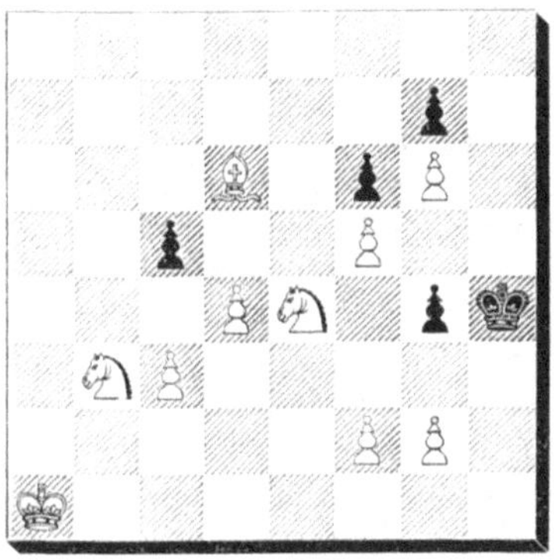

Mat in fünf Zügen

192

1904

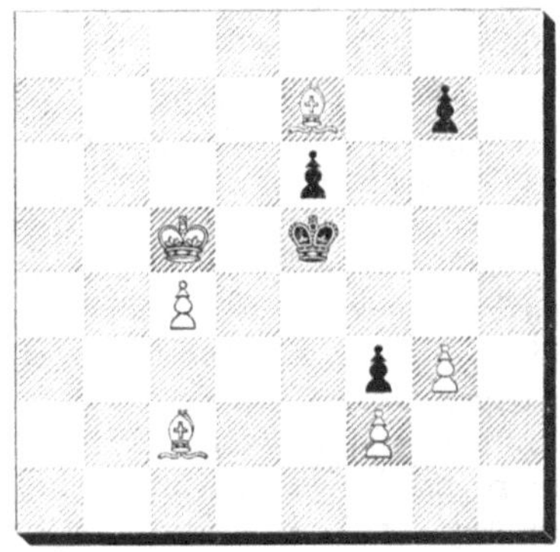

Mat in vier Zügen

193

1905

Mat in vier Zügen

194

1908

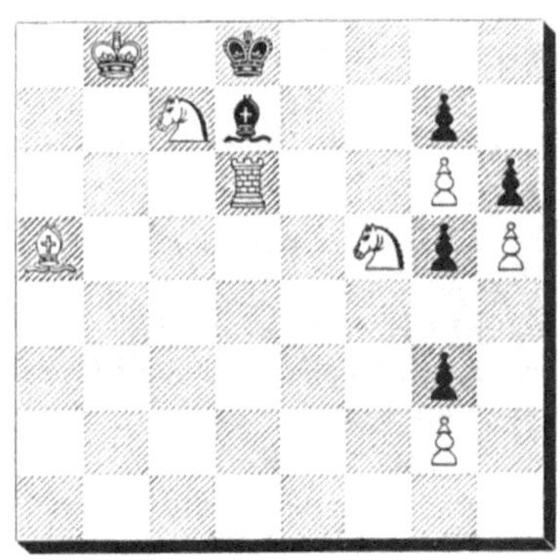

Mat in drei Zügen

190. 1. Kg8-f7; a) 1. ...., cd5 2. Le7:, Kh5 3. Kg7, h6 4. Kf6; b) 1. ...., e6 2. Lc6:, Kh5 3. Le7 (d8), Kh6 (h7-h6, Kf6) 4. Le8. Var. 1. ...., Kh5 2. Le7:, Kh6 (cd5, Kg7, h6, Kf6) 3. Lc6:, Kh5 4. Kg7; 1. ...., c5 2. Le7:, c4 oder cd4 (Kh5, Kg7) 3. Kf6 4. Lf7(†). Leipziger Ill. Zeitung 1905. Das Wesen des Anderssen-Problems von 1842: Kh8, Ld8, e8, Bf3, h2; Kh6, Bh3, h7 ist (nach Erledigung der Einleitungskombination 1. Lh5, Kh5:, somit als Dreizüger): 1. Kh8-g7 (der König nähert sich der Läuferlinie und macht dadurch den Punkt f6 zum Schnittpunkt zweier w. Steine; er zwingt zugleich den Bh7 nach h6 zu ziehen, wodurch der schw. K pattgesetzt und der Punkt g6 dem w. K zugänglich gemacht wird), h7-h6 2. Kg7-f6 (der König besetzt den Schnittpunkt und vollendet die von W. beabsichtigte Abzugzusammenstellung). Der schw. K ist nun gezwungen, die verdeckte Läuferlinie zu betreten, worauf 3. Kf6-g6‡ folgt. Dieses Anderssen-Problem nun ist im Zweig a) von 190 enthalten. Weil das Problem 190 fünfzügig ist, stellt sich auch der indische Zug (Lh4 überschreitet f6) ein, der hier, wie im indischen Problem, nicht unentbehrlich ist (vgl. Kf2, Td1, La3, Bg4; Ke4, Be5, f4; 1. Lc1), sondern nur die Abzugzusammenstellung verschönert. 1845, nach dem Erscheinen des Indischen Problems, stellte Th. Herlin die Komposition Kd6, Ld4, Sc8, Ba3, c4; Ka6, Ba4 her, welche, auf der Anderssenschen Grundform aufgebaut, den dritten Weg zeigt, der bei der Abzugbildung eingeschlagen werden kann: 1. Kc7, Ka5 2. Lf6, Ka6 3. Ld8, Ka5 4. Kb7‡. Diese Form ist im Zweig b) von 190 enthalten.

191. 1. Se4-g3; a) 1. ...., cd4 2. Lf4, dc3 oder d3 3. Lc1, c2 oder d2 4. Sd2(:) (der indische Zug und die blinden Bauernbewegungen); b) 1. ...., c4 2. Sd2, Kg5 3. La3, K∼ 4. Lc1 (die Herlin-Form und die Königszüge). Var. 1. ...., Kg5 2. Sc5: auch Lc5: 3. Lf8 4. Lg7:. Doppelsetzung des Anderssen-Indischen Themas mit L und S. Leipziger Illustr. Zeitung 1905.

192. 1. Kc5-b4, g5 2. Kc3, g4 3. Kd3. Var. 1. ...., Kd4 2. Ld6, g5 oder g6 3. g4 oder Lg6:; 1. ...., g6 2. Lg6:, Kd4 3. Ld6. Münchener Neueste Nachrichten 1904. Dem Andenken Adolf Anderssens gewidmet. Die M. N. N. veröffentlichten eine gereimte Klage über zu große Schwierigkeit; es konnte also das Anderssenthema noch nach 62 Jahren einem Löser etwas Neues bieten.

193. 1. Kg8-f7, h4 oder c5 2. La4, c5 oder h4 (Kh5, Kg7). 3. Le8. Das Herlin-Problem mit Vermeidung des einschränkenden Zuges Ke6-f7 (bzw. d6—c7) und Verzichtleistung auf den w. S. D. Schachz. 1905.

195

1905

Mat in vier Zügen

196

1904

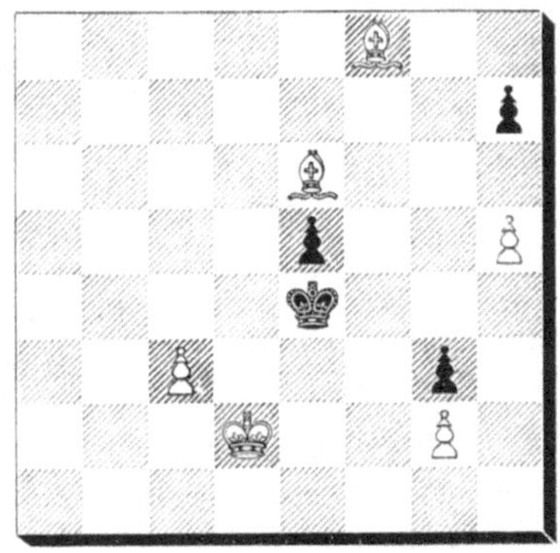

Mat in fünf Zügen

197

1905

Mat in fünf Zügen

198

1905

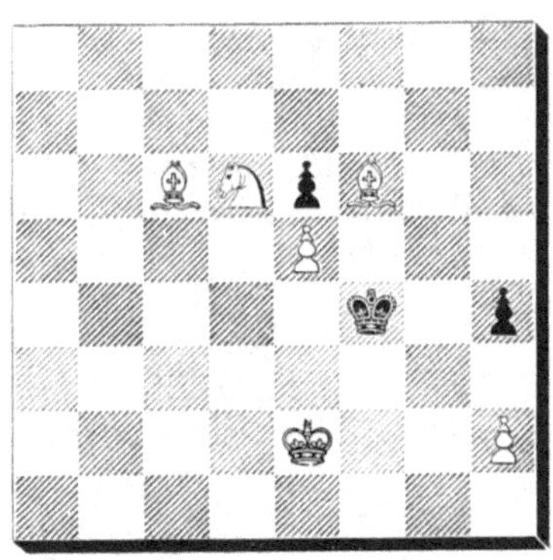

Mat in fünf Zügen

194. 1. Td6-d1, g4 2. Ld2. D. Schachz. 1908, S. 233. Der Verfasser des Indischen Problems trat 1846 auch mit: Kb8, Td6, Lh6, Sg7, Bf6, g3; Kd8, Ld7, Bg5; 1. Td1, g4 2. Ld2 hervor. Dieses Problem weicht insofern vom Indischen ab, als der schw. K schon im (zweiten) Linienschnittpunkt von T und L steht und das Doppelschach in anderer Art begründet wird. In der Position 194 tritt das ‡ mit 2. ...., Lf5: 3. Lg5†† charakteristischer in die Erscheinung. Der Autor hat sich in seiner Artikelserie „Grundlagen zu einer Geschichte der Problemideen" (D. Schachz.) mit dem zweiten indischen Problem aus dem Grunde eingehend befaßt, weil gerade dieses Problem schon im alten Schach hätte erdacht werden können, zur Zeit, als statt des Läufers noch der Alfil (der nur das zweitnächste Feld in der Diagonale betreten konnte) in Geltung war. Man vergleiche die Lösung zu 194a: 1. Th5-h1, g3 (der blinde Zug) 2. Af1-h3, Ah6~ 3. Ah3-f5†† und ‡.

194a. 1908.
(alte Spielweise)

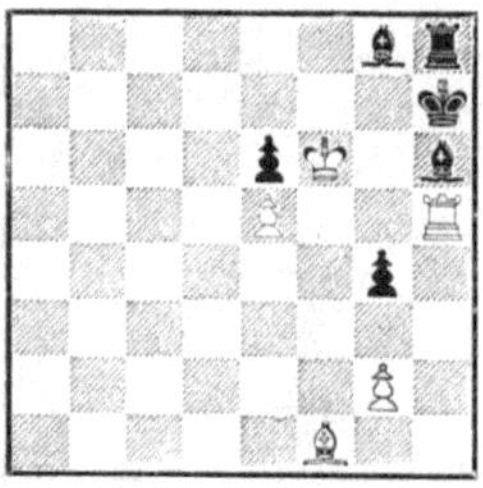

Mat in drei Zügen.

195. 1. Th1-d1; a) 1. ...., dc3 2. Td4, c2 3. Tf4; b) 1. ...., d3 2. Lf4, d2† 3. Ld2:. Schweizer. Schachz., dann D. Schachz. 1905. Auch eine Doppelsetzung des Indischen Problems. Aber in a) bewegt sich nur der T, in b) nur der L.

196. 1. Kd2-e2; a) 1. ...., Kf4 2. Lh6†, Ke4 3. Lc1, h6 4. Kd2; b) 1. ...., h6 2. La3, Kf4 3. Lc1†, Ke4 4. Kd2. Neues Ill. Blatt 1904. Diese Position führt ein Anderssen-Problem in der indischen Konstruktion vor. Auf die Form Kd7, La3, d3, Bb5, f4; Kd5, Bb6, d4, f5, f7, in welcher der Anderssen-B zur Geltung gekommen wäre, mußte der Doppelsetzung wegen verzichtet werden. Ke7, Lc1, d3, Sf3, Bb5, f5; Kd5, Bb6, f7 war allerdings auch möglich. Es stellt sich in 196 heraus, daß unter Umständen der indische Zug auf einer Nebenlinie vollzogen werden muß.

197. 1. Lg5-h4, d3 (Einleitungsidee) 2. Lf6, h4 (die Bauernzüge h4 und hg3 sind blinde Züge und ersetzen die Königsbewegung bei Herlin) 3. Lb2 4. Lc1. Ein Anderssen-Herlin-Problem. Stratégie 1905.

198. 1. Ke2-f2; a) 1. ...., Kg4 2. Lf3†, Kf4 (Kh3, Lg5, Kh2:, Lg2) 3. Ld1 (der indische Zug), h3 4. Ke2; b) 1. ...., h3 2. La4 (der indische Zug auf dem Nebengleise), Kg4 3. Ld1†, Kf4 4. Ke2. „Bohemia" 1905. Selbständigere Form für 196.

199

1904

Mat in fünf Zügen

200

1903

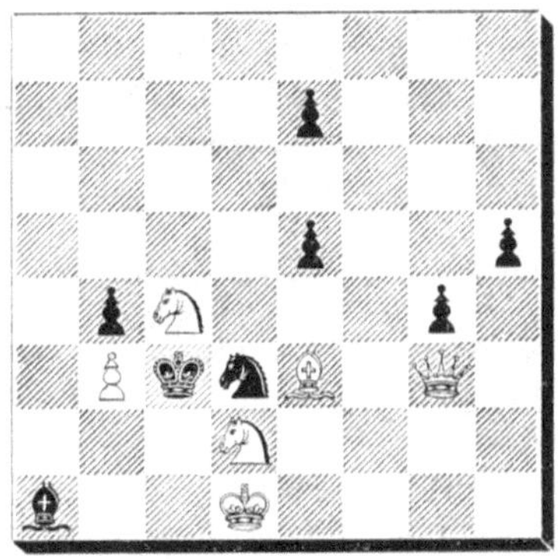

Mat in vier Zügen

201

1906

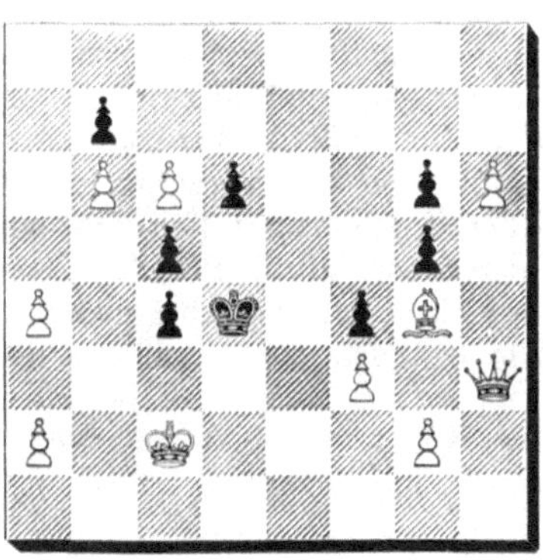

Mat in vier Zügen

202

1906

Mat in vier Zügen

199. 1. Lc6-a4 (der indische Zug auf dem Nebengleise); a) 1. ...., Kf3 2. Ld1†, Kf4 3. Te8, f6 (der blinde Zug) 4. Te2, K∼ 5. Te4‡ (reines ‡ im Falle von Kg4); b) 1. ...., f6 2. Tg6, Kf3 3. Ld1†, Kf4 4. Lg4. Vereinigung einer bekannten anderen Idee mit der Indischen. Neues Ill. Blatt 1904. Korrektur D. Schachz. 1905, S. 184.

200. 1. Le3-a7 (droht De3, Lb8, Le5‡), Lb2 (hiermit wird die Drohung aufgehoben, denn De3, Lc1) 2. Sb6, Kd4 3. De3†. D. Schachz. 1903. Verwendung der L-S-Abzugzusammenstellung mit dem indischen Zug in einem Problem großen Stils. 1. Dh2 scheitert nur an Lb2.

201. 1. Dh3-h1; a) 1. ...., Kd5 2. Kc3, Kc6: 3. Db1; b) 1. ...., Kd5 2. Kc3, bc6 3. Da1. Var. 1. ...., c3 2. Dd1† (Kc4 3. a3); 1 ...., ∼ 2. De1(†). Der Zweig a) erinnert an das Bristoler Problem, Kc2-c3 ist der Räumungszug; der Zweig b) gestaltet sich zu einem Anderssen-Problem, Form Herlin. Da der Räumungszug vom K vollzogen wird, kann die Aufgabe auch als Dreizüger, mit Dh1, schw. Kd5, aufgestellt werden. Leipziger Ill. Zeitung 1906, dann D. Schachz. 1906.

202. 1. Lf3-h1 (indischer Zug), gh4 (Zwischenzug von Schw. zur Öffnung der g-Linie und Beseitignng der Drohung Tg3) 2. Tg1-g8 (Bristoler Räumungzug); a) 2. ...., c6-c5 3. Tg2 (Fortsetzung und Schluß des Indischen Problems); b) 2. ...., Tc5 (Ersatz des Läuferzuges im Bristoler Problem, durch welchen der D das Verlassen des Feldes h6, hier des Feldes d7, ermöglicht wird) 3. Dg7 (Fortsetzung und Schluß des Bristoler Problems). Bohemia 1906. Diese Position kommt dem von mehreren Seiten angestrebten Ziel der Vereinigung des Indischen Problems mit dem Bristoler Problem (bisher) wohl am nächsten. Den Einwand, daß im Bristoler Problem der T den D-T-Schnittpunkt in anderer Richtung überschreitet, kann der Autor nicht als berechtigt gelten lassen. Die Hauptsache ist die Räumung und der effektvolle lange Zug. Es tritt ja auch nicht bei allen Nachfolgern des Indischen Problems der schw. K stets von links nach rechts in den Doppelschach-Linienschnittpunkt von T und L ein (vgl. 189 usw.).

203

1908

Mat in vier Zügen

204

1905

Mat in drei Zügen

205

1905

Mat in vier Zügen

206

1905

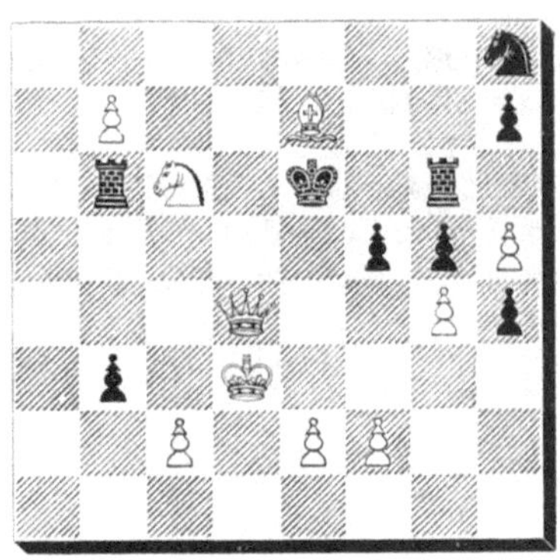

Mat in vier Zügen

203. 1. Th6-a6, Lg2:, e2 oder fg2, f2 2. Sc6, Kd6 3. De6†. Verwandt mit 200. Var. 2....., Lc4 3. De3†, oder 2. ...., ~ 3. Db4†; 1. ...., Kd4 2. Sc6† 3. Db4 od. f3(:)†; 1....., Lc4, b5-b4, Sa3, d2 2. De3† ev. 3. Td6†; 1....., Sc3 2. Dc3‡; 1. ...., Ld3 2. Dd3: usw. British Chess Magazine 1908.

204. 1. Db3-b8 (Idee: der schw. K ist nur auf d4 angreifbar; Drohung Dd8), Kc4 od. d5 2. Db6 (Dd8 scheitert nun an c5). 1905. Widmung an die Neue Folge der Münchener Akademischen Monatshefte.

205. 1. e7-e8S, Sd8: 2. dc7, Sd7! (damit verhindert Schw. c8 od. cd8D) 3. Sg6†, Ke6: 4. cd8S‡. Matbild mit vier w. und einem schw. S und ohne Bauern. Var. 1. ...., Lh3 2. Sc4†; 1....., Th4 2. Lh4: 3. Sg4(c4)†. Droh. 2. Sg4†. Widmung an Fr. Malthan. Die außergewöhnliche Schlußstellung sollte an die außergewöhnliche Leistung des Turnierleiters in Barmen 1905 erinnern. Leipziger Illustr. Zeitung 1905.

206. 1. Dd4-d8, fg4: 2. Ld6 (droht Sd4†), Kd5 3. Sd4 4. Da5, Dg5: oder e2-e4 bzw. c2-c4‡. Var. 1. ...., Tc6:, b7: 2. gf5† 3. Dd4, d5† (Droh.); 1. ...., Tb5 2. Sd4†, Ke5 3. Dc7†; 1. ...., Tf6 2. Dg8†, T oder Sf7 3. Dc8†; 1. ...., f4 2. Dc8†, Kf7 (Kd5, Dd7†) 3. Df8† (Droh.). Die w. D überschreitet im ersten Zuge den D-L-Schnittpunkt d6; nach ihrer Entfernung von d4 besetzen drei Steine die Felder d4-d6. D. Schachz. 1905.

207

1905

Mat in vier Zügen

208

1905

Mat in vier Zügen

209

1905

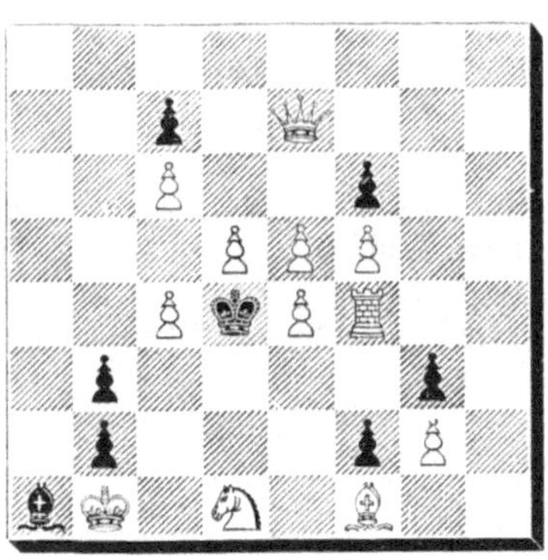

Mat in drei Zügen

210

1906

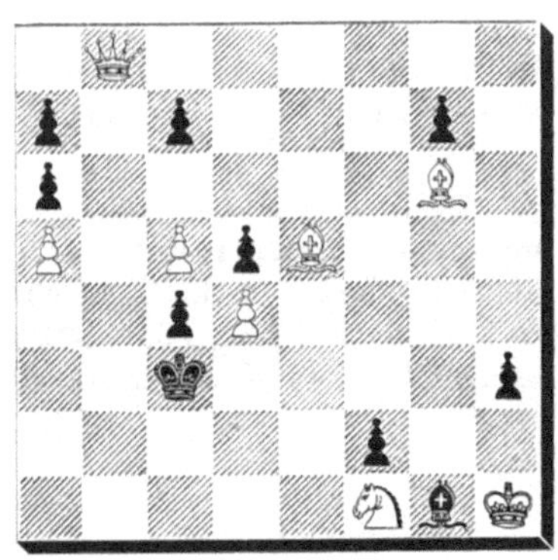

Mat in vier Zügen

207. 1. Sg4-e3 (droht Sf3†, Ke4 od. d3, Tf2), Ke5: 2. Kg6 (droht Sf5‡), Kd6 3. Se6, Ke7 4. Sf5‡. Var. 1. ...., Kd3 2. Tf2, Sd6 (Kd4, Sf3†) 3. Lc2†. Idee: der T als Deckungsstein im Hauptspiel wie in den (vierzügigen) Varianten. D. Schachz. 1905.

208. 1. Le3-b6. Ideenverbindung; der L und der Bc7 führen drei ganz verschiedene Spiele herbei: a) 1. ...., cb6 2. Df6, b5 3. cb5 (Position Shinkman-Mazel); b) 1. ...., c6 2. c5, Kd5 3. Df5 4. De6 (f7)‡ (2. Schnittpunktkombination; der L wird bloßer Deckungsstein); c) 1. ...., c5 2. Kd1, d2 3. La5 (in den Läuferzügen liegt nun eine Ferndeckungskombination). D. Schachz. 1905. Das erste Problem, in welchem ein B auf eine bestimmte Linie gedrängt wird (Zweig a), damit er dann das Seitwärtsschlagen durch einen w. B ermöglicht, rührt von Eichstädt, 1850, her: Kb3, Lb7, g3, Sc4, Bc3, d3, g4, h2; Kb5, Bc5, d6, g5, h3; 1. Le5, de5 2. Kb2 oder c2, e4 3. de4.

209. 1. Tf4-h4, fe5 2. Th4-h5 (die Idee besteht darin, daß der T, das der D reservierte Feld h4 überschreitend, von h5 aus den Punkt f5 decken muß; wenn W. 1. Tf3 spielt, ist er, nach fe5, selbst im Zugzwang, d. i. er wird durch die Notwendigkeit zu ziehen des Matzuges Dh4 beraubt). Es ist nicht gut möglich, für dieses Thema eine einfache Anfangsposition zu gewinnen. „Wiener Mode" 1905.

210. 1. Db8-b7; a) 1. ...., h2 (ideegemäße Verteidigung). W. ist nun genötigt, den L über das der D reservierte Feld g7 nach f8 zu ziehen, um von dort aus das Feld c5 zu decken (vgl. 209): 2. Lg7:, c6 3. Lf8; b) 1. ...., c6 2. Ld6, h2 3. Lf8. Var. 1. ...., Lh2 2. Kh2:, c6 3. Ld6. Münchener Neueste Nachrichten 1906.

211

1907

Mat in vier Zügen

212

1906

Mat in vier Zügen

213

1906

Mat in fünf Zügen

214

1906

Mat in vier Zügen

211. 1. Dc7-c8, f4 2. Sf4: (der S muß vorübergehend die Linie besetzen, auf welcher später die D matsetzt, vgl. 209, 210, um den B zu beseitigen und das Feld e5 zu decken), d5 3. Sg6. Var. 1. ...., Kd5 2. Sf4 (c7)†, Kd4: 3. De6 oder 2. ...., Ke5, e4 3. Df5‡; 1. ...., d5 2. Sf4, Kd4: 3. De6 auch f5:. Leipziger Illustr. Zeitung 1907.

212. 1. De6-g8, de3 2. Lf7, ed2 3. Ld5† (reines ‡ nach Kd4). Leipz. Illustr. Zeitung 1906, Neujahrs-Lösungsaufgabe. Loyd hatte das Zurücktreten der D und das Vortreten des L längst in einfacher Weise dargestellt. In gegenwärtiger Zeit konnte nur mehr die Frage interessieren, ob das Zurücktreten der D aus der nächsten Nähe der Königsstellung, das Vortreten eines ziemlich frei postierten Läufers und das Gewinnen einer reinen und ökonomischen Matstellung in einem Problem größeren Stils befriedigend durchführbar ist.

213. 1. Te3-d3, g3 (Schw. setzt sich patt, weil die S-Bewegungen aussichtslos sind) 2. Ke2 (W. muß das Patt aufheben), f1~ 3. Kf1:; nun muß der schw. S gerade nach f2 ziehen, wo er zurecht kommt, um auf 4. Se2 mit Sd3: das reine ‡ 5. Lb3 zu ermöglichen. Var. 1. ...., Sg3† 2. Kf2:, Se4† 3. Ke3, Sc5 (Sd2, Kd2:) 4. Se2, oder 2. ...., Sf5 (f1) 3. Se2, g3† 4. Kg1. Leipziger Illustr. Zeitung 1906.

214. 1. Lh6-d2; a) 1. ...., Ke5 2. e4, de3 3. Lc3†; b) 1. ...., c6 2. Sf2, Ke5 3. Sg4†. L und Sh3 tauschen die Rollen. Var. 1. ...., Kg4 2. Sh6†, K~ 3. Le1(†). Zeitschrift des Niederländischen Schachbundes 1906. Vgl. 172.

215

1906

Mat in drei Zügen

216

1906

Mat in drei Zügen

217

1907

Mat in drei Zügen

218

1907

Mat in vier Zügen

215. 1. Kg4-h5 (Zugzwang), b4-b3 2. f5 3. Dg4‡. Idee: 1. f5 ist unrichtig wegen Ld5:, worauf Sf5‡ nicht mehr möglich ist; der Abwartezug Kh5 verursacht, daß Schw. die eigene Läuferlinie verdecken muß und nun greift 2. f5 durch. Laskers Chess Magazine 1906.

216. 1. Lg6-h7 (Zugzwang), g7-g5! (g6 könnte auch mit Lg6: beantwortet werden) 2. hg6, Kf5: (Kd5, Dc6‡) 3. g7‡. Enthält ebenso wie 215 eine Aufstellungsidee. 1. Le8 scheitert an g7-g5, 1. Ka2 an b1D† 2. Kb1:, Lb2, der Bh3 ist wegen 1. Dc6†, Ke3 2. Dg2 da, 1. Dc5 verursacht das Patt. „Dom in Svet" 1906.

217. 1. c2-c4 (Zugzwang), f3 2. cd5, Kf4 3. Dc1‡ (Idee). Var. 1. ...., Sf6 2. De7; 1. ...., Lb7, a8 2. Dc7:. 1. Df8 scheitert an Le8, 1. Dc3 an Sf6. Veränderung 1912 eines Widmungsproblems an die Meisterturnierkollegen in Karlsbad 1907, Bohemia 1907, D. Schachz. 1907, S. 348.

218. 1. Se3-d5, Lf6: 2. Se4; a) 2. ...., Kd5: 3. Da4, Ld4 4. Da8‡; b) 2. ...., Ke4: 3. Dd1, Ld4 4. Dh1‡ (Idee). Var. 1. ...., Kd5: 2. c4†, Kc5: oder c6 3. Da7(†); 1. ...., Kc5: 2. Da5†, Kc6 (Kd4, Dc3†) 3. Dc7†; 1. ...., h2 2. Da4†, Kd5: 3. Sb7. Bohemia 1907. (Korrektur w. Bg5.) Die Anregung zur Herstellung dieser Position gab ein Dreizüger von K. Fritsch, D. Schachz. 1906, an dessen Richtigstellung der Autor mitbeteiligt war. Man könnte die Idee als Doppelsetzung eines Teiles der Brownschen Liniennutzung bezeichnen.

219

1908

Mat in vier Zügen

220

1908

Mat in vier Zügen

220a

1911

Mat in vier Zügen

221

1908

Mat in vier Zügen

219. 1. Sc7-d5, Ke4: 2. Db7-a6; a) 2. ...., Kf5, Sc3: 3. Dd3†; b) 2. ...., Ke5: 3. f4†; c) 2. ...., Kd5: 3. f4 (Ideenspiele). Var. 1. ...., Ke5: 2. Sd6, Sc3: (ed5, De7†) 3. f4†; 1. ...., ed5 2. De7, Ke4: 3. De6 oder 2. ...., Lg8 3. Df6†, oder 2. ...., ∼ 3. Sd6†; 1. ...., Sc3:, gf2, g2 2. Sd6†, Kg5, e5: 3. De7, Lf6† bzw. f4†; 1. ...., Sf7 2. Df7 ‡ 3. f4† bzw. De6:. Droh. 2. Sd6† und 2. Se7 (e3)†. Leipziger Illustr. Zeitung. Neujahrs-Lösungsaufgabe 1908. Der zweite Zug (die Pointe) weist eine Verwandtschaft mit dem 2. Zuge in 130 auf.

220. 1. Da2-a8, Le5 2. De8; a) 2. ...., Kd5: 3. Sf6†; b) 2. ...., Kf5 3. Sg3† (Ideenspiele). Var. 1. ...., ∼ 2. De8(†) 3. Sg7, f6 oder g3†. 1. Sg7 scheitert nur an Lf4, Kb5:, Ke5. British Chess Magazine 1908.

220a. 1. Sf6-h7, ab4 2. Sg5; a) 2. ...., Kc5: 3. Se6†; b) 2. ...., Ke5 3. Sf3†; wenn 2. ...., ∼, so 3. Sf3 (e6)†. Var. 1. ...., a4 2. Dd7 3. Dg7 ‡; 1. ...., Ke5 2. Dc7†; 1. ...., f3 2. Sg5, Ke5 3. Dc7†; 1. ...., ∼ 2. Sg5. Magyar Sakkvilág 1911. Vertiefung des Problems durch eine Einleitungsidee (Sh7). Der schw. Sa7 verhindert 2. Dd6 3. Sg5 (1. ...., Sc8 2. Sg5, Sd6 3. Dd6:).

221. 1. Da2-a7, Tg5-g8 2. Dd7, Tg4: (∼ 3. Sf3†) 3. Sf3†; 1. ...., Tg4: 2. Db8†, Kf5, f6 3. Df8† oder 2. ...., Kd4 3. Db2† (Matbildvar.); 1. ...., Tf5 2. Dg7†, Kf4: 3. Lh3:, oder 2. ...., Tf6 3. Se4; 1. ...., Th5 2. Sh5:, Kd5, d6 3. d4 auch Sc4(†); 1. ...., Tg6 2. Sg6 ‡, K∼ 3. Se4(†); 1. ...., Tg7 2. Dg7 ‡ usw. Droh. 2. Dc5†, Kf6 3. Df8†. Die Idee des Problems besteht in der Beherrschung des T. Der T kann sechs Felder betreten, zwei seiner Züge bringen ökonomische und reine Matwendungen hervor. British Chess Magazine 1908.

222

1908

Mat in drei Zügen

223

1908

Mat in fünf Zügen

224

1908

Mat in vier Zügen

225

1908

Mat in vier Zügen

222. 1. Dd5-g2, K~ 2. g6(†) 3. Df3, g5 oder a8‡. Mit den zwei verschiedenen Austritten des K, nach oben und nach unten, schien dem Autor die Idee noch nicht dargestellt gewesen zu sein. Es fand sich aber doch: R. Steinweg, Wochenschach 1890; Ke7, Dc1, Ba3, a4, b5, e2; Kb6, Bb7, d5; 1. Db2. „Wiener Fremdenblatt" 1908.

223. 1. Le8-f7 (droht Sg5‡), Lf7: 2. Sf6†, Kg7 3. Se8††, Kg8 oder h7 4. Dg7†. Var. 1. ...., Se6 2. Le6:, Le6: 3. Sg5†, Kg8 4. De6‡. Doppelsetzung des erstickten Mat. D. Schachz. 1908, S. 39, in der Artikelserie des Autors: „Grundlagen zu einer Geschichte der Problemideen".

224. 1. Lc5-e7 (Zugzwang), d4 2. Df3, Ke6 3. Db7 (Kf5 4. De4‡); 1. ...., Kd4 2. Df3, Ke5 3. Dg4. Der w. L nimmt der D die Linie f7-b7, so daß sie dann auf Umwegen den Punkt b7 beziehen muß. „Bohemia" 1908.

225. 1. Sf7-h6 (Zugzwang), Lh6: 2. b4, Lg7 3. Da3, Ld4: 4. Lg3‡ (Idee). Var. 1. ...., Lf8 2. b4, Lb4: (der L ist nun von e5 und h6 abgelenkt) 3. Dd5 oder 2. ...., Lh6: 3. Da3; 1. ...., Ld4: 2. Sf5:, Kf5: 3. De4† oder 2. ...., Ke5 3. Ld4‡; 1. ...., Lh8, f6, e5 2. Dd5. „Bohemia" 1908.

226

1908

Mat in vier Zügen

226a

1908

Mat in fünf Zügen

227

1909

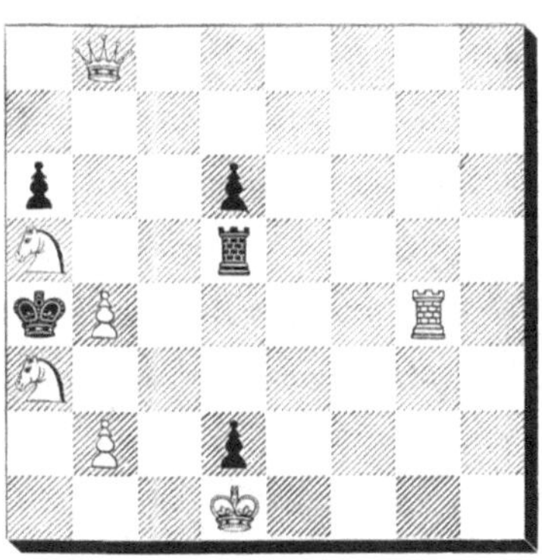

Mat in zwei Zügen

228

1909

Mat in zwei Zügen

226. 1. Tg7-g4, Ta5 2. Tc4 (droht Se7), Sc4: 3. d4† (Idee: der T muß über g4 nach c4 geleitet werden, damit 3. Se7 möglich wird; auf c4 ersetzt der schw. S den T). Var. 1. ...., b3 2. Ta4:, Kd5 (Sc4, d4†) 3. Se7† mit Nutzung der Linienräumung Tga4 (Kc5:, Db4‡); 1. ...., Kd5 2. Dd8†, Kc5: oder e5 3. Dc7: bzw. d4†; 1. ...., Sf4 2. Dg5†. Droh. 2. Se7. Tidskrift för Schack 1908. Alain C. White gewidmet.

226a. In der Artikelserie „Grundlagen zu einer Geschichte der Problemideen" hatte der Autor ein im alten Problemschach (194a) oft vorkommendes Problemmotiv erörtert, welches in 226a modernisiert dargestellt ist: 1. Tf3, Lc5 2. Sh7††, K∼ 3. Tf8† (die Pointe), Lf8: 4. Sf6†. Var. 1. ...., Se7 2. Sh7††, Kg7 3. Te7‡ 4. Tf6†. 226 war eine Frucht der betreffenden Untersuchungen. D. Schachz. 1908, S. 39.

227. (227—234 anläßlich des Gedächtnisturniers der Stratégie 1909 dem Andenken Numa Pretis gewidmet). 1. Db8-g8 (Ta5: 2. b5‡).

228. 1. Dc8-a6 (d3 2. Da1‡).

229

1909

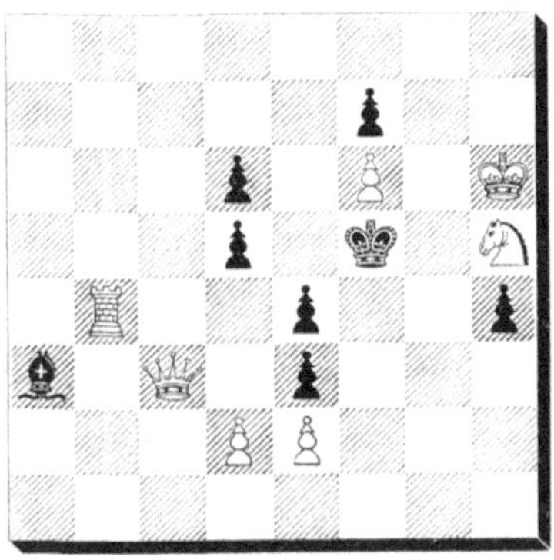

Mat in zwei Zügen

230

1909

Mat in zwei Zügen

231

1909

Mat in drei Zügen

232

1909

Mat in drei Zügen

229. 1. d2-d4 (ed3 2. Sg7‡). Ehrend erwähnt.

230. 1. Dg1-d1 (Lg7: 2. Se5‡).

231. 1. e4-e5 (Zugzwang), Lf1: 2. Te8, d7∼ 3. ed6‡. Var. 1. ...., d6, d5 2. ed6 3. Te8 oder L (Abzug-)‡. Die Idee des Problems besteht in der Art der Herbeiführung des en passant; noch steht der B nicht auf e5 und noch ist die e-Linie vom L besetzt.

232. 1. d2—d3; a) 1. ...., Ld3: 2. Da8 (weil der L auf d3 steht, kann der Sf2 die Droh. f4‡ nicht mehr parieren); b) 1. ...., Sd3: 2. Dc4 (weil der Sd3 die L-Linie verdeckt). Eine auf den Linienschnittpunkt des L und des S gestützte Kombination; der Zweig a) bietet zugleich eine Matbilddoppelwendung. Var. 1. ...., Tc5 2. Dd7:; 1. ...., Sf5: 2. Sf7†; 1. ...., Kd5: 2. Dc4†. Droh. 2. f4† (nicht Dc4). Ehrend erwähnt.

233

1909

Mat in drei Zügen

234

1909

Mat in drei Zügen

235

1909

Mat in vier Zügen

236

1910

Mat in drei Zügen

233. 1. Df7-g8; a) 1. ...., c3 2. Lf7, c4 3. Df8‡ (zugleich Drohung); b) 1. ...., gh5 2. Lf8†, Ke5 3. Dg5:‡ (Ideenverbindung). Var. 1. ...., Ld5: 2. Df8†.

234. 1. Dc8-g4, Le7: 2. Dg1, Lf6:† 3. Se4‡ (Idee: wenn der schw. L auf e7 steht, ist 2. Dg1 möglich). Var. 1. ...., Dc3: 2. Sd7†; 1. ...., De7:† 2. de7:; 1. ...., c1D od. ~ 2. De4 Droh.

235. 1. Da4-b4 (Zugzwang); a) 1. ...., Kd5 2. Se3†, Kd6 3. Db8†; b) 1. ...., e4 2. Se6†, Kd3 3. Db1† oder 2. ...., Kd5 3. Db7†; c) 1. ...., f4 2. Sb6†, Ke3 3. Db2. Idee: Darstellung der größtmöglichsten Anzahl von Matstellungen mit D und S und D und 2 S. I. Preis in der Jahreskonkurrenz der Tidskrift för Schack 1908.

236. 1. Db7-h7, Tc4: 2. Dh1, Kd5† 3. Sf4‡. Var. 1. ...., Td1, d2 2. Dg8, Ld4 3. Dd5‡. Droh. 2. Dh1 und 2. Dg8. Idee: die D steht zu Anfang nicht hinter dem richtigen S. Widmung an Hans Seyboth, St. Petersburger Zeitung 1910.

237

1910

Mat in fünf Zügen

238

1911

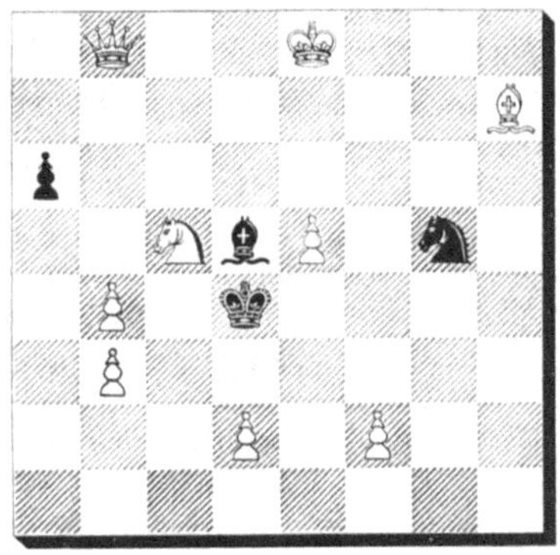

Mat in fünf Zügen

239

1911

Mat in vier Zügen

240

1912

Mat in zwei Zügen

237. 1. e2-e3 (droht De1 und Dc3: oder g3:), De8: (damit ist die Überlenkung der schw. D erfolgt) 2. De1; a) 2. ...., Dh5: 3. gh5, Kf5: oder Le7: 4. Dg3: (Le7: oder Kf5:) 5. Dg6‡; b) 2. ...., Db5 3. cb5, Kd5 oder Le7: 4. Dc3: 5. Dc6(e5)‡. Var. 1....., Dg7 2. Tg7:, Lh4 oder B∼ (Le7 oder g5, T×L) 3. De1 4. De2 (oder T×L); 1....., Le7: 2. De1, La3 oder g5 3. De2, Lb2† 4. Ka2: oder 3....., Le3: 4. Df3†; 1....., Df8 2. Df1, Ke3: 3. Te5‡. Doppelsetzung der bei 208 erwähnten Idee von Eichstädt. Das Hinausschlagen je eines w. Bauern links und rechts ist aber nur möglich, wenn die schw. D genötigt wird, einen entsprechenden Verteidigungszug zu tun. Ein bloßer Zugzwang ist ausgeschlossen. Auch ist es ausgeschlossen, daß eine korrekte Doppelsetzung mit einem kleinen Offizier hergestellt werden kann. „Bohemia" 1910.

238. 1. Db8-d8, Sh7: 2. f4, Sf6† 3. ef6, a5 4. ba5 oder 2. ...., Sg5, f8 3. fg5 od. Kf8:, a5 4. ba5. (Bei zwei schw. Steinen ist das Hinausschlagen links und rechts auch durch Zugzwang zu erreichen; vgl. 237). Var. 1. ...., a5 2. Dg5:, Lc6† 3. Ke7, Kd5 (sonst Kd6) 4. Lg8†; 2. ...., Le4 3. Se4:, Kd3 4. Sc3† (3. ...., Kd5 4. Df6; 3. ...., ∼ 4. Dd8†); 2. ...., Lf3, g2 3. Kd7!, Kd5 4. Lg8† usw. Anderes ist vierzügig. 1. Dd6 scheitert an Sh7: und an den entstehenden Pattstellungen; 1. Dc8 hat Le4!, 1. f4 hat Lf7†; 1. e6 hat Lb3:; 1. Lc2 hat Sf3 zur Folge. Magyar Sakkujság 1911.

239. 1. Db7-a6, Tf3! (es droht Dd3†, Kf6, Dd4†; wenn Te2:, so De2:) 2. Da1, Tc3 (Sg6 ist wegen Dg7 ungenügend; der Bf4 kann nicht mehr ziehen!) 3. e4†, fe3 4. Df1‡. Die Idee besteht in dem Herauslocken des schw. T ohne Anwendung von direkten oder indirekten Opferangeboten. Tidskrift för Schack 1911; in der Jahreskonkurrenz ehrend erwähnt.

240. 1. Le4-h1 (Idee: der L hat alle 13 Felder zur Verfügung, richtig ist aber nur Lh1, weil Lc2 oder b1 durch Kc3 widerlegt wird und im übrigen (von d3, f3 und g2 abgesehen) die Läuferwirkung durch den schw. T aufgehoben werden kann).

Studien

1

1886

W. am Zuge gewinnt

2

1888

W. am Zuge gewinnt

3

1888

W. am Zuge gewinnt

4

1888

W. am Zuge gewinnt

Lösungen und Bemerkungen.

1. 1. Lg1—f2! (Le3? hätte g3, Lg1 oder c5, b4, ab4, a3, Le3, g1D, Lg1: a2 zur Folge), g3 2. Le3, b4 3. ab4, g1D 4. Lg1:, a3 (oder g2, Le3, g1D, b5†, Le3‡) 5. Le3, a2 6. Ld2 7. b5‡ oder 2. ...., e4 3. Ld4 (auch Lg1), Ka5 (oder 3. ...., b4 4. ab4, g1D 5. b5†, Ka5 6. Lc3‡) 4. La7:, Ka6 (b4, Lb6†, Ka6, ab4 usw.) 5. Lb6; nach Eroberung aller Bauern auf dem Königsflügel kommt es zu b4, ab4 und b5‡. Frankfurter Zeitung (Didaskalia) 1886.

2. 1. Db1—b8, Lc4! (La6, worauf Dc7, und Le2 oder d3, worauf Df4 folgt, kürzt das Spiel; vgl. die Fortsetzung) 2. De5, La6! (der L kann nicht nach f1 zurückkehren wegen Dg3 und Zugzwang) 3. Dc7, Lb5 4. Dc1!, Lf1 (nun der richtige Zug, weil Kg3 droht; Ld7† verursacht Kg3, Lh3, Da1, L~, Dh8†) 5. Df4, Le2 oder ~ 6. Dg5 (ev. Dg4), Lf3 oder Lb7, c6 (Lf1, Dg3) 7. Dc1, Le4, d5 (c8†) usw. (auf Ld1 würde Dc6, Lg4†, Kg4:, Lg1~, Kh3 entscheiden) 8. Kg3 und W. erzwingt mittels 9. Dh6† oder mittels Da1 nebst Dh8† das Mat. Columbia Chess Chronicle Bd. III.

3. 1. Sg5—h7†, Kg8 2. Th2!, Dd6‡ 3. Sf6†, Kf8 (Df6‡, Kf6:, Kf8, Th8‡) 4. Th8†, Ke7 5. Te8‡. Var. 2. ...., Da4 3. Sf6†, Kf8 4. Sf5 (nicht Th8†, Sf5†, Te8† wegen De8‡) und gewinnt (wenn Dh4, so Sh4:); 2. ...., Dc7 oder c5 3. Sf6†, Kf8 4. Th8†, Ke7 5. Sf5† und Damengewinn oder Mat. Steinitzs International Chess Magazine IV.

4. 1. Kg6—h5, Db4! 2. Te8†, Kg7 3. Tb8! (nicht Ld4†, Dd4:, Se6†, Kf7), Dc4 oder a4, c3 (Kf6, Ld8†) 4. Ld4†, Dd4: 5. Se6† und gewinnt; 1. ...., Dc8 2. Td6, Kg7 3. Td8 und Ld4†; 1. ...., Db8 oder a8 2. Tg6†, Kf8 3. Lc5†; 1. ...., Da3, f1, f4, f5 2. Te8† usw.; 1. ....., Kg7 2. Tg6† 3. Ld4†, 1. Ld4 scheitert an Dg7† 2. Kf5 (denn Lg7: patt), Dd4: 3. Tg6†, Kh8 oder Dg7. Münchener Neueste Nachrichten 1888.

5

1888

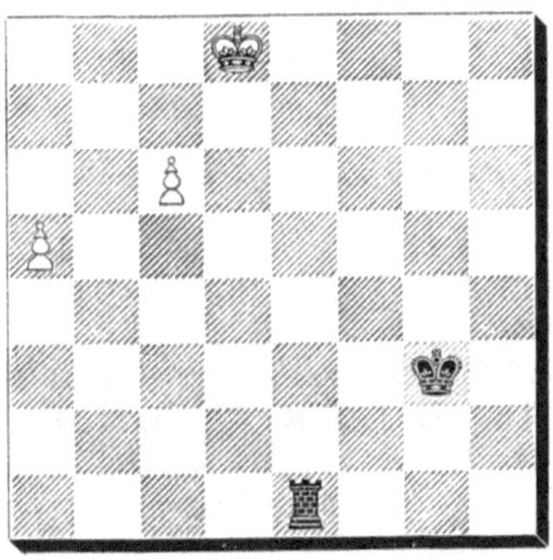

W. am Zuge gewinnt

6

1889

W. am Zuge gewinnt

7

1889

Schw. am Zuge
kann nicht gewinnen

8

1889 (1912)

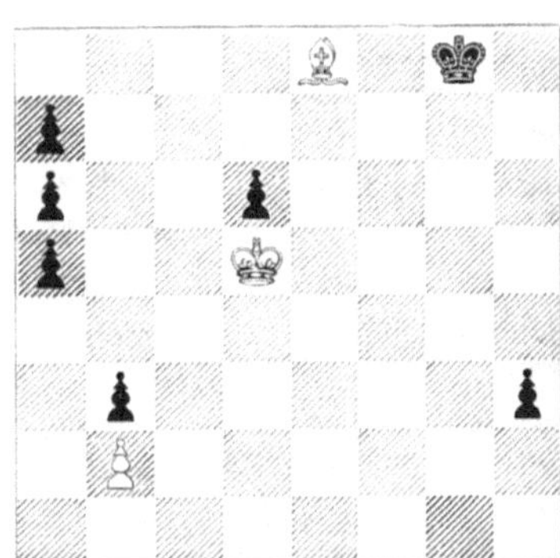

W. am Zuge erzwingt das Remis

5. 1. a5—a6!, Td1† 2. Kc8 oder c7, Ta1 (das Turmschach auf d1 hat erwirkt, daß c6—c7 nicht durchdringt: c7, Kf4, Kb7, Tb1†, Kc6 oder a7, Tc1(†), Kb6, Ke5!, a7, Kd6, Kb5 [a8D, Tb1† und Ta1†], Tb1†, Kc4, Ta1 und W. kann nicht gewinnen, da auf c8D das Turmschach c1, auf c8S aber Kc7 folgt) 3. Kb7, Tb1† 4. Ka8! (dieser Zug rührt von C. Kockelkorn her, welcher auch nachwies, daß der w. K. nicht nach f8 ausweichen darf), Tc1 (auf Kf4 folgt a7, Ke5, c7, Tc1, Kb7, Tb1†, Ka6, Ta1†, Kb5, Tb1†, Ka4, Tc1, Kb3 und Kc2 oder a2) 5. a7!, Kf4 (Tc6:? Kb7) 6. Kb7, Tb1† 7. Ka6 oder c7, Ta1(†) 8. Kb6, Tb1† 9. Kc5, Ta1 10. c7. Der w. K. geht bis a2 oder c2 herab und einer der Bauern wird zur Dame. Auf 1. ...., Ta1 folgt sofort 2. c7; 1. ...., Kf4 wird mit 2. a7 beantwortet. Berliner Sonntagsblatt 1888.

6. 1. f6—f7, Lc6: (über 1. ...., Tb2† 2. Kc7, Lc6: 3. f8D vgl. die Varianten zum 2. Zuge) 2. f8D, Ld5 (Var.) 3. Dh8† (schlecht wäre Dh6†, Kg1, Dc1†, Kh2!, Df4†, Tg3, Dd2†?, Lg2; sobald L und T ihre ursprüngliche Stellung vertauschen können, ist das Spiel remis), Th2 (Kg1, Dd4†) 4. Da1†, Kg2 5. Db2†, Kh1 (Kg1 oder g3, Dd4 oder e5†; Kh3, Dc3†, K ~, Dd2 oder d4†) 6. Dc1†, Kg2 7. Dd2† und gewinnt den L. Varianten zum 2. Zuge: a) 2. ...., Tg6 3. Df1†, Kh2 4. De2†, Kg1 (auf Kh3, h1 oder g3 und Lg2 verliert Schw. wegen Dh5 oder d3† den T; auf Tg2 verliert Schw. wegen Dh5†, K ~ 6. Dc5 oder g6† den L) 5. Dd1†, K ~ 6. Dc2 oder h5† und gewinnt den T; b) 2. ...., Tb2† 3. Kc7, Tc2 (Lg2?, Dh8†) 4. Dh6†, Kg1 5. Dg6† und gewinnt entweder T oder L); c) 2. ...., Le4 oder a4 3. Df1†, Kh2 4. Df4† und gewinnt den L; d) 2. ...., Ld7 3. Dh6†, Kg1 (Th2, Dc1† nebst Dd2†) 4. Dc1†, K ~ 5. Dc7 oder d2† und gewinnt den L; e) 2. ...., Lb5 3. Dh6†, Th2 (Kg1, Db6†) 4. Dc1†, Kg2 5. Db2† und gewinnt den L. Berliner Sonntagsblatt 1889. (1. Tc1†?, Kh2 2. f7, Tb2†, 3. Kc8, Lg4† u. Tf2.)

7. 1. ...., h3—h2 2. Lb7, h1D 3. Ld5‡, Dd5: patt; 1. ...., a4 2. Lb7, d4† 3. Kb4, d3 (oder Kg8~, h3—h2 4. Ka4:) 4. Kc3, a3 5. ba3 und erobert beide Bauern, oder 4. ...., Kg8~ oder h3—h2 5. Kd3:. D. Schachztg. 1889, Berliner Schachz. 1897, dort mit w. Kc4, schw. Bd6 (statt d5), Beginn 1. ...., d5† 2. Kc3 usw.

8. 1. Kd5—c4, d5† 2. Kc3! (nicht Kb3: wegen h2), a4 (damit vermeidet Schw. die Pattsetzung nach 2. ...., h2 3. Lc6, h1D 4. Ld5‡, Dd5: erster Fall) 3. Lc6 (Kb4 ginge jetzt nicht wegen h2), a5 (zieht Schw. Kg8~ oder h3—h2, so kann W. [nach ev. Ld5‡] mit Kb4 den wichtigen b-Bauern erobern; d4† hat Kb4, d3, Kc3 zur Folge, wie oben gezeigt; nach dem Zug im Text aber kann der L den Ba4 schlagen, weil wieder die Pattstellung entstanden ist) 4. La4:, h2 (Kf7 oder a7—a6 hat Lb3: nebst Ld5:(†) bzw. vorher Ke6, Kd4 zur Folge) 5. Lc6 und Patt nach h1D, Ld5‡ (zweiter Fall) oder remis wegen Ld5:(†) und Kb4 bzw. b3:. 1. Lc6 führt nicht zum Ziel wegen a4, Kc4, a3, Kb3:, ab2:, Kb2:, Kf7 usw. Durch Aufopferung des Ba6 erzwingt Schw. zunächst die Stellung Bd4 und Kf4 oder Ke3, durch das spätere Vorrücken des Ba7 wird hierauf das entscheidende Tempo

9

1889

W. am Zuge gewinnt

10

1890

W. am Zuge gewinnt

11

1890

W. am Zuge gewinnt

12

1890

W. am Zuge gewinnt

zu d3—d2—d1 bzw. h2—h1 erzwungen. 1. Kd4 verliert wegen h2 2. Lc6, a4 3. Kc3, a5; der w. K kann sich von c3, d2, d3 nicht entfernen, der schw. K kann ungehindert nach g1 ziehen und den L erobern.

9. 1. Te3×e7, De7: (1. ...., Df4† 2. Kb3, Dg3† 3. Sc3, Kb7 droht Dc7:, 4. Sbd5, Dg8 verhindert Te8, 5. Td7, Kc8 6. Td6, Df8, e8, h8 7. Tb6 und gewinnt) 2. c8S† (auf c8D folgt Db4‡, Kb4: patt; auf c8T wäre De6†, auf c8L wäre Dc7† die Folge), Kb7 3. Se7:, Kc7 4. Kd5, Kd7 5. Sbc6, Kc7 (A) 6. Ke6, Kb7 7. Kd6, Ka6, 8 8. Kc5, Kb7 9. Sb6, Kc7 (Ka6, Sbd5, Kb7, Kb5, Ka8, Sc8 oder f5, Kb7, Sd6†, Ka8, Sb6 oder c7‡) 10. Sed5†, Kb7 11. Scb4, Kb8 (Ka7, Kc6, Kb8, Se7, Ka7, Sec8†, Kb8, Sa6‡) 12. Kc6, Ka7 13. Se7, Kb8 14. Sd7†, Ka7 (Ka8, Kc7) 15. Kc7, Ka8 16. Sb6†, Ka7 17. Sec6,8‡. A. 5. ...., Ke8 6. Ke6, Kf8 7. Kf6, Ke8 8. Sc5, Kf8 9. Kg6, Ke8 10. Sf5, Kf8 11. Sd6, Kg8 12. Sd7, Kh8 13. Sf7†, Kg8 14. Se7‡. Österr. Lesehalle 1889. Der Autor entdeckte nachträglich in der D. Schz. 1858 folgende Position von Jaenisch: Ke1, Te8, Sd6, h8, Be7; Kh6, Dg2, Bc4, d4, f3; 1. Shf7†, Kg7 2. Tg8†, Kf6 3. e8S†, Ke7 4. Tg2:, fg2 5. Kf2, „und gewinnt mit drei S". Mit Rücksicht darauf, daß 9 ein leichter überblickbares, abgeschlossenes Ganzes darstellt, unterließ es der Autor, die Komposition zu streichen.

10. 1. Le4—d5†, Kh8 2. Lf4 und Schw. kann, obwohl der D 18 Felder offen stehen, nicht 3. Le5(†), De5: (bzw. Dg7) 4. Sf7† (bzw. Lg7‡), K ~ 5. Se5: vermeiden. Einfachste Darstellung des Thema drei kleine Figuren ohne Bauern gegen die D ohne Bauern. 1890, Th. u. Pr. (Theorie und Praxis der Endspiele von J. B., Leipzig, Veit & Comp. 1890).

11. 1. Ld3—c4†, Kd6 (A) 2. Kf1!, a5 (oder B) (wenn Schw. K oder D bewegt, ist Damenverlust die Folge; auf Df4 oder f8 wegen Shf7† usw.) 3. Lb3, a4 4. La2, a3 5. f3, De6 (am besten) 6. Shf7†, Ke7 7. Le6:, Ke6: 8. Sd3, a2 9. Sc5†, Kf7: (oder Kd5, Sb3, Kc4, Sa1, Kc3, Se5, Kb2, Sd3†, Ka1:, Sb4 oder c1 nebst Sa2:) 10. Sb3, Ke6 11. Ke2, Kd5 12. Kd3, Ke5 13. Ke3 und gewinnt. A. 1. ...., Ke5: 2. Sg4†, Kd4 3. Sf6:, Kc4: 4. Kf3, Kc5 (auf a5 bewegt W. zunächst den K der a-Linie zu); auf Kd3 folgt Se4 nebst Sc5† oder Sd6) 5. Ke4, Kb6: 6. Sd5†, Kc5 7. f4 und gewinnt. B. 2. ...., Dh6: 3. Sf7†, Kc5 4. Sh6:, Kc4: 5. Ke2, Kc5 6. Kd3, Kb6: 7. Sf5, Kc5 8. Sd4, b5 9. f4 und gewinnt (z. B. a5, f5, b4, f6, Kd6, Ke4, a4, Kf5, b3, Sb5†, Kd7, Kg6). Komponiert nach der Studie von Horwitz: Kg2, Tf3, Se5, h6, Ba4, b6, c2, c3, f2; Kc5, De7, Lb8, Sf6, Bd4; 1. cd4†, Kd5 2. c4†, Ke6 3. Tf6‡, Df6: 4. d5†, Kd6 5. Kf1, welche bis in die neueste Zeit Schule machte. Th. u. Pr. 1890.

12. 1. d3—d4†, Kd5 2. Te2, Df3† (um auf g2 Zuflucht gegen das T-L-Abzugschach zu finden; auf Dd7 folgt Lb8 drohend Te5‡, cb5, Te5†, Kc6, Tc5‡) 3. Te3, Dg2 4. Te5†, Kd6 5. a6, ba6 6. b6!, c5 7. d5, Kd7 8. b7, Df3† 9. Te3, Df6† 10. Kc2, Df5† 11. Kd2 und gewinnt. Chess Monthly 1889. Ausgestaltung einer Position im Handbuch von Bilguer-Lasa, 7. Aufl.

13

1890

W. am Zuge gewinnt

14

1890 (1912)

W. am Zuge gewinnt

15

1890

W. am Zuge gewinnt

16

1890

W. am Zuge gewinnt

13. 1. Kh5—h6 (räumt den Punkt h5), Df2 (Dg2, Dd1†, Dg1, Dd5†) 2. Dd5†, Dg2 (Kg1, Lc5) 3. Dh5†, Kg1 4. Lc5†, Kf1 5. Dd1‡. Einfachstes Beispiel dieser Matsetzungsmöglichkeit. Th. u. Pr. 1890. Bei Kling und Horwitz 1851 findet sich eine Darstellung mit einem schw. B.

14. 1. Sb6—d5†, Kc4! 2. Sf6:; a) 2. ...., Kb4: 3. Sd5†, Ka3 (K∼, f6 usw.) 4. f6, Se4 5. f7, Sd6 6. f8T und gewinnt (f8D oder L = patt, f8S = remis wegen Se4, Sd7:?, Sd2†, Kc1, Sb3†, Kd1, Kb2 usw.; b) 2. ...., Sh3 3. c3, d5 (wenn d6, so Ka2, d5, Sg4, d4, Se5† wie im Text) 4. Sg4, d4 (wenn Sf4, so Se3†, Kb5, f6, d4, c4†; wenn Sg5, so Se3†) 5. Se5†, Kd5 (oder Kb5, f6, Sf4, c4† oder Sg5, Sf3) 6. cd4, Kd4: (es droht b5) 7. f6, Sf4 (Sg5, Sf3†) 8. f7, Se6 9. Sd3, Kc4 10. Ka2, Kb5 11. Ka3, Sf8 12. Se5 oder 9. ...., Sf8 10. Ka2, Kd5 11. b5, Ke6 12. b6, Kf7: 13. b7, Sd7 14. Se5† und gewinnt; c) 2. ...., Sd1 (Sh1?, Sd7: und gewinnt) 3. Se4, Kd5 4. b5, auch f6, Ke6, b5 und gewinnt; d) 2. ...., d7—d6 oder d5 3. Ka2, Sh3 (Sd1, Se4 bzw. Se8, Sc3†, Ka3 und gewinnt) 4. Ka3, Kb5 5. Se4 (oder Sd5:, wenn d7—d5 geschah), d5 6. Sc3† und gewinnt. Mit 1. Sd7:, Kb4: 2. Sf6:, Sh3 3. Sg4, Sg5 4. f6, Sf7 5. Se3, Kc3 6. Ka2, Kd4 7. c4, Ke5 8. Sg4†, Kf5 9. c5, Ke6 oder mit 1. b5, Kb4 2. Sd7:, Kb5: 3. Sf6:, Sh3 4. Sd7, Sg5 5. f6, Kb4 6. Se5, Kc3 kommt W. nicht zum Ziele. Vgl. Position 21 in Th. u. Pr. 1890.

15. 1. Lh7—f5; a) 1. ...., Kg8 2. Tg6†, Kh8 3. Tg8† (nicht Lc8: wegen Patt), Dg8: 4. Lc3† 6. ‡; b) 1. ...., Db7 (c7) 2. Tf6† (nicht sofort Lg5 wegen Dg7†), Ke8 (e7) 3. Lg5, Dh1 (h2)† 4. Kg6, Dg2 5. Te6†!, Kf8 (Kd7, Td2†) 6. Td6 und gewinnt; c) 1. ...., Dc5 2. Kg6, Dg1† 3. Lg5 usw.; d) 1. ...., Kf7 2. Tf6 auch e7†. Drohung 2. Tf6† und 2. Lg5. Th. u. Pr. 1890.

16. 1. Dg7—g3†, Ka8 oder c8 (1. ...., Te5 2. Df4, K ∼ 3. Da4† oder [nach Kd8] 4. Dd4†, oder 2. ...., Te7, e6 3. Df8†, Te8 4. Dd6† usw.) 2. Da3(†), K—b8 3. Dd6†, Kc8 (Ka8, c7, Te6, c8D†) 4. Dg3. Von der nun erreichten Stellung aus werden die Türme zum Aufgeben der gegenseitigen Deckung gezwungen und das führt, mit Beihilfe der Matdrohung Da3 bzw. Da4, zum Gewinn eines T: a) 4. ...., Te8 ∼ 5. Da3; b) 4. ...., Te5 5. Da3, Kd8 6. Dd6†; c) 4. ...., Th7 5. Dg4†, K ∼ 6. Df4 oder d4†, Kc8 7. Da4 (ev. Df5†) und gewinnt mit Da8† usw. den Th7 oder mit c7† den Te8; d) 4. ...., Tf7 5. Db3! (die TT können sich zwar wieder vereinigen, aber W. hat nun zwei Drohungen, Da3 und Da4 zur Verfügung) I 5. ...., Te8—e7 6. Da3, Kb8 (Ta7, Dh3† und Dh8†) 7. Dg3†, Tc7 8. Dg8†; II 5. ...., Tef8 6. Da3, K∼ 7. c7† und Kc8, Da8†, Dc6†, Kc8, Db7† oder Kd7, Dh3†, Tf5, Kb7; III 5. ...., Tfe7 6. Da4, Kb8 7. c7†, Kc8 8. Da8† 9. Dc6† 10. Db7†; IV 5. ...., Tg7 oder h7 6. Da4, Kd8 (Kb8, c7†) 7. Dd4† bzw. Da8† usw.; V 5. ...., Tc7 6. Da4, Kb8 (oder Kd8 7. Df4, Tg7 8. Dd4† oder

17

1890

W. am Zuge gewinnt u. zw. auch bein Stande des L auf e4 und c6.

18

1890

W. am Zuge gewinnt

19

1890

W. am Zuge gewinnt

20

1890 (1912)

W. am Zuge gewinnt

7. ...., Th7 8. Db8† oder 7. ...., Te8—e7 8. Df8†) 7. Df4, Tec8 8. Dd6 Ka8 9. Dc7:, Tb8† 10. Kc5, Tb5† 11. Kd6, Td5† 12. Ke6 und gewinnt. 1890, Th. u. Pr.; 1893, D. Schz. S. 196. Die Stellung kommt allerdings bei Kling und Horwitz vor; die klare Gewinnnachweisung hat aber erst der Autor zustande gebracht. Die vorgenannten Autoren gaben als Lösung eine Idee an, die ihnen vorgeschwebt hatte: 1. Dg4, Tf7 2. Dc4, Te8—e7 3. Dd5, Kc8 4. Da2, Kb8 5. Dg2 und gewinnt, ohne die Verteidigungszüge von Schw. analytisch als beste zu begründen.

17. 1. Df8—h8†, Th2 (Kg1, Dd4†, ~, Dd5:) 2. Da1†, Kg2 3. Db2†, Kh1 oder h3 (Kg1 oder g3, Dd4 oder e5†) 4. Dc1 oder c3†, Kg2, g4 oder h4 5. Dd2 oder d4†, ~ 6. Dd5: und gewinnt, da der Sb7 verloren geht (der w. K tritt zunächst aus der b-Linie, z. B. nach a3, und wenn dann der T den S auf der siebenten oder auf der b-Linie deckt, gewinnt die D durch Schachgebote den T).

17a. (der L steht auf e4) 1. Dh6†, Th2 (Kg1, De3†) 2. Df4! womit auf f1 ‡ gedroht und Schw. verhindert wird, seine Steine zu ordnen (Lg2, Dc1†, oder Te2, Df1†, oder Ld3, Df3†); mit 1. Df1† ist das Spiel nicht zu gewinnen: Kh2 2. Df4†, Tg3! 3. De4: (oder Dh4†, Th3, De4:), Tb3† und die D geht verloren.

17b. (der L steht auf c6) 1. Df1†, Kh2 (Tg1, Dh3‡) 2. Df4†, Tg3 oder Kh1, h3 3. Dh6† oder 2. ...., Kg1 3. Dc1† und 4. Dc6:. 1890, Th. u. Pr. (hier erweitert).

18. 1. Th4—h6 (nicht Tg6 wegen Sd7!), Ta1, 2. Kb2, Ta6 3. Tg8†, Kb7 oder c7 4. Tg7†, Kb8 5. Kb1! und gewinnt; auf K ~ folgt Th8† bzw. ‡, auf S~ folgt Ta6: bzw. Th8† oder ‡. Var. 1. ...., Kc7 oder b7 2. Tg7†, Kb8 3. Tf6!, Sd7 4. Tf6—f7 und gewinnt; 1. ...., Kb8 2. Tg7. 1890, Th. u. Pr.

19. 1. Td5—d7†, Kg8† 2. Kg6, Tf1 3. Td8†, Tf8 4. Se8!, Kh8 5. Ta8, Tg8† 6. Kf7 und gewinnt (weil Sf6†† droht), oder 2. ...., Tc8 oder b8 3. Sd5 4. Sf6(†) ev. 4. Th7† 5. Sf6†; 2. ...., Kh8 3. Se6, Tg8† (od. Tc8 usw.; wenn Te8, so zuerst Sf4) 4. Kh6, Te8 (a8 usw.) 5. Sf4 und 6. Sg6(†) oder 4. ...., Tg1 5. Td8†, Tg8 6. Sf8 Wiederholung der Abzugzusammenstellung. 1890, Th. u. Pr.

20. 1. Lb5—c6, Sc6: 2. dc6:, Tb6: (Tg7 oder h7 kann sowohl mit Sf7 als mit c7 beantwortet werden; nach c7 vermag sich der w. K den Turmschachgeboten nach und nach zu entziehen) 3. c7, Tb8 4. Kd7 Schw. ist im Zugzwang und verliert; wäre jetzt W. am Zuge, so bliebe das Spiel remis (nach 4. ...., Ka7 5. Sc6†, Ka6 müßte W. 6. cb8 D oder T = patt vermeiden). 1. Sb7:?, Kb7: 2. d6, Kb6: 3. La4, Kc5 4. Ke7, Kb6 (Ld1, Kb7, Lf3†, Kc8, Lg4†, Kb7, Kd8, Kc6) remis. Erweiterung der Position 326. 1890, Th. u. Pr.

21

1890

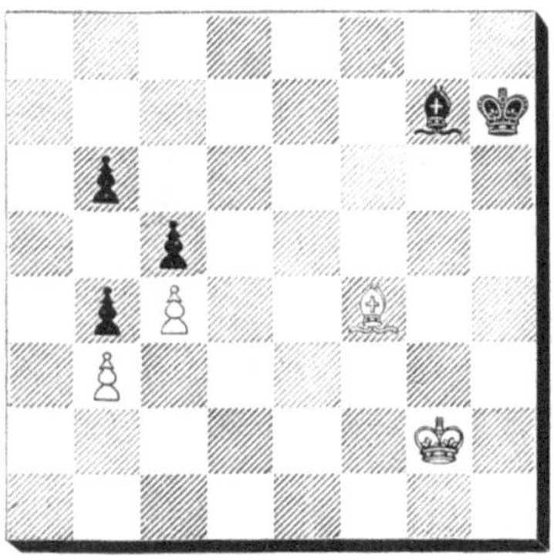

W. am Zuge gewinnt

22

1890 (1912)

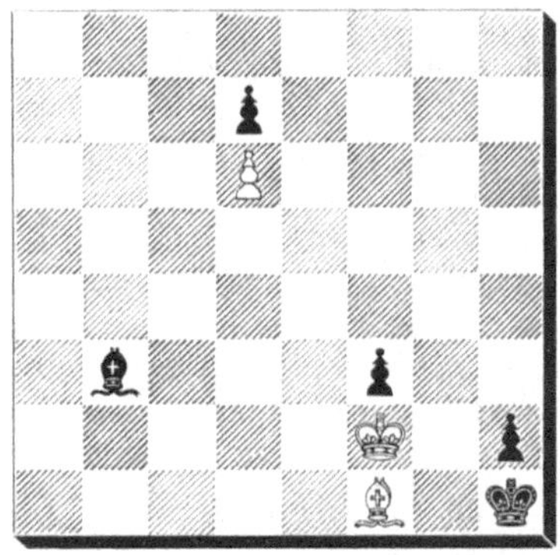

W. am Zuge gewinnt

23

1890

W. am Zuge gewinnt

24

1890

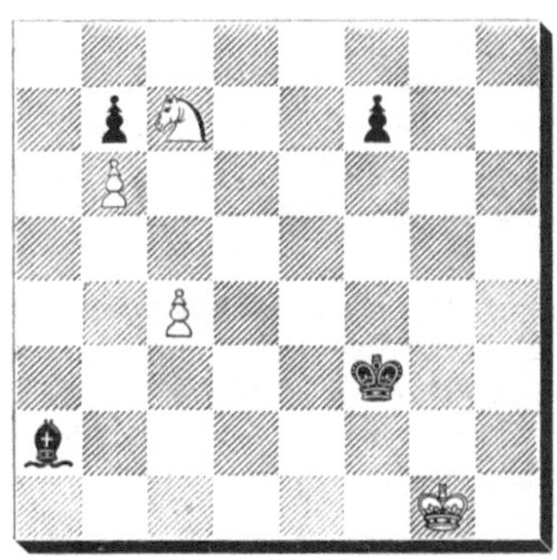

W. am Zuge gewinnt

21. 1. Kg2—f3 (unrichtig ist Lc7 wegen b5, cb5, c4, bc4, b3 usw.); a) 1. ...., b5 2. cb5, c4 3. bc4, b3 4. Lc1, b2 5. Lb2:, Lb2: 6. Ke4 W. gewinnt mit den Bauern, weil der schw. K zu weit abseits steht: Kg7, b6, La3 (Kf6, Kd5, Le5, c5, Lg3, Kc6), Kd5, Lc1, Kd6, Lf4† (oder Kf7), Kd7, Kf7 (oder Lf4, oder Le3, b7, La7), c5 usw., oder 4. ...., Kg6 5. b6, Kf5 6. b7, Le5 7. Lb2, Lc7 8. c5!, Lf4 9. Lc3, Lh2 10. Ke3 (der w. K strebt nach b5), Ke6 11. Kd4, Kd7 12. Kd5, Kc7 13. c6 u. gew., z. B. Lg3, Kc5, Lh2, Kb5, Lg3, Ld4, Kb8, Lb6, b2, Ka6, b1D, c7†, Lc7:, La7‡; b) 1. ...., Kg6 2. Ke4, Kf7 3. Kd5, Ke7 4. Kc6 (nicht Lc7, b5, cb5, c4, Kc4:, Kd7, La5, Kc8 u. Kb7), Ld4 5. Kb6:, Kd7 6. Lh6, Ke7 7. Kc6 8. Lf4 9. Ld6 und gewinnt. 1890, Th. u. Pr. (hier verbessert).

22. 1. Lf1—h3, La4 2. Lf5!; a) 2. ...., Lc6 3. Lg4 (Zugzwang), Lb7 4. Ld7:, Lc8 5. Lc6, Lb7 6. d7; b) 2. ...., Lb5 3. Le4, Le2 4. Lc6, Ld1 5. Ld7:, La4 6. Lg4 (auch Lc8, Ld7, Lb7, Lc6, d7) und gewinnt. Die Züge 1. La6, Lc4 2. Lb7, Ld5 usw. führen wegen der Läuferopposition nicht zum Ziele. 1. Lb5, Le6 oder 1. Ld3, Lc2 2. Lc4 oder b5, Lf5 läßt die gleichzeitige Verteidigung von d7 und f3 auf dem Königsflügel zu; z. B. Ld5, Lg4, Le4, Lh5, Lf5 oder c6, Lg4. Beim Stande des schw. L auf c2 (in der Anfangsposition) ist das Spiel daher remis (1. Lh3, Lf5). Abgeleitet aus Position 399. 1890, Th. u. Pr.

23. 1. Kc2—c1, f5 (d3, Le3, ~, Ld2) 2. Lf2, f4 (f6, Le1—b4—a3) 3. Le1, f3! 4. Lg3, f6 (auf e4 oder f5 folgt 5. Le5; wenn f2, so Lf2:, f5 und wieder Le1—b4—a3) 5. Lf2, f5 6. Lg3, f2 (oder f4, Lf2, d3, Le1, d2†, Ld2:) 7. Lf2:, f4 8. Le1, f3 (e4, Lb4) 9. Lg3, f2 (e4, Le5) 10. Lf2:, d3 11. Le1 (e3) und 13. ‡. 1890, Th. u. Pr.

24. 1. c4—c5 (droht c6), Lb1! 2. Se6!, fe6 (oder K ~, oder Ld3, c2, f5) 3. c6, Le4 4. c7, oder 3. ...., bc6 4. b7. Wenn 2. ...., Le4 oder a2, so 3. Sg5† usw. 1890, Th. u. Pr. Die Läuferliniensperrung durch S-Opfer ist in neuerer Zeit von den hervorragendsten Studienmeistern weiter ausgestaltet worden.

25

1890

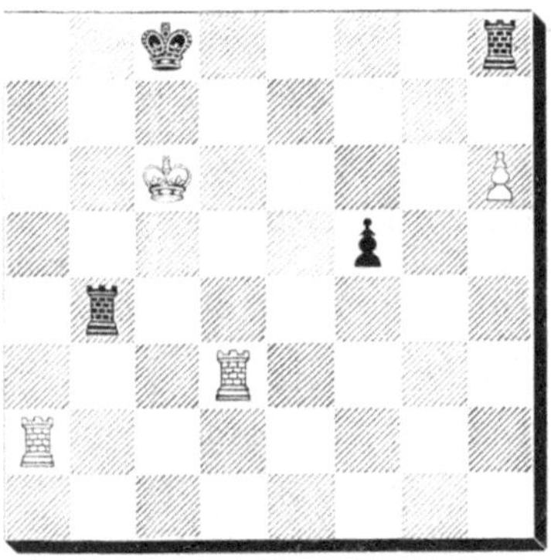

W. am Zuge gewinnt

26

1890

W. am Zuge erzwingt das Remis

27

1890

W. am Zuge erzwingt das Remis

28

1890 (1912)

W. am Zuge erzwingt das Remis

25. 1. h6—h7; a) 1. ...., Th7: 2. Ta8†, Tb8 3. Td8†, Kd8: 4. Tb8‡, Ke7 5. Tb7† und gewinnt; der Bf5 kommt nicht zur Geltung: Ke6, Th7:, f4, Kc5, Ke5, Kc4 usw.; b) 1. ...., f4 2. Ta8†, Tb8 3. Ta7 (droht ‡), Tb1 4. Tc3!, Kb8 (nach f3, Tf3: gewinnt W.: Tc1†, Kb5 usw.; Tf8 kann mit Tf7, Te8, Tg7, Tbe1, Tg8 beantwortet werden) 5. Tg7, Te1(d1) (5. ...., Tc8† 6. Kd5, Tb5† 7. Ke6, Tb6† 8. Kf5, Tb5 oder f8† 9. Kg4 oder 6. ...., Td1† 7. Ke6, Te1 oder e8† 8. Kf7) 6. Tb3†, Ka8 (Kc8, Tg8†, Te8 oder d8, Th8, Th8:, Tb7, f3, Tg7) 7. Tg8†, Te8(d8) 8. Th8:, Th8: 9. Tb7, f3 10. Tg7, f2 (Tc8†, Kb6, f2, Tg8) 11. Tg8†, Ka7 12. Th8:, f1D Mat in 6 Zügen durch 13. Ta8† 14. h8D† 15. Dd4† usw. Die Drohung, welche W. ausübt, besteht in der Besetzung der 7. Linie durch einen T. Verhindert Schw. die Einleitung Ta8†, Ta7 mittels 1. ...., Kb8, so kann 2. Td7 geschehen (was vorher wegen Tb6† schlecht gewesen wäre). Auf 1. ...., Tc4†? entscheidet Kb5. Bei 1. ...., Tb8 wird das Spiel mit 2. Ta7, Tb1 3. Ta8†, Tb8 4. Tb8‡, Kb8: 5. Td7 gekürzt. Bemerkenswerte Varianten nach 1. ...., Kb8 2. Td7: a) 2. ...., Tc8† 3. Kd5 (droht Tg2), Tb5† 4. Kd4, Tb4† 5. Ke5, Tb5† 6. Kf6, Tb6† 7. Kg7, Tb1 8. Th2, Tg1† 9. Kf7, Th8 10. Te7 und gewinnt; b) 2. ...., Tc4† 3. Kd5; I 3. ...., Tc7 4. Ta8†; II 3. ...., Th4 4. Taa7 W. gewinnt, weil ein T mit Tempogewinn nach g7 kommt, z. B. f4, Tdb7†, Kc8, Tg7, Kb8, Taf7; III 3. ...., Tc1 4. Taa7, f4 (Td1†, Ke6, Te1†, Kf6, Tee8, Kg7, f4, Tdb7†, Kc8, Tf7, Kb8, Tae7) 5. Tdb7†, Kc8 6. Tg7, Kb8 7. Taf7, Td8† 8. Td7 usw.; IV 3. ...., Tcc8 4. Taa7, W. erzwingt den Abtausch eines T, wenn die TT auf der achten Linie verbleiben; z. B. 4. ...., Tcf8 5. Tdb7†, Kc8 6. Tf7 und gewinnt; V 3. ...., Thc8 4. h8D, Tc5† 5. Kd4 usw. Ausbau der Analyse zu Position 194, Th. u. Pr. 1890.

26. 1. Tf4—f3†; a) 1. ...., Kc2 2. Tb3: und patt, wenn K oder L×T, remis, wenn Sb3‡ 3. Ka2: oder Lb1, 3. Tb1:; b) 1. ...., Kb4 2. Tf2, Ka3 (Kc3, Tf3†) 3. Td2:, S ∼ 4. Ta2‡; c) 1. ...., Kc4, d4 2. Tf2, Kd3 oder e3 3. Tg2: remis wegen Td2:, oder nach S∼, Ta2:, oder 2. ...., Se3 3. Td2:, Sc2† 4. Kb2 remis. Erweiterung der Position 306. 1890, Th. u. Pr.

27. 1. Lf3—e4†, Kg5 2. c7, La6 3. c8D, Lc8: 4. Lb7, Ld7 5. Lc6 usw. Der w. L stellt sich „ewig“ dem schw. L entgegen, L×L verursacht das Patt. 1890, Th. u. Pr. Nach Paul Hasse.

28. 1. h6—h7, b3 (zieht Schw. zuerst Sc3†, so folgt Kd2 und auf fortgesetztes Springerschachgebot immer Kd1, d2 usw.; b4—b3 kann dann von W. mit Sa3† beantwortet werden) 2. Sa1; a) 2. ...., b2 3. h8D, ba1D (Ka1: hat Kc2, Sd4†, Dd4: patt oder Sa3†, Kb3, Sc4, Kc4: zur Folge) 4. Da1‡, Ka1: 5. Kc2! remis, weil K und S mit ihren Zügen stets gleichmäßig die Farbe des Feldes wechseln; b) 2. ...., Sc3† 3. Kd2, b2 4. h8D, ba1D 5. Dh1† (W. kann allerdings auch mit Dh7†, Kb2, Db7† usw. das Remis erzwingen, am klarsten aber ist der Zug im Text), Kb2 6. Da1‡, Ka1: 7. Kc1 remis (zweiter Fall, der w. K muß diesmal das schwarze Feld betreten). 4. ...., Ka1: statt ba1D würde mit Dc3:, Kb1, Dd3†, Ka1, Dd4 zum Verlust für Schw. führen; 4. .... Se4† 5. Kd1, Sf2† 6. Kd2 verursacht wieder das Thema-Remis. Vgl. Position 307 in Th. u. Pr. 1890.

29

1890

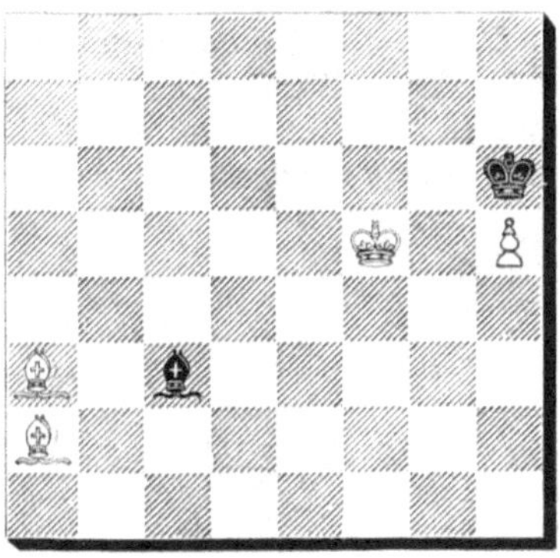

W. am Zuge gewinnt

30

1890

W. gewinnt, auch wenn Schw. am Zuge ist.

31

1890

W. am Zuge gewinnt

32

1890

W. am Zuge gewinnt

29. 1. La3—c1†, Kh7 (Kh5:? 2. Lg5 und 3. Lf7‡) 2. h6, La5, b4 3. Kg5, Ld8 (e7)† 4. Kh5, Lf6 5. La3, Lc3 6. Lb1†, Kg8 7. Kg6, Ld4 8. La2†, Kh8 9. Lf8 10. Lg7† 11. hg7‡. Die Pointe dieser Komposition ist, daß der B nicht nach h7 vorgezogen werden darf. Weicht der schw. K nach e8 usw. aus, so wird ebenfalls Lf8 und Lg7 (greift den schw. L an) erzwungen. 1890, Th. u. Pr. Nr. 361 (hier etwas verändert).

30. a) 1. ...., Se6—g7 2. Kg4, Se6 (Se8, Kg5, Sg7, Kg6) 3. Kh5, Sf4† (wenn 3. ...., Kg7, so 4. Lf5, Sf4† 5. Kg5; wenn 3. ...., Sg7†, so 4. Kg6) 4. Kh6, Se6 (Se2, Ld8) 5. Kg6, Sf4 oder f8† oder Sc5 6. Kf7, Se2 (wenn Sd3 oder e4, so Ld4†) 7. Ld8 8. Lf6‡; b) 1. ...., Sg5† 2. Kg4, Sh7: 3. Kf5, Kg7 (Sf8, Ld4†, Kh7, Lb3, Fortsetzung wie im Text) 4. Lb3, Sf8 5. Ld4†, Kh6 (Kh7, Kf6, Kh6, Le3†, Kh5, Lc2, Sd7†, Ke6, Sf8†, Kf7, Sd7, Ld4) 6. Lf7, Kh7 (wenn Sh7, so 7. Le8, Sf8 8. Kf6, Sh7† 9. Kf7, Sg5† 10. Kg8, Sf3 11. Le3†, Sg5 12. Kf8, wie bei Kling und Horwitz 1851) 7. Kf6, Kh6 (Sd7†, Ke7) 8. Le3†, Kh7 9. Lf4, Sd7† (Kh8, Ke7) 10. Ke7, Sc5 (Kg7, Le3) 11. Ld5, Kg7 (Kg6, Le3, Sd3?, Le4†) 12. Kd6, Sd3 13. Le3, Kf6 14. Le4 und der S geht verloren. 1890, Th. u. Pr.

31. 1. Se4—g5, Sf2! (Sf4, Se7†, K ~, Sg6†, oder Sg1, h6 usw.) 2. Sh6† (es muß vorläufig auf das Vorrücken des h-B verzichtet werden), Kf8 (Kh8, Kg6) 3. Se6†, Ke8 4. Sg8, Kd7 (wenn Sg4†, so Kg7 drohend Sf6†, Se3, Sd4; wenn Se4†, so Kg6, Sf2, h6) 5. Kg7, Ke6: (Se4 oder g4, Sf6†) 6. h6 und der B geht zur D. 1890, Th. u. Pr.

32. 1. Kh6—g5, Le8 2. Kf6, Lh5 3. Ke5 (auch 3. Ke6, Lg4† kann erfolgen, aber dann muß 4. Ke5! geschehen, denn Lf5 darf nicht zugelassen werden), Le8 (oder a) 4. Ke6! (notwendiger Tempogewinn), Lh5 (oder Kg7, Kd6, Kh8, Kc7, Kg7, Kd8, Lh5, Sf5†, Kh8, Sh4, Kg7, Ke7 usw.; über Kg7, Kd6, Lh5 statt Kh8, Sf5†, Kh8, Sh4 vgl. auch die Var. a) 5. Kd6, Le8 6. Kc7, Lh5 7. Kd8, Kg7 8. Sf5†, Kh8 9. Sh4, Kg7 10. Ke7 und gewinnt, da auf Lg4(f3) der Zug Sg6, auf Kh8 aber Kf8 erfolgt. Var. a) 3. ...., Kg7 4. Sf5†, Kh8 5. Sh4, Kg7 6. Kd5! (denn W. muß auch hier wieder ein Tempo gewinnen), Kh8 7. Kd6, Kg7 8. Ke7 und gewinnt. 1890, Th. u. Pr.

33

1890

Schw. ist am Zuge; W. gewinnt

34

1890

W. am Zuge gewinnt

35

1890

W. am Zuge erzwingt das Remis

36

1892

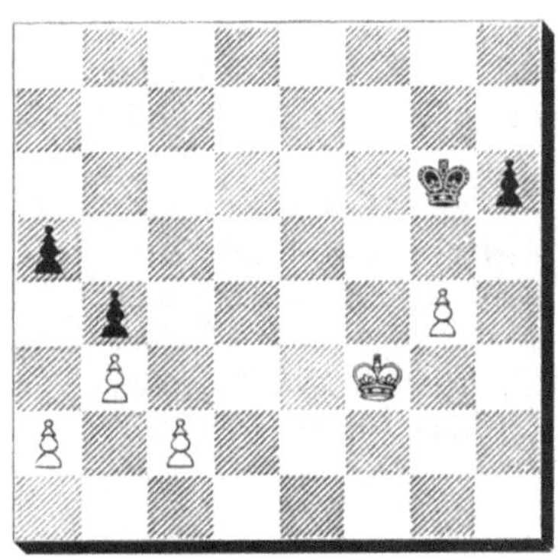

W. am Zuge gewinnt

33. 1. ...., Kc5—c6 (1. ...., Kd4 2. Kb4, Ke3 3. Kb5, Kf3: 4. Kb6:, Kg4: 5. a5, Kh3 6. a6, g4 7. a7, g3 8. a8D, g2 9. Da1, Kh2 10. e5!; 1. ...., Kd6 2. Kc4, Kc6 3. f4) 2. Kb4, Kd6 (Kc7, Kb5, Kb7, Kc4, Kc6 oder c7, f4) 3. Kc4, Kc6 4. f4, gf4 (Kd6?, fg5, fg5, Kb5) 5. e5, fe5 (oder Kd7, ef6, Ke6, Kd4, Kf6:, Ke4, Kg5, Kf3; auf 5. ...., f3 folgt 6. Kd3) 6. g5 und W. gewinnt, da auf f4—f3 oder e5—e4 der w. K mit Kd3 oder d4 die schw. Bauern aufhält und weil auf h6×g5 sofort h5—h6 geschehen kann. 1890, Th. u. Pr.

34. 1. Kg3—f3; a) 1. ...., h5 2. Ke3, f4† oder h4 3. Kd4, f3 oder h3 4. Kc5, f2 (h2) 5. Kb6 6. d7‡; b) 1. ...., h5 2. Ke3, g4 3. Kf4, h4 oder g6, g5† 4. Ke5, h3 oder g3 5. Ke6, h2 oder g2 6. Ke7, h1 oder g1D 7. d7†, Kc7: 8. d8D†, Kc6: 9. Da8† bzw. 9. Dd7†, Kc5 10. Da7† und gewinnt die D; c) 1. ...., g4† 2. Kf4, g3 3. Kg3:, g5 4. Kf3, h5 5. Kg2! (Stellung aus den bekannten Endspielen: drei Bauern gegen drei Bauern) und entweder I f4, Kf3, h4, Kg4 oder II h4, Kh3, f4, Kg4, oder III g4, Kg3; die schw. Bauern gehen verloren; bevor aber W. den letzten B nimmt, muß d6—d7† geschehen; d) 1. ...., f4 2. Ke4, f3 3. Kf3:, h5 4. Ke4, Fortsetzung wie unter b). Vereinigung von Bauernspielideen. 1890, Th. u. Pr.

35. 1. f3—f4, Kc7 (W. droht h4, gh4, f5, gf5, g5, auch f5, gf5, h4 und hg5) 2. fg5 (die angegebenen Drohungen greifen nicht mehr durch, weil sich der K auf d7 schon in das Quadrat h5—h8—d8—d5 stellt), a5 3. Kg3, a4 4. Kh4, a3 5. g3 und W. hat sich selbst pattgesetzt. 1890, Th. u. Pr.

36. 1. c2—c4, bc3 (schlägt Schw. den c-B nicht, so geht der h-B verloren: Kg5, Kg3, Kg6, Kh4, Kf6, Kh5, Kg7, c5 usw., oder Kg5, Kg3, Kf6, Kf4, Ke6, Ke4, Kf6, Kd5, Ke7, Ke5 usw.) 2. Ke3, Kg5 3. a4!, Kg4: 4. b4, ab4: (oder h5, ba5 usw.) 5. a5, h5 (b3, Kd3, c2, Kd2) 6. a6 usw. W. gewinnt. 1892, vgl. Partie Bauer im Korrespondenzturnier des „Monde Illustré“.

37

1892

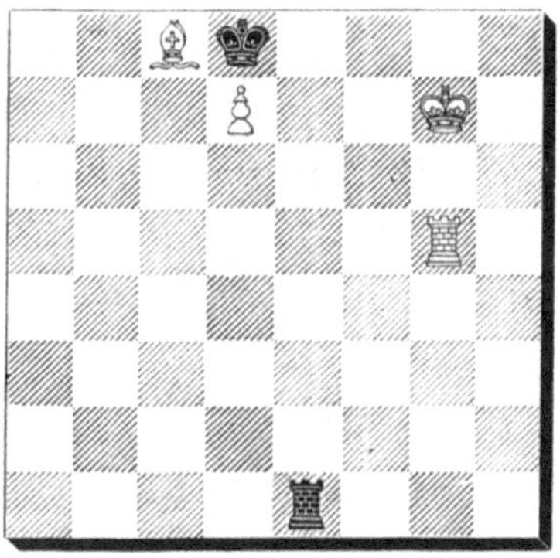

W. am Zuge gewinnt

38

1893 (1912)

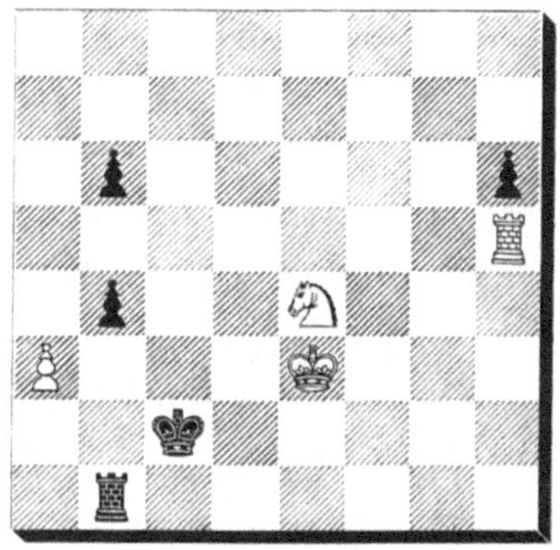

W. am Zuge gewinnt

39

1895

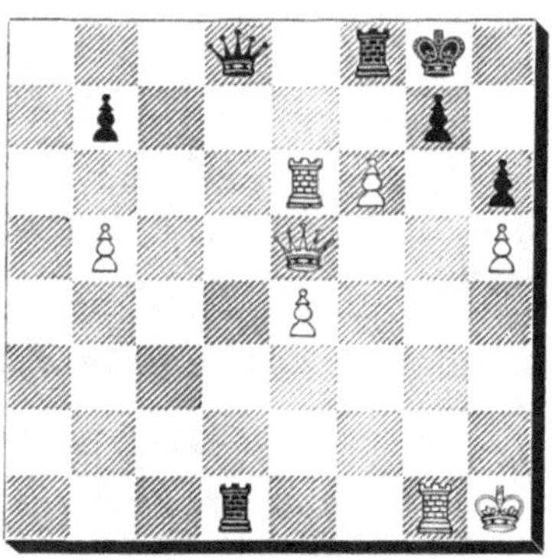

W. am Zuge gewinnt

40

1895

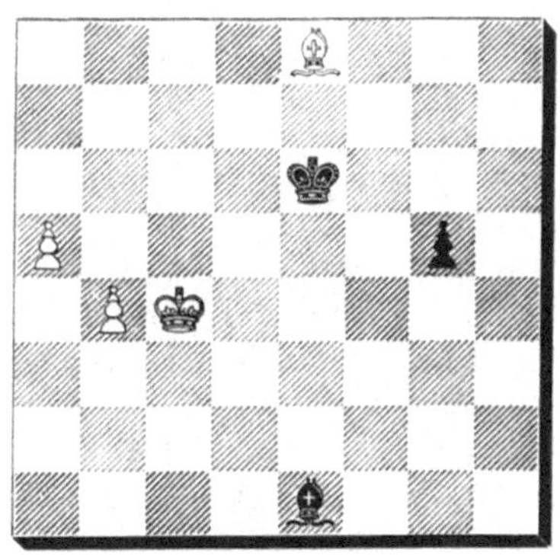

W. am Zuge gewinnt

37. 1. Tg5—d5 (droht La6, Lb5), Tg1† 2. Kf6, Tf1† (Th1, Kg5, Ta1, Td6) 3. Ke5, Te1† 4. Kd4 (mit Kd6, Tc1, Lb7 od. a6 ?, Tc7 gelangt man zu keinem klaren System), Td1† (Te7, Th5; wenn Te6, so Kc5, Th6, Kb5 und La6; wenn Tc1, so La6, Td1†, Ld3, Td2, Kc3, Td1, Kc2 nebst Lb5) 5. Kc4 (Kc5, Tc1†, Kb6, Tb1†, Ka7, Tc1! führt zu nichts) Tc1† 6. Kb3, Tb1† 7. Ka2, Tb6 8. Ka3, Tc6, h6 usw. (Tb1, Td6 und später La6) 9. Ka4. Schw. kann nicht verhindern, daß entweder Ka5(b5), La6, Lb5 oder Td6 und La6 sowie später Lb5, ev. Td5 geschieht. Ist einmal diese Stellung erreicht, so entscheidet ein Turmzug nach e5 oder f5 usw. 1. ...., Te7†, hat 2. Kf6, Th7 (Te2, La6) 3. Tg5, Th6† 4. Tg6, Th8 5. Kf7, 1. ...., Te6 aber 2. Kf7, Tb6 3. Th5 zur Folge. D. Wochenschach 1892 (hier genauer analysiert).

38. 1. Th5—h2†; a) 1. ...., Kd1 2. Sc3†, bc3 (Kc1, Th1†) 3. Kd3, Kc1 4. Kc3: und gewinnt; b) 1. ...., Kc1 2. Sd2; I 2. ...., Tb2 3. Kd3, Ta2 ‡ in 5 Zügen durch 4. Th1† 5. Sc4† usw. II 2. ...., ba3 3. Th1† (3. Sb1:?, Kb1: 4. Kd3, a2 5. Kc3, a1D† 6. Kb3, Da8!), Kc2 4. Sb1: (4. Tb1:? a2, auch b5, 5. Ta1, Kb2 6. Kd3, b5! 7. Sf3, b4 8. Sd4, b3), a2 5. Sa3†, Kb2 6. Sc4†, Kc3 (Kb3, Kd3, b5, Se3 oder Kc2 statt b3, Th2†, Kb3, Tb2†) 7. Tc1†, Kb3 8. Kd2, b5 9. Se3 oder 5. ...., Kb3, c3 6. Sb5(†), Kb2, c2 7. Th2†, Kb3 (Kb1, Sa3†) 8. Sd4† usw. D. Schachz. 1893 (hier verbessert).

39. 1. f6—f7†, Kf7: (Tf7:, Te8†) 2. Dg7‡, Ke6: 3. Dg4†; a) 3. ...., Ke7 4. Td1: I 4. ...., Dc8 5. Dg7†, Tg7 (wenn Ke6, so Dg6†, Ke7!, Dd6†, Kf7, Tf1†, Kg7,8, Dg6†, Kh8, Dh6‡ usw.; wenn Ke8, so De5†, Kf7, Tf1†, Kg8, Tg1†) 6. De5†, De6! 7. Dc7†, Kf6 (Kf8, Td8†, Kg7, Dg3†) 8. Dc3†, Ke7 (Kg5, Td5†, Kf4 oder g4, Kh2 Schw. verliert die D gegen den T oder wird matgesetzt) 9. Da3† und gewinnt mit Da8† oder Td6; II 4. ...., De8 5. Td5, Dc8 6. Dg7†, Tf7 (Ke8, Te5†) 7. De5†, De6 8. Dc7† und 9. Td8† oder Dc3† w. o., oder 5. ...., Tg8 6. Df5, Dc8 (Tg5, Dg5‡ usw.) 7. Dh7†, Ke6, 8. Dh6‡ und gewinnt; III 4. ...., Dc7 5. b6, Dc6 oder c8 6. Dg7† Fortsetzungen w. o. oder 5. ...., Db6:, Dc5 oder ~ 6. Dd7† 7. Tf1† und 8. Dg7† oder 7. Td6† 8. Td5† Schw. verliert die D oder den T; IV 4. ...., Db6, a5, b8 5. Dd7† wie nach Db6 unter III; b) 2. ...., Ke5 3. Td1: W. gewinnt leicht. Bei 2. ...., Kf7 3. Td1:, Df6 ergibt sich 4. e5, De5: 5. Tf1†, Ke7 6. Db4†, Kd7 7. Td1†, Kc7 8. b6†, Kc6 9. Tc1†, Kd7 10. Tc7†, Ke8 11. Da4†. Rigaer Tageblatt 1895. Der Autor erinnert sich nicht, die Anregung zu dieser Studie aus einer Partie empfangen zu haben. Die Leitidee ist aus den ersten acht Zügen im Text zu erkennen.

40. 1. Kc4—c5, Ke7 2. Kc6!, Ke8: (Lb4:?, a6) 3. a6, Lf2 4. b5, g4 5. b6, g3 6. a7, g2 7. a8D†, Ke7! 8. Da3†, Ke8! (auf andere Züge geht durch Damenschachgebote der Bg2 verloren) 9. b7, g1D 10. b8D†, Kf7 W. setzt mit den zwei D in 4 Zügen mat. Wenn 2. ...., Kd8, so am einfachsten 3. Ld7, Lb4: 4. a6, Lc5 5. Kc5:. Var. 1. ...., g4 2. Kc6, g3 3. Ld7†, Ke7 4. Lh3, Kd8 5. a6, Lf2 6. b5 und gewinnt. 1895, Schachmatny Journal.

41. 1. Sg2—h4, Lc2 (Lf7, Tf7:) 2. Ta5, Ld1 3. Ta6, Kh7 (Lc2, Th6†) 4. Sf5 oder 2. ...., Lg6 3. Sg6‡, Kh7 4. Sf4 (zwei charakteristische Springer-

41

1900

W. am Zuge gewinnt

42

1901

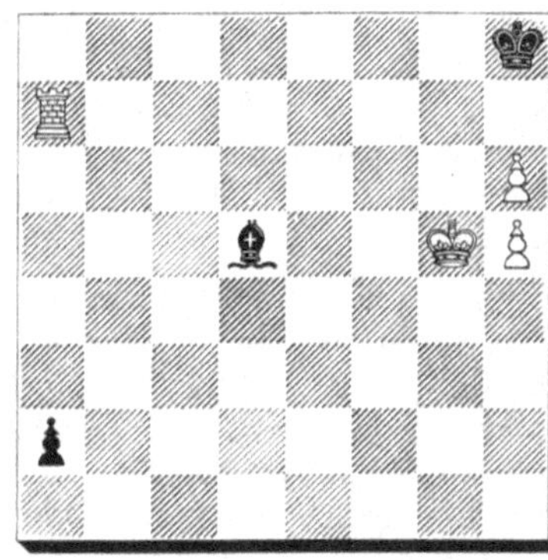

W. am Zuge gewinnt

43

1909

W. am Zuge erzwingt das Remis

44

1909

W. am Zuge gewinnt

züge), oder 2. ...., Lh7 3. Th5. Die Umstellung 1. Ta5, Ld1 2. Sh4 scheitert an Kh7. D. Schachz. 1900. Sd2 verhindert 1. Sf4 (wegen 4. Sh3, Sf3).

42. 1. h6—h7, a1D 2. Ta1:, Kh7: 3. Te1! (die Fortsetzung 3. Ta7†, Kg8! 4. Kh6, Le4 5. Tg7†, Kf8 führt nach Guretzky-Cornitz zu einer Remisstellung, weil der w. B schon auf h5 steht; das folgende Verfahren bezweckt, den L von der Linie e4—h7 abzudrängen), Lc4 4. Td1, Lb3 (Le6, h6) 5. Td2, La4 6. h6, Lc6 7. Te2 8. Te7† und 9. h6—h7, 10. Kh6. Die Verteidigung 1. Lc4 oder e6 2. Kh6, Ld5 führt zu 3. Td7 (Lg8, hg8‡, Kg8:, Ta7). Wenn 1. ...., Lc4 oder e6 2. Kh6, a1D 3. Ta1:, La2, so 4. Td1, Ld5 5. Td4 und gewinnt. Mit 1. ...., Le4 2. Kh6, a1D 3. Ta1:, Lh7: rettet Schw. auch nicht das Spiel, denn 4. Ta8†, Lg8 5. Kg5, Kg7 6. Ta7†, Kh8 7. Kg6 usw. ist eine bekannte theoretische Wendung. 1901, D. Schz.

43. 1. g5×h6, gh6 2. Sf3, g1D (g1S, Sh2†, Kh5:, Kf5) 3. Sf6† (W. darf die D noch nicht schlagen wegen h2), Kg3: 4. Sh5†, Kg2 (Kf2, Sg1:, h2, Sh3†, Kg2, Shf4† usw.) 5. Sf4†, Kf1 (jetzt erst darf W. schlagen und zwar wegen) 6. Sg1:, h2 7. Sf3, h1D 8. Ke3 und schw. K und D sind eingeschlossen (h5, Sd2†, Ke1?, Sd3† und Sf2†). Var. 1. ...., g1D 2. hg7. Auf die nun kommenden Damenschachgebote muß W. mit Kd3, e3, e4 antworten, so daß Da2† oder Da8†, K ~, Kh5: nicht möglich wird. Dann ergibt sich stets nur eine theoretische Remisstellung. Z. B. De1†, Kd3, Dd1†, Ke3, Dc1†, Ke4!, Dc8, g8D†, Dg8:, Sf6†, Kg3:, Sg8:, h2, Sf5†, Kf2, Sf6, h1D†, Kf4. III. Preis im Studienturnier des Rigaer Tageblattes 1909—1910.

44. 1. b4—b5, c5—c4 (notwendig wegen e3, Ld3) 2. b6, e3 3. b7, e2. Wählt nun W. auf b8 eine D, so folgt e1D, Kd7, Dg1 und W. kann nicht gewinnen. Dagegen ist nach 4. b8S der Zug e2—e1D wirkungslos, denn es kann die schw. D in der Maximalreihe von sechs Zügen vom S geholt werden: 5. Sc6† 6. Sd8† 7. Sf7† 8. Sg5† 9. Sf3† (10. Lg8‡) 11. Se1:. Wählt Schw. auf e1 einen S, so sichert sich W. mit 5. Sd7†, Ke6 6. Lg8‡, Kf5 7. Sf8: die Übermacht. Das knappste Übergewicht verbleibt W. in der Variante 4. b8S, Sf6! 5. Sc6†, Ke6 6. Sd8†, Ke5 7. Sf7†, Ke6 8. Sg5†, Ke5 9. Sf3†, Ke6 10. Sf4†, Kf7 11. Lg6†, Kg7 12. Lf5, Se4 13. Se2:, Sg3 14. Sed4 (e5, Se6†, Kf6, Lg4), in welcher W. mit einer kleinen Figur gegen zwei B gerade noch gewinnt. Turnier des Rigaer Tageblattes 1909—1910.

45. 1. Sh2—f3†, Kd5 2. Dg2 (der S hat der D die Linie f2—f8 genommen, die D besetzt eine neue Linie und vollzieht zugleich eine Hinterstellung). Schw. muß nun entweder ba2 ziehen oder gestatten, daß W. den wichtigen B b3 mit dem S oder mit dem K erobert: a) 2. ...., ba2 3. Dg8†, De6 4. Da8† 5. Da2‡ und gewinnt die D; b) 2. ...., Kc6 (Kc4?, Se2† oder Ke6? Sg5†) 3. Sd4‡, Kd5 4. De4‡, Ke4: 5. Sb3:; c) 2. ...., b6—b5 oder Bh7 ~ 3. Dg8†, De6 4. De6‡, Ke6: 5. Sd4‡, Kd5 6. Sb3:; d) 2. ...., d3 3. Dg8†, De6 4. Da8†, Kc4 5. Dc6†, Kb4: 6. Db6‡, K~ 7. ab3† oder Db3‡ und gewinnt die D; e) 2. ...., Dc2† 3. Dc2:, bc2 4. Kc2:, Kc4 5. a3, d3† 6. Kb2, b5 7. Sd2†, Kd4 8. Kb3, Ke3 9. Sb1, d2 10. Sd2:, Kd2: 11. a4 und gewinnt; f) 2. ...., Df4 3. Sd2†, Ke5 4. De2†, Kf5 oder f6 (De3?,

45

1909

W. am Zuge gewinnt

46

1910

W. am Zuge erzwingt das Remis

47

1910

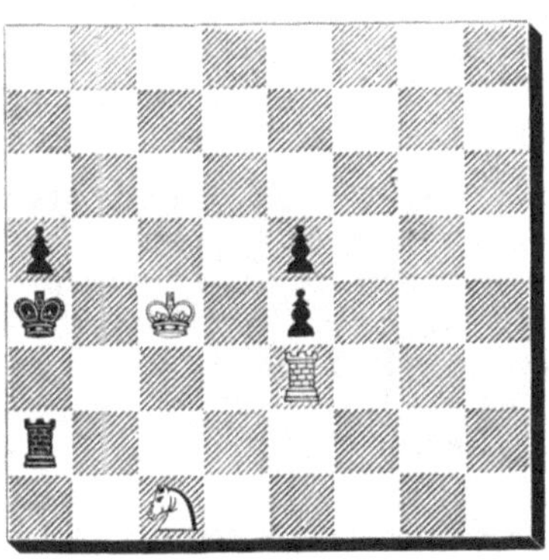

W. am Zuge gewinnt

48

1910

W. am Zuge erzwingt das Remis

Sc4†) 5. Sb3: W. hat die entscheidende Übermacht erlangt; g) 2. ...., De3 3. Sd2†, Ke6 4. Dg4†, Kd5 5. Df5†, Kc6 (De5, Df3† und Db3‡) 6. b5† 7. Sb3: oder 4. ...., Kf7 5. Sb3:, Dc3† 6. Ka3, Dg3 7. Df5†, Ke7 8. Ka4, d3 9. Kb5, De3 10. Kc6, d2 11. Dd7† usw. W. hat die entscheidende Übermacht; h) andere Damenzüge führen zu raschem Abtausch der Damen und Vordringen des Ba4; z. B. 2. ...., Dd3 oder f5 3. Se1† bzw. Sh4‡, De4 4. Kb3:, oder 2. ...., De7, e8 3. Se2†, K ~ 4. De4(e2)† 5. D×D, K×D 6. a4 usw.; auf 2. ...., Dg6 gewinnt schon 3. Dg6:, hg6: 4. Kb3: (b5 5. Kc2 usw.). Turnier des Rigaer Tageblattes 1909—1910.

46. 1. Sb6—a4, Ka4: 2. Se4; a) 2. ...., d1D oder T 3. Sc3†, Kb4! (dc3 patt) 4. Sd1:, g4 5. Sf2!, g3 6. Sh3, Kc3 7. Kb1, Kd2 8. Sg1!, g2 9. Kb2, a4 10. Sf3†, Kd1 (Ke2, Sg1†) 11. Ka3, g1 12. Sg1:, Kc2: 13. Sf3 remis; b) 2. ...., d1L 3. Sg5:, Lc2: 4. Sf3! d3 (oder Lb3†) 5. Kb2, Lb3 (oder d3) 6. Sd2, Ld5 7. Kc3, Ka3 8. Kd3:, Kb2 9. Kd4, Le6 10. Se4, a4 11. Sc3, a3 12. Kd3 remis (Lf5†, Kd2, Lc2, Sa2); c) 2. ...., d1S 3. Sg5:, Se3 4. Se6, Sc2: 5. Kb2, d3 6. Sc5† oder 3. ...., Sc3† 4. Kb2, Kb4 5. Sf3, Sa4† 6. Kc1, Kc3 7. Sg1 remis. Ein erster Versuch, die vierfache Bauernumwandlung in einer Studie darzustellen. Auf 1. ...., d1D oder T kann sich die Abzweigung 2. Sd5†, Kc4 (Kb5, Sdc3†) 3. Sb2†, Kd5: 4. Sd1:, Ke4 5. c4 (am zwingendsten) ergeben. II. Preis in der Jahreskonkurrenz der „Tidskrift för Schack“ 1910.

47. 1. Sc1—e2, Tc2† 2. Sc3†, Ka3 3. Te1 (droht Ta1†, Tb1†, Tb3‡), a4 4. Ta1†, Kb2 5. Tb1†, Ka3 6. Tb4 (Zugzwang,) e3 (nun ist das ‡ auf d1 und auf b3 gesichert) 7. Ta4‡, Kb2 8. Ta2†, Kc1 9. Ta1†, Kb2 (weil Kd2, Td1‡) 10. Tb1† 11. Tb3‡, oder 6. ...., Tc1 7. Ta4‡ 8. Ta2‡, oder 6. ...., Tf2, g2 7. Ta4‡, Kb2 8. Ta2† oder 6. ...., Tb2, a2, d2 7. Ta4‡ oder Sb1(5)‡, oder Sb1†. Auf 1. ...., Ta1 folgt 2. Sc3†, Ka3 3. Te2 und infolge des Zugzwanges kann Schw. nur durch Aufopferung der Bauern e4, e5 das ‡ auf a2 oder b5 verzögern (nicht verhindern); 1. ...., Tb2 hat 2. Sc3†, Ka3 3. Sd1† zur Folge. Tidskrift för Schack 1910.

48. 1. b6—b7†, Kb8 2. Se5, Te5: 3. Sd3, ed3† 4. Kd1. Idee: wegen der Pattstellung von W. muß Schw. den T opfern, wenn er gewinnen will; der w. K kann aber dann die schw. f-Bauern erobern und sich wieder nach d1, e1 zurückbegeben, denn diese Stellung ist gleichbedeutend mit den Remisstellungen: Kb1, Ba2 oder b2; Ke2, Ld5, Ba3 oder b3. Man vergleiche: 4. ...., Te1† 5. Ke1:, Lb1 6. Kf2, Lc2 7. Kf3 oder e3, Ld1(†) 8. Kf4 (W. unterläßt Kd3: wegen f4), Lg4 9. Ke3, f6 10. Kf4, d4 11. Kg3, Lh5 12. Kf4, Lf7 13. Kf5:, Lc4 14. Kf6:, La6: 15. Ke5, Kb7: 16. Kd4:, Kc6 17. Ke3, Kd6: 18. Kf2, Ke5 usw. Mit dem Vorrücken des a-Bauern erreicht Schw. auch nichts, weil nach ba3 der w. L befreit wird. Var. 2. ...., Td6: 3. d4!, Ta6: 4. Sd7‡, Kb7: 5. Sc5†, Kb6 6. Sa6:, Ka6: 7. Sh4 nebst Le3 und Kd2 remis; 3. ...., Te6 statt ed3† (Te8, Sc5, Td8, d4) 4. Sc5, Td6: 5. d4 remis (Schw. muß auf a6: den T opfern, weil Lf4 droht). Tidskrift för Schack 1910.

49

1912

W. am Zuge gewinnt

50

1912

W. am Zuge gewinnt

51

1888

W. am Zuge erzwingt das Remis

52

1910

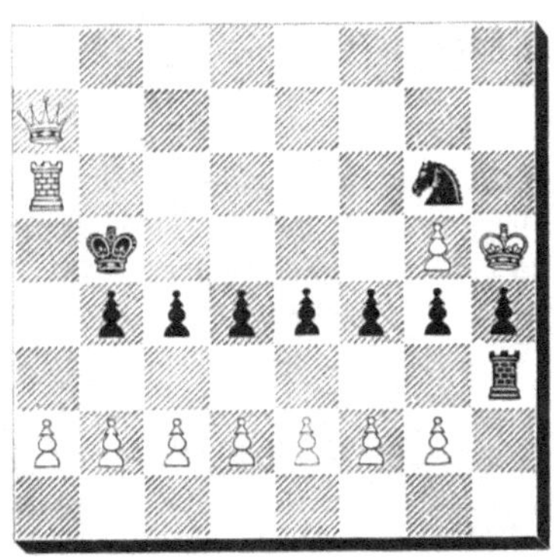

Selbstmatstudie

49. 1. d5—d6, cd6 (a1D hat 2. d7, Ke5: [Da8, Sf7:] 3. d8D zur Folge, es droht Lf4‡ oder 3. ...., g5 4. De7† 5. Dc5‡; die Verteidigung 3. ...., Dd4 genügt wegen 4. Dc7‡̈, Kd5 5. Lc3 nicht, auf 3. ...., gf5 folgt 4. Lf4†, Ke6 5. De8† usw.) 2. Sg6:; a) 2. ...., d5 3. Se5 (Lg5 würde mit Kc3, Lf6†, d4 beantwortet werden), f6 4. c3†, Ke5: 5. Lf4 reines ‡, oder 3. ...., a1D 4. Kf4 5. c3† 6. Le3‡, oder 3. ...., Ke5: 4. Lc3†, d4 5. La1 u. W. entscheidet mit Bh2; b) 2. ...., f6 3. Sf4, a1D 4. c3†, Schw. muß die D opfern, denn 4. ...., Ke5 5. Sg6†, Kd5 6. Se7† 7. Lf4‡ oder 3. ...., d5 4. Se6† 5. Lf4‡; c) 2. ...., a1D 3. Lg5, Kd5 (damit vermeidet Schw. das ‡ Lf6†, Se7) 4. Se7†, Ke5 5. Sg8, Kd5 6. Lf6 Schw. muß wegen Se7‡ die D opfern; d) 2. ...., fg6 3. Lh6, gf5 4. Lg7†, Kd5 5. gf5, Kc6 6. h4, Kd7 7. h5, Ke7 8. h6, Kf7 9. La1, Kg8 10. f6 und gewinnt. III. Preis im Studienturnier der Wiener Schachz. 1912.

50. 1. Tg7×h7, Th7: 2. Kg6:, Th8 3. Kg7, Tf8 4. ed7†, Kd7: 5. Kf8:, e5 (hg4?, h5) 6. gh5, e4 7. h6 e3 8. h7, e2 9. h8D, e1D 10. Dg7† und gewinnt, oder 2. ...., Tg7 oder h6† 3. K×T, de6 oder d5 4. gh5 bzw. g5, oder 2. ...., d5, de6 3. Kh7:, Kf8 (hg4, Kg7) 4. g5; oder 2. ...., hg4 3. Kh7: 4. Kg7; 1. ...., Tg8 2. Th6, d5 (de6, Tg6:) 3. gh5, gh5† (d4 läßt Tg6:, Tf8, h6 oder Th8, Kf4 oder Tg6‡̈, hg6: zu) 4. Kf4, Tg4† 5. Kf3, Kf8 (wegen Th8†) 6. Th5:, Te4 (Td4, Tf5†, Kg7, Tf7†, Kg6, Te7:, Kf6, Te8) 7. Tf5†, Kg8 oder e8 8. Td5:, Te6: 9. Kf4 (Tf6†, Tf5) und W. gewinnt mit den zwei verbundenen Bauern; 1. ...., Tf8 2. Kg6: (auch 2. ed7‡̈, Kd7: 3. gh5 gewinnt wohl schon), hg4 (d5, Tf7 drohend Kg7, Tg8†, Tg7 nebst gh5 oder h5, oder Tf6†, Kg7, de6, Th8† und gh5, oder de6, gh5, e5, h6, e4, Tg7, e3, h7, Tf6†, Kg5, e2, h8D†, Kd7, Te7‡̈) 3. Tf7, de6 (Tg8†, Kh7 oder Th8, ed7†, Kd7:, h5, Kd6, h6, e5, Kg7) 4. Tf8‡̈, Kf8: 5. Kg5 und gewinnt.

51. 1. Tg7×g4 (weil Lf3† das w. Spiel zu vernichten droht), fg4 2. Tf8†, Ka7 3. Dc5†, Dc5: (wenn Db6, so 4. Da3†, Da6 5. De3†, b6 6. Dd2:, Dc4: 7. Dd1 drohend Da1† und auch Dg4:) 4. Ta8†, Kb6 5. Ta6†, K oder B×T W. ist patt. Die allzu offen liegende Pattkombination bei Ercole del Rio und Lolli, Centuria 92, Kh1, Db4, Tf1, Bc4, g2; Kb8, Dg5, Ta2, Ba6, b7, c7, g3; 1. Tf8†, Ka7 2. Dc5† wollte der Autor in der „Theorie und Praxis“ als Beispiel einer Studie aus dem Mittelspiel in geeigneterer Form zur Geltung bringen. Zuerst 1888 Saale-Zeitung.

52. Aus Anlaß des Erscheinens eines fünfzügigen Problems von Alain C. White mit vier en passant-Schlagfällen und der Übertragung dieser Idee durch H. Fischer (Bamberg) in das Selbstmat, warf der Autor in der D. Schachz. die Frage auf, mit welcher Geringstanzahl von weißen Offizieren und in welcher Geringstanzahl von Zügen im Selbstmat das Maximum von en passant-Schlagfällen darstellbar ist. Der Autor kam bei dieser Extratour auf dem Schachbrette zur Position 52, Lösung: 1. a4† 2. Db7† 3. b4† 4. Tc6† 5. Dd7† 6. Dd6† 7. Dg6‡̈ 8. Df6† 9. c4† 10. De6† 11. Dd7† 12. d4† 13. Te6† 14. e4† 15. Dd5† 16. Dc4† 17. Tf6† 18. f4† 19. Dc5† 20. Te6† 21. Dd6† 22. g4†, hg3‡.

Partien.

1.

Graz 1863.

Italienische Partie.

W.: Johs. Seeberger.

1.	e2—e4	e7—e5
2.	Sg1—f3	Sb8—c6
3.	Lf1—c4	Lf8—c5
4.	c2—c3	Sg8—f6
5.	d2—d4	e5×d4
6.	c3×d4	Lc5—b6

Auf diesen Zug hin mußte W. sofort einen bestimmten Plan fassen zur Sicherung oder sofortigen Ausnutzung des Zentrums (z. B. d4—d5) Das Versäumnis rächte sich bald.

7.	Sb1—c3	d7—d6
8.	Lc1—g5?	Lc8—g4
9.	Lg5—e3	Dd8—e7
10.	Dd1—d3	0—0
11.	h2—h3	Lg4—h5
12.	Sf3—d2	Tf8—e8
13.	f2—f3	Sc6—b4
14.	Dd3—b1	d6—d5
15.	Lc4—b3	d5×e4
16.	Sd2×e4	Lh5—g6
17.	Ke1—f2	Sf6×e4†
18.	Sc3×e4	Lg6×e4
19.	f3×e4	De7×e4
20.	Db1×e4	Te8×e4

Der e-B war gefallen, der d-B blieb schwach.

21.	Ta1—d1	Ta8—e8
22.	Th1—e1	Sb4—c6
23.	Lb3—d5	Te4—e7
24.	Ld5×c6	b7×c6
25.	Td1—d3	....

Nun konnte sich Schw. auch auf den d-B werfen. Etwas besser war 25. b2—b4, worauf Schw. sein Spiel zunächst mit f6 und Kf7 befestigt hätte.

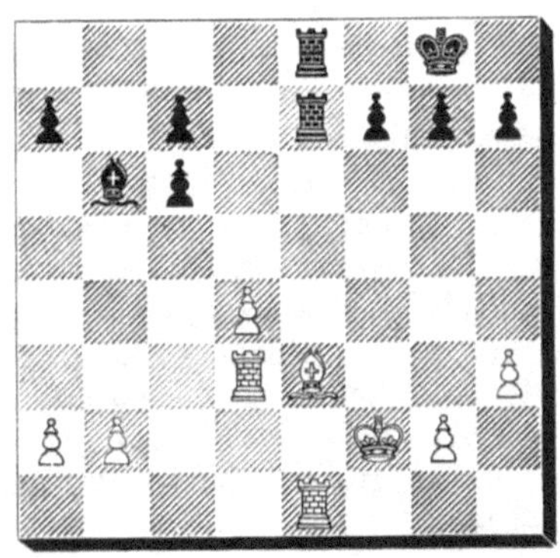

25.	....	c6—c5
26.	Te1—d1	c5×d4
27.	Le3×d4	c7—c5
28.	Ld4—e3	c5—c4
29.	Le4×b6	c4×d3

Aufgegeben.

Diese Partie (D. Schachz. 1863) war eine der ersten, welche der Autor gegen Seeberger gewann. Seeberger war der Ältere (* 17. Sept. 1843, † 11. Nov. 1879).

2.

Graz 1865.

Französische Partie (unregelmäßig verteidigt).

Schw.: Major J. Kampmiller v. Longholsen.

1. e2—e4 e7—e6
2. d2—d4 b7—b6
3. Lf1—d3 c7—c5
4. Lc1—e3 Dd8—c7

Major v. Kampmiller war zu Beginn der sechziger Jahre des v. J. wohl der stärkste Spieler in Graz (J. Rosmann hatte sich von der Spielpraxis schon zurückgezogen). Er hatte seine Spielstärke und Zähigkeit in den Schachzirkeln zu Prag und Wien erworben. Seeberger und der Autor hatten stets bei ihm Zutritt und Spielgelegenheit. Auch der in auswärtigen Schachkreisen bekannt gewesene Schachfreund Dr. Heinrich Posener fand sich bei ihm ein. Als die Jugend mit den neuerworbenen theoretischen Kenntnissen herankam, verlegte sich K. auf die geschlossene Partie.

5. f2—f4 c5×d4
6. Le3×d4 Dc7×f4

Diesen Bauern hatte W. gern verloren.

7. Sg1—f3 Lc8—b7
8. 0—0 Df4—c7
9. Sb1—c3 d7—d6

In der D. Schachz. 1865, S. 151, war diese Partie, offenbar auf Grund einer ganz ungenauen Mitteilung, unrichtig abgedruckt worden. Es heißt z. B. 9. ...., a6 10. Sg5, Sh6 11. Dh5, d6, worauf Schw. wegen Se6: schon verloren wäre.

10. Sf3—g5 Sg8—h6
11. Dd1—h5 Dc7—d7

Schw. wollte anscheinend weder e6—e5, Le3, noch g7—g6, Df3 herbeiführen, weil auf d5 bzw. f6 den w. Figuren zugängliche Felder entstehen.

12. Sc3—b5

Droht Se6:.

12. .... Sb8—c6

Nun würde 13. Se6: wegen Sd4: (Sf8:, Tf8:, Sd4:, 0—0—0) keinen Erfolg gehabt haben.

13. Tf1—f2 Sc6—d8
14. Ta1—f1 ....

Nun hätte e6—e5 (oder g7—g6) doch geschehen sollen. Schw. faßte wohl das Opfer auf g7 nicht in das Auge.

14. .... a7—a6
15. Ld4×g7 Lf8×g7
16. Sg5×f7 Sh6×f7

(0—0, Sh6‡, Lh6:, Dg4†.)

17. Tf2×f7 Sd8×f7

Hier oder auch noch im nächsten Zuge konnte Ld4† (Kh1!) geschehen.

18. Tf1×f7 Dd7×f7?

Die richtige Verteidigung bestand nun in der großen Rochade. Nach 18. ...., 0—0—0 19. Td7:, Td7: 20. Sc3 hatte W. nur die D und einen B gegen 2 Türme.

19. Sb5×d6† Ke8—e7
20. Dh5×f7† Ke7×d6

21.	Df7×g7	Lb7—c6
22.	c2—c4	Th8—g8
23.	e4—e5†	Kd6—c5
24.	Dg7—e7†	Kc5—d4
25.	De7—d6†	Kd4—e3
26.	Ld3—f1	W. gewann.

3.

Graz 1866.

Gegengambit im Läufergambit.

(Lokal-Korrespondenzpartie.)

Schw.: W. Langer.

1.	e2—e4	e7—e5
2.	f2—f4	e5×f4
3.	Lf1—c4	f7—f5
4.	Dd1—e2	Dd8—h4†
5.	Ke1—d1	f5×e4
6.	De2×e4†	....

6. Sb1—c3 war damals noch nicht in Übung.

6.	....	Lf8—e7
7.	Sg1—f3	Dh4—h6
8.	Th1—e1	Sb8—c6
9.	Lc4×g8	Th8×g8
10.	Sb1—c3	Dh6—g6
11.	De4×g6†	h7×g6
12.	d2—d4	Ke8—d8!
13.	Lc1×f4	d7—d6
14.	d4—d5	Sc6—a5
15.	Sc3—e4	Lc8—g4
16.	Se4—g5	Sa5—c4
17.	b2—b3	Sc4—a3
18.	Kd1—d2	Lg4—f5
19.	Sf3—d4	Le7—f6
20.	Sg5—e6†	Kd8—d7
21.	Ta1—d1	Lf5—g4
22.	Td1—c1	c7—c5
23.	d5×c6†	b7×c6
24.	h2—h3	Lg4×e6
25.	Te1×e6	Sa3—b5
26.	Sd4×b5	....

Die ganze Kombination war schon von langer Hand ausgerechnet worden; sie stützte sich auf die vierzügige Matführung.

26.	....	Kd7×e6
27.	Sb5—c7†	Ke6—f5?
28.	Tc1—f1	Ta8—c8?

Und nun ergab sich

29.	Lf4—h6†	K ~
30.	Tf1—e1†	K—d4

(Kf5, g4‡).

31.	Sc7—e6†	Kd4—d5
32.	c2—c4‡.	

Le Sphinx, Paris 1866.

4.

Graz 1866.

Gegengambit im Läufergambit.

Schw.: W. Langer.

1.	e2—e4	e7—e5
2.	f2—f4	e5×f4
3.	Lf1—c4	f7—f5
4.	d2—d3	....

Dieser Zug war ein Versuch.

4.	....	f5×e4
5.	d3×e4	Dd8—h4†
6.	Ke1—f1	Lf8—c5
7.	Dd1—e2	d7—d6
8.	Sg1—f3	Dh4—f6
9.	Sb1—c3	Sg8—e7

Dieser Zug ermöglichte W. die sofortige Aufnahme des Angriffes;

vorsichtiger war Le6 (Le6:, De6:, Sd5, Sa6).

10. e4—e5! d6×e5
11. Sc3—e4 Df6—b6
12. Sf3×e5 Lc5—e3

Der Lc5 war bedroht; z. B. Sc6, Sc6:, bc6!, Dh5†.

13. Lc1×e3 f4×e3

(Db2:, Td1, De5:, Ld4.)

14. De2—h5† g7—g6
15. Lc4—f7† Ke8—d8

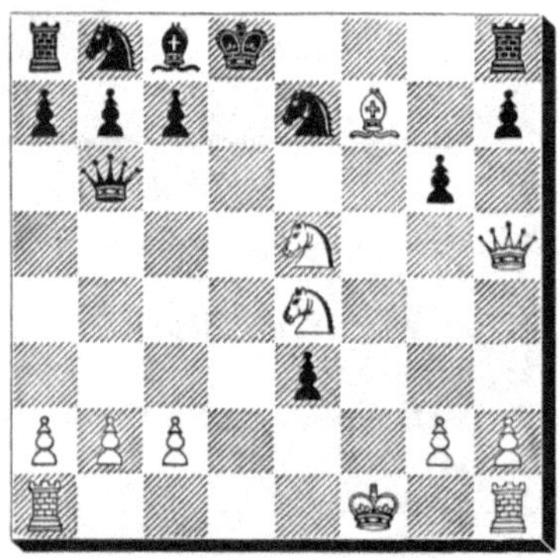

16. Ta1—d1† Lc8—d7
17. Se5×d7! Sb8×d7
18. Dh5—e5 Th8—f8
19. Kf1—e2! ....

Schw. durfte nun den Lf7 wegen Dh8† nicht schlagen (Sg8, Dg8‡, Ke7, Td7‡ usw.).

19. .... Db6—c6
20. Td1×d7†. Aufgegeben.

(Dd7:, Td1; Kd7:, Td1†, Kc8, De7:). Le Sphinx 1866.

5.

Graz 1866.

Spanische Partie.

Schw.: J. Plachutta.

1. e2—e4 e7—e5
2. Sg1—f3 Sb8—c6
3. Lf1—b5 Sg8—f6
4. 0—0 Sf6×e4
5. d2—d4 Lf8—e7
6. Dd1—e2 Se4—d6
7. Lb5×c6 d7×c6

Der große Problemmeister war um 1866 einige Zeit als Militärbeamter in Graz stationiert; er war auch ein starker Spieler, aber in der Theorie weniger erfahren. So kam es, daß er die unmittelbar folgende Angriffskombination von L. Paulsen noch nicht kannte.

8. d4×e5 Sd6—f5
9. Tf1—d1 Lc8—d7
10. e5—e6 f7×e6
11. Sf3—e5 Le7—d6
12. De2—h5† g7—g6
13. Se5×g6 Sf5—g7
14. Dh5—h6 Sg7—f5
15. Dh6—h3 Dd8—f6

Schw. verschmähte die Verteidigung Tg8 und wollte sich rasch entwickeln. Man vergleiche D. Schachz. 1897, S. 33 und Berliner Schachz. 1897, S. 35.

16. Sg6×h8 Df6×h8
17. Dh3—h5† Ke8—f8
18. Sb1—c3 Ld7—e8
19. Lc1—h6† Sf5×h6
20. Dh5×h6† Kf8—e7
21. Td1—d3 Le8—g6
22. Td3—f3 Ta8—g8
23. Ta1—e1 Ld6—e5
24. Dh6—g5† Le5—f6
25. Dg5—c5† Ke7—f7

Kd7(8) hätte Td1†, Kc8?, Da7: zur Folge gehabt; wenn Td1†, Ke8, so ebenfalls Da7: usw.

(Siehe Diagramm.)

26. Sc3—d5 Lg6—f5

(ed5:, De7‡; cd5, Dc7‡, Kf8, Te6: usw.)

27. Tf3×f5 e6×f5

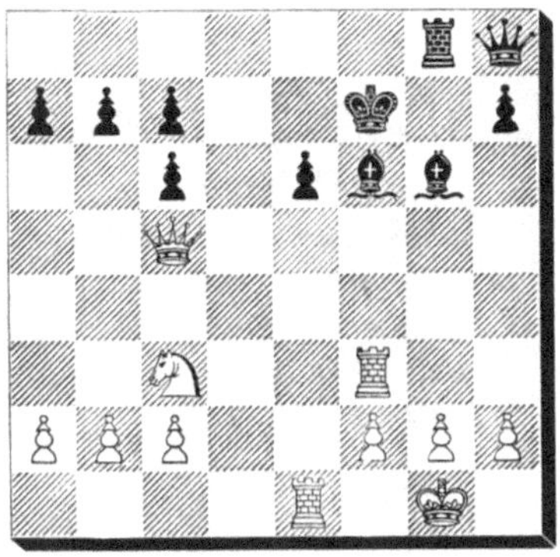

28. Te1—e7† Lf6×e7

Wenn Kg6, so Sf6:, Df6: (Td8, Sd7, Db2:, Te6†), De3, Td8, Dg3†, Kh6, Dh3†, Kg6, Dh7‡, Kg5, g3.

29. Dc5×e7† Kf7—g6
30. De7—e6† Kg6—g5
31. h2—h4† Aufgegeben.

(Auf Kh4: folgte ‡ in 2 Z.; auf Kg4 oder h5 geschah Sf6†, Sg8: und Schw. ist wieder vom Mat bedroht.) Le Sphinx, 1866.

6.

Graz 1867.

Spanische Partie.

W.: R. R. v. Plazer.

1. e2—e4 e7—e5
2. Sg1—f3 Sb8—c6
3. Lf1—b5 Sg8—f6
4. d2—d4 e5×d4
5. e4—e5 Sf6—e4
6. 0—0 Lf8—e7
7. Sf3×d4 Sc6×d4
8. Dd1×d4 Se4—c5
9. Lb5—c4 Sc5—e6
10. Dd4—g4 d7—d5

W. unterschätzte die Entwicklungszüge von Schw. Vergl. D. Schachz. 1867, S. 180.

11. e5×d6 Dd8×d6
12. Lc4×e6 Lc8×e6
13. Dg4×g7 0—0—0
14. Dg7—h6 Th8—g8
15. Lc1—f4 Dd6—c6
16. Lf4—g3 Tg8—g6
17. Dh6—e3 ....

(Dh7:?, Lf6.)

17. .... Le7—c5
18. De3—f3 Le6—d5
19. Df3—f5† Kc8—b8
20. Tf1—d1 Td8—e8
21. Sb1—c3 Ld5—g2:

Der folgende Zug von W. führte ein rasches Ende der Partie herbei. 22. Te1, Teg8 würde die Drohung Tf6, ev. h7—h5 hervorgerufen haben

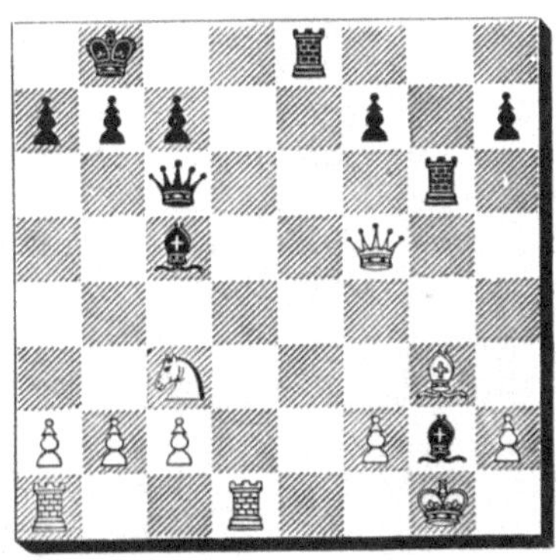

22. Sc3—d5 Lg2—e4
23. Df5×f7 Te8—f8
24. Df7×c7† ....

W. hatte offenbar erst nachträglich gesehen, daß auf 24. Sc7: die Antwort Tg3‡ erfolgte.

24. .... Dc6×c7
25. Sd5×c7 Lc5×f2†

Aufgegeben.

7.

Graz 1867.

Italienische Partie.

W.: FML. Fr. Jungbauer.

1. e2—e4 e7—e5
2. Sg1—f3 Sb8—c6

3.	Lf1—c4	Lf8—c5
4.	0—0	d7—d6
5.	h2—h3	Lc8—e6
6.	Lc4×e6	f7×e6
7.	c2—c3	Sg8—f6
8.	Dd1—b3	Dd8—d7
9.	Sf3—g5	Sc6—d8
10.	d2—d3	h7—h6
11.	Sg5—f3	0—0
12.	Lc1—e3	Lc5—b6
13.	Le3×b6	a7×b6
14.	Sb1—d2	Sf6—h5
15.	d3—d4	e5×d4
16.	Sf3×d4	Kg8—h8
17.	Sd4—e2	e6—e5

Der nächste Zug von W. war nicht genügend bedacht; die Folgen ließen sich genau vorausberechnen. J u n g b a u e r war übrigens ein starker Spieler aus der alten Wiener Schule; er gewann 1870 in Graz den IV. Preis (vgl. unter Graz 1870).

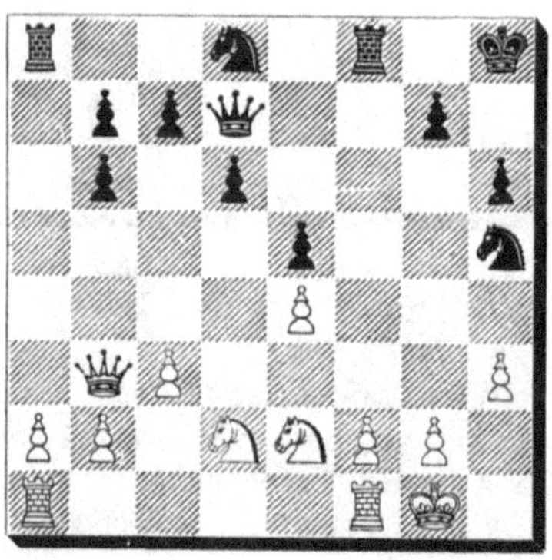

18.	Sd2—f3	Tf8×f3
19.	g2×f3	Dd7×h3
20.	c3—c4	Sd8—e6
21.	f3—f4	Dh3—g4†
22.	Se2—g3	Se6—d4
23.	Db3—d1	Sd4—f3†
24.	Kg1—g2	Sh5×f4†

und ‡ im nächsten Zuge.

8.

Graz 1868.

Französische Partie (unregelmäßig verteidigt).

Schw.: Z i m m e r m a n n.

1.	e2—e4	e7—e6
2.	d2—d4	c7—c6
3.	Lf1—d3	Lf8—d6
4.	Sg1—e2	Sg8—e7
5.	0—0	0—0
6.	f2—f4	Ld6—c7
7.	Sb1—c3	d7—d5
8.	e4—e5	f7—f6
9.	Se2—g3	Lc7—b6
10.	Lc1—e3	f6—f5
11.	Tf1—f3	Lc8—d7
12.	Sg3—h5	Ld7—e8
13.	Tf3—h3	Sb8—d7
14.	Kg1—h1	Le8—f7
15.	g2—g4	Lf7×h5

(fg4:, Lh7‡.)

16.	g4×h5	Tf8—f7
17.	Dd1—f3	Kg8—h8
18.	Ta1—g1	Sd7—f8
19.	Sc3—e2	g7—g6
20.	Le3—f2	Dd8—e8
21.	Lf2—h4	Se7—g8
22.	h5×g6	Tf7—g7

Schw. durfte den B nicht wiedernehmen, wegen hg6 (Sg6:, Tg6:), Lf6‡.

23.	g6×h7	Tg7×g1‡
24.	Se2×g1	Sf8×h7
25.	Df3—g3	....

In dieser Stellung hatte Schw. noch Gelegenheit, den T (über c8 nach c7) in das Spiel zu bringen. Es war immerhin möglich, daß nach Abtausch der wichtigsten Figuren der h-B nicht zum Gewinn der Partie ausgereicht hätte. Gegen 25. ...., Tc8 26. Lf6†, Sf6: 27. ef6 genügte Df6.

25. .... Lb6×d4

Verlor ein wichtiges Tempo.

26. Sg1—f3 Ld4—c5
27. Sf3—g5 De8—g6

Dd7, Sh7:, Kh7:, Le7†, Sh6, Dg5. Nicht uninteressant ist 27. ...., Sh6 28. Se6:, De6: 29. Lf6†, Df6: (Sf6:, Th6‡) 30. ef6. Tg8 31. De1, Sg4 32. Lf5:, Sf2†? 33. Df2:.

28. Sg5×h7 Dg6×g3
29. Lh4×g3 Kh8—g7
30. Sh7—g5 Ta8—e8

Der T deckt nun allerdings den Punkt e6, er ermöglicht aber ein ‡ in 4 Zügen: 31. Th7†, Kg6 (denn Kf8, Tf7‡) 32. h4, Sh6 33. Le2 34. ‡.

In der D. Schachz. 1868, S. 45, findet man den Namen C. Zimmermann angegeben. Der Gegner des Autors in dieser Partie konnte aber wohl niemand anders gewesen sein, als der Schriftsteller Ludwig Richard Zimmermann, ein gewandter Spielpraktiker, der 1868 das „Tagblatt", später sein eigenes Blatt, die „Freiheit", redigierte und den Autor auch zur Veröffentlichung von Schachproblemen usw. in seinen Organen anregte. D. Schachz. 1868, S. 278.

9.

Berlin, Sommer 1868.

Spanische Partie.

Schw.: J. H. Zukertort.

1. e2—e4 e7—e5
2. Sg1—f3 Sb8—c6
3. Lf1—b5 Sg8—f6
4. 0—0 Sf6×e4
5. d2—d4 Lf8—e7
6. Tf1—e1 f7—f5
7. Lb5×c6 d7×c6
8. Sf3×e5 0—0
9. f2—f3 Se4—d6
10. f3—f4 Sd6—e4
11. Sb1—c3 c6—c5
12. Lc1—e3 ....

W. wollte Schw. keine Linien öffnen; Se4:, fe4, Te4:, Lf5, Te1, cd4.

12. .... c5×d4
13. Le3×d4 c7—c5
14. Ld4—e3 Se4×c3
15. b2×c3 Lc8—e6
16. Dd1—f3 Le6—d5
17. Df3—e2 Dd8—e8
18. c3—c4 Ld5—e4
19. Te1—d1 Tf8—f6

Schw. ging zum Angriff über, W. bereitete als Verteidigungsmittel einen Gegenangriff vor.

20. Ta1—b1 De8—a4
21. Td1—d7 Le7—d6
22. Tb1—d1 Ld6×e5
23. f4×e5 Tf6—g6
24. g2—g3 Da4×a2
25. Td7—d8† Ta8×d8
26. Td1×d8† Kg8—f7
27. Le3×c5 ....

(Siehe Diagramm.)

27. .... Da2—a1†
28. De2—f1 Da1—c3

W. konnte es auf die Doppeldrohung Tg3‡ und Dc2: ankommen

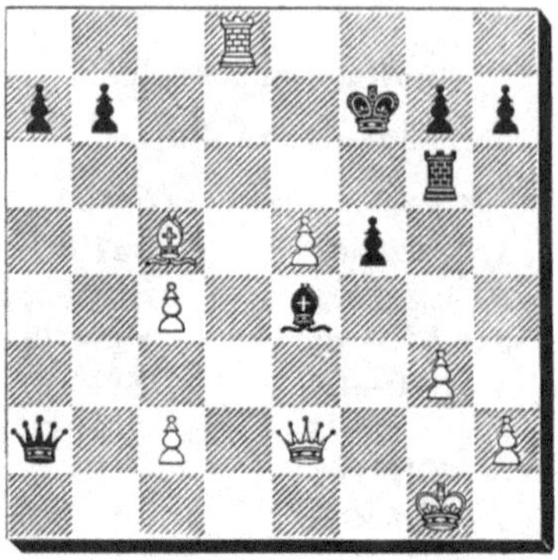

lassen, weil das Remis schon vorbereitet war. Auch auf 29. De2? hätte Schw. noch den T opfern können, denn er hätte stets den Td8 erobert: 29. De2, Tg3‡ 30. hg3, Dg3‡ 31. Kf1, Dh3† 32. Kg1 (Ke1 oder f2, Dh4†), Dh1† 33. Kf2, Dh4†.

29. Td8—d7† Kf7—g8!

(Ke6?, Te7‡; Ke8, Te7† und der K darf d8 wegen Dd1† nicht betreten.)

30. Td7—d8†. Remis.

1868 hatte der Autor das erste Mal Leipzig und Berlin besucht. Vgl. D. Schachz. 1878, S. 277.

10.

Wien, September 1868.
(Wiener Schachgesellschaft.)

Evansgambit.

W.: Dr. Herzfeld (später in Prag).

1.	e2—e4	e7—e5
2.	Sg1—f3	Sb8—c6
3.	Lf1—c4	Lf8—c5
4.	b2—b4	Lc5×b4
5.	c2—c3	Lb4—c5
6.	0—0	d7—d6
7.	d2—d4	e5×d4
8.	c3×d4	Lc5—b6
9.	d4—d5	Sc6—a5
10.	Lc1—b2	Sg8—e7
11.	Lc4—d3	Se7—g6

Dieser Zug wurde vom Autor als Neuerung in dieser Partie zum ersten Male angewendet.

12.	Lb2×g7	Th8—g8
13.	Lg7—h6	Lc8—g4
14.	Dd1—a4†	Dd8—d7

Denn 15. Dd7‡, Kd7: bietet keine Gewinnchancen mehr für W.

15.	Ld3—b5?	c7—c6
16.	d5×c6	b7×c6
17.	Lb5—e2	Lg4×f3

Nun hat Schw. die Oberhand.

18.	Le2×f3	Sg6—e5
19.	Lf3—e2	Dd7—h3
20.	g2—g3	Tg8×g3†
21.	h2×g3	Dh3×g3†
22.	Kg1—h1	Dg3—h3†
23.	Kh1—g1	Ke8—d7
24.	Le2—g4†?	Dh3×g4†
25.	Kg1—h2	Se5—f3†

und ‡ im nächsten Zuge.

11.

Wien, 14. Juli 1869.
(Wiener Schachgesellschaft.)

Wiener Partie.

W.: K. Hamppe.

1.	e2—e4	e7—e5
2.	Sb1—c3	Sb8—c6

3. Lf1—c4 Sg8—f6
4. d2—d3 Lf8—c5
5. Sc3—a4 ....

Von zweifelhaftem Wert.

5. .... Lc5—e7
6. Sg1—e2 d7—d5
7. e4×d5 Sf6×d5
8. Sa4—c3 Lc8—e6
9. Sc3×d5 Le6×d5
10. Lc4×d5 Dd8×d5

Schw. stand nun freier.

11. 0—0 0—0
12. f2—f4 Le7—c5†
13. Kg1—h1 f7—f5

Schw. entschloß sich zur nachfolgenden Opferkombination.

14. f4×e5 Sc6×e5
15. d3—d4 Se5—g4

16. h2—h3 ....

Selbstverständlich nicht dc5: wegen Sf2†.

16. .... Lc5—d6
17. h3×g4 f5×g4
18. Lc1—f4 ....

Auf 18. Sf4 würde der Angriff zunächst mit Df5 (drohend g5) fortgesetzt worden sein. Da der w. Damenturm nicht sobald einzugreifen vermochte, wogegen der schw. Damenturm stets herangeholt werden konnte, war es wohl ausgeschlossen, daß W. die Übermacht in den Gewinn der Partie umsetzen würde. Z. B. 18. Sf4, Df5 19. Ld2 (Kg1, g5, Sh5, Df1 ‡ u. Lh2†), Tf6 20. c3 (De2, Dc2:, od. Kg1, De4), Taf8 21. Kg1, g5 usw.

18. .... Tf8—f6
19. c2—c4? ....

Auf 19. Ld6:, Th6† 20. Lh2 folgte Dh5. Nach 20. Kg1, Dd6: hatte Schw. noch immer Chancen (g3, Dd5; oder Sf4, g5, Dg4:, Dd4 ‡, Tf2, Tg6 usw.).

19. .... Dd5—h5†
20. Kh1—g1 Ta8—f8
21. Dd1—d2 Tf6—h6
22. Kg1—f2 g7—g5

Nun war die Partie für W. verloren. Es folgte noch 23. Ke1, Lf4: 24. Dd3, Te6 25. Kd1, Te3 26. Dc2, Tfe8 27. Sg1, Dh4 28. Df5, Te1† 29. Kc2, Ta1: 30. Ta1:, Df2†, aufgegeben.

12.

Korrespondenzpartie 1870.

Abgelehntes Königsgambit.

Schw.: Js. Seeberger (Leoben).

1. e2—e4 e7—e5
2. f2—f4 Lf8—c5
3. Sg1—f3 d7—d6
4. c2—c3 Lc8—g4
5. Lf1—e2 Lg4×f3
6. Le2×f3 Sb8—c6
7. b2—b4 Lc5—b6
8. b4—b5 Sc6—e7?
9. d2—d4 e5×d4
10. c3×d4 a7—a6?

Die bisherigen Züge von W. und Schw. waren damals „Buchzüge“.

11. b5×a6 Ta8×a6
12. 0—0 Sg8—f6
13. Lc1—b2 d6—d5
14. e4—e5 Sf6—e4
15. Sb1—d2 Se7—f5

16. Sd2×e4 ....

W. gab die Qualität preis, um nach de4 17. Le4:, Se3 18. Dd3, Sf1: 19. Lb7:, Ta7 20. Lc6†, Kf8 21. Tf1: (Ta2:, Kh1!) ein Übergewicht in der Position zu erlangen.

16. .... d5×e4
17. Lf3×e4 Sf5×d4
18. Kg1—h1 c7—c6
19. Dd1—d3 Ta6—a4
20. Ta1—d1 Dd8—e7
21. f4—f5 g7—g6

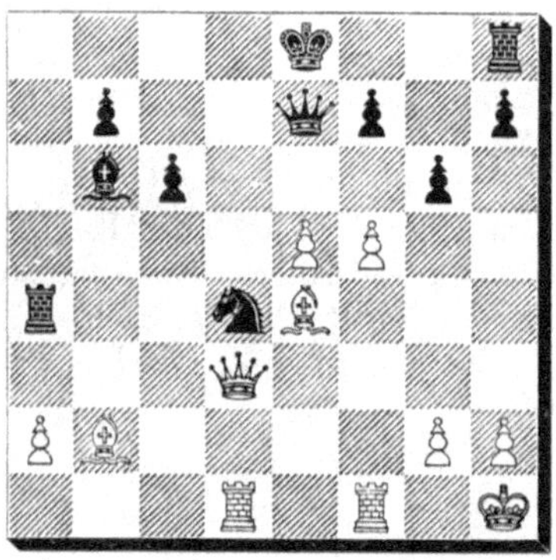

22. e5—e6! f7×e6
23. f5×g6 h7×g6
24. Le4×g6† Ke8—d8
25. Dd3—b3 Kd8—c8
26. Lb2×d4 ....

Nicht Da4: oder b6: wegen Th2‡.

26. .... Lb6×d4
27. Tf1—f7 De7—b4
28. Db3×e6† Kc8—b8
29. Td1—b1 Ld4—b2
30. Tf7—f2 Aufgegeben (denn Td8, h3, Td2, De8†, Kc7!, De1 usw.)

13.

Korrespondenzpartie 1870.

Spanische Partie.

Schw.: Dr. E. Glantschnigg (Cilli).

1. e2—e4 e7—e5
2. Sg1—f3 Sb8—c6
3. Lf1—b5 a7—a6
4. Lb5—a4 Sg8—f6
5. 0—0 Lf8—c5
6. c2—c3 b7—b5
7. La4—c2 d7—d5
8. d2—d4 e5×d4
9. e4—e5 Sf6—e4
10. c3×d4 Lc5—b6
11. Sb1—c3 f7—f5

Der Keim des Verlustes der Partie.

12. e5×f6 Se4×f6
13. Tf1—e1† Sc6—e7
14. Lc1—g5 0—0
15. Lg5×f6 Tf8×f6
16. Te1×e7 Dd8×e7
17. Sc3×d5 De7—d6
18. Sd5×f6† Dd6×f6
19. Dd1—d3 g7—g6
20. Dd3—e4 Ta8—b8
21. Lc2—b3† Kg8—g7
22. Ta1—e1 Lc8—b7
23. De4—e7† ....

W. beherrschte nach dem Damentausch die schwarze Stellung.

23. .... Df6×e7
24. Te1×e7‡ Kg7—h6
25. Sf3—e5 Lb6×d4

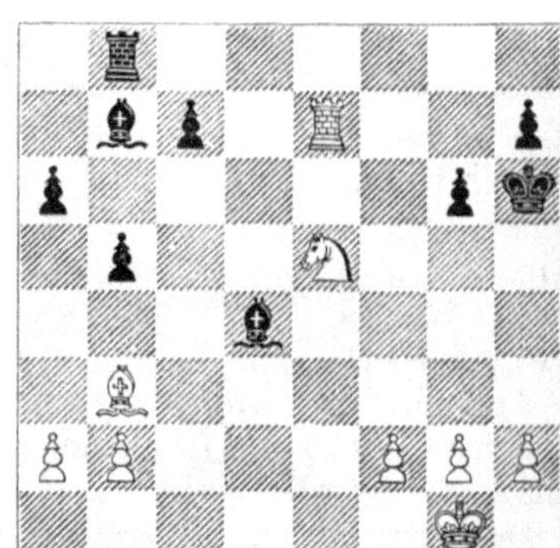

26. Se5—f7† Kh6—g7

26. ...., Kh5 27. Ld1†, Kh4 28. g3† 29. Sg5‡.

27. Sf7—d6† Kg7—h6
28. Te7×c7 Lb7—a8
29. Sd6—f7† Kh6—g7
30. Sf7—g5† Kg7—h6
31. h2—h4 Tb8—b7
32. Tc7—c8 Tb7—a7
33. g2—g4 Ld4—f6
34. f2—f4 ....

Schw. mußte in jedem Falle die Qualität verlieren. Er versuchte noch das Zusammenspiel der zwei Läufer: 34. ...., Lb2: 35. Tg8, Lc1 36. Sf7†, Tf7: 37. Lf7:, Le4 38. f5, g5 (nach gf5 würde sich wieder eine Matstellung ergeben haben) 39. hg5†, Lg5: 40. Kf2, a5 41. Kg3, a4 42. Tb8, Ld3 43. Tb6†, Kg7 44. Le8, Lb1 45. Lb5:, La2: 46. La4:, h6 47. Lb3, Lb1 48. Kf3, Ld3 49. Td6, Lb5 50. Ke4, Lf6 51. Kd5, Le2 52. Td7†, Kf8 53. Ke6, Lg5 54. Td4, Kg7 (h5, Le1, Le1:, Te1:, hg4, Tg1) 55. f6†, Lf6: 56. Td7†, Kg6 57. Lc2†, Kg5 58. Td5†. Aufgegeben. (Vgl. zu 12 u. 13 Neue Berl. Schachz. 1871, S. 41f.)

14, 15 Öffentliches Turnier in Graz 1870.

14.
Holländische Eröffnung.

W.: Prof. Dr. C. Göring (Leipzig).

1. d2—d4 f7—f5
2. Lc1—g5 Sg8—f6
3. Sb1—c3 e7—e6
4. e2—e4 f5×e4
5. Lg5×f6 Dd8×f6
6. Sc3×e4 Df6—f7
7. Sg1—f3 g7—g6
8. Sf3—e5 Df7—e7
9. Dd1—d2 d7—d6
10. Se5—g4 Lf8—g7
11. Lf1—e2 Sb8—c6
12. c2—c3 e6—e5
13. d4—d5 Sc6—d8
14. h2—h4 Sd8—f7
15. h4—h5 Lc8—f5

Schw. hatte nun ein mühevolles Entwicklungsspiel hinter sich.

16. Le2—b5† Ke8—f8
17. f2—f3 g6×h5
18. Th1×h5 Lf5—g6
19. Th5—h1 h7—h5
20. Sg4—f2 Lg7—h6
21. Dd2—e2 Ta8—d8

Damit der L nicht das Feld d7 betreten kann, wenn die schw. D das Feld e7 verläßt.

22. Lb5—d3 c7—c6
23. c3—c4 c6×d5
24. c4×d5 Td8—c8
25. Se4—g3 Lg6×d3
26. De2×d3 De7—g5
27. Sf2—e4 Dg5—g6
28. Th1×h5 Lh6—f4
29. Th5×h8† Sf7×h8
30. Sg3—f1 Dg6×g2
31. Se4×d6 Tc8—c2

Der Gedanke, daß D und S nicht zu fürchten sind, wenn der S durch keinen Bauern gestützt ist, war richtig. In neuerer Zeit bot die 7. Matchpartie Janowski-Lasker ein lehrreiches Beispiel dieser Art. (D. Schachz. 1911, S. 222.)

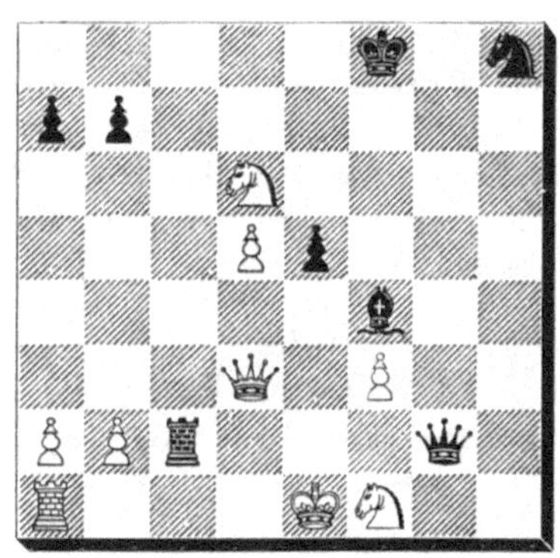

32. Dd3—f5† Kf8—g7

Ke7, De6†, Kf8!, Df5† würde die alte Position wieder hergestellt haben.

33. Df5—g4† ....

W. hoffte mit den Freibauern zu gewinnen. Diese sind aber vereinzelt und schwach. Interessant ist folgende Fortsetzung: 33. Se8†, Kg8 34. Sf6†, Kf8! 35. Sd7††, Ke7 36. De6†, Kd8 37. Df6† usw. Es ist fraglich, ob W. das Remis erreicht.

33. .... Dg2×g4
34. f3×g4 Sh8—f7!
35. Sd6—f5† ....

W. spielte zu seinem Verderben auf Gewinn.

35. .... Kg7—f8
36. Ta1—d1 Sf7—g5
37. Sf5—h4 e5—e4
38. Td1—d4 Tc2×b2
39. Sh4—g6† Kf8—e8
40. Ke1—d1 ....

Mit der Drohung Sf4:.

40. .... Tb2—f2
41. Kd1—e1 ....

Sd2 wäre wegen Le3 bedenklich gewesen.

41. .... Tf2×a2
42. Ke1—d1 ....

W. war in Zeitbedrängnis.

42. .... Ta2—f2
43. Kd1—e1 Tf2—b2
44. Ke1—d1 Lf4—d6
45. Sf1—d2? e4—e3

und Schw. gewann. Der Sd2 durfte wegen e2† und L† (ev. S†) nicht weggezogen werden.

15.
Schottische Partie.

Schw.: Prof. Dr. C. Göring.

1. e2—e4 e7—e5
2. Sg1—f3 Sb8—c6
3. d2—d4 e5×d4
4. Sf3×d4 Dd8—h4
5. Sd4—b5 Lf8—c5
6. Dd1—f3 Sc6—d4
7. Sb5×d4 Lc5×d4
8. Lf1—c4 ....

Ein Fehler; es sollte Ld3 geschehen.

8. .... Sg8—f6
9. 0—0 0—0
10. c2—c3 Ld4—e5
11. g2—g3 Dh4×e4
12. Df3×e4 Sf6×e4
13. Tf1—e1 Se4—d6
14. Te1×e5 Sd6×c4
15. Te5—c5 Sc4—b6

Schw. sah den starken Gegenzug Te8 nicht zur rechten Zeit und nun konnte sich W. erholen; wenn Te8, so etwa Ld2, Sd2:, Sd2:, c6, b4.

16. Tc5×c7 Tf8—e8
17. Sb1—a3 Te8—e1†
18. Kg1—g2 d7—d6
19. Sa3—c2 Te1—e4
20. Sc2—e3 f7—f5
21. Lc1—d2 g7—g5
22. c3—c4 Lc8—e6
23. Ld2—c3 ....

Der Turnierstand war derart, daß der Autor sich mit Remis den ersten Preis sicherte. Infolge der Ergebnisse von 14 und 15 gewann K. Koß den zweiten, Dr. Göring den dritten Preis.

23. .... Sb6×c4
24. Se3×c4 Le6×c4
25. Ta1—d1 Ta8—d8
26. Tc7—g7† Kg8—f8
27. Tg7×g5 Lc4×a2
28. Tg5×f5† La2—f7
29. Lc3—f6 Td8—d7
30. Td1—d2 d6—d5
31. f2—f3 Te4—e1
32. Lf6—d4 b7—b5?
33. Tf5—f6 a7—a5

34. Tf6—b6 b5—b4
35. Tb6—b5 Te1—a1

Schw. war in eine Falle geraten; der T durfte die e-Linie nicht verlassen. Es ergab sich ein ‡ in 7 Zügen, weil Schw. kein Läufer- bzw. Turmopfer brachte.

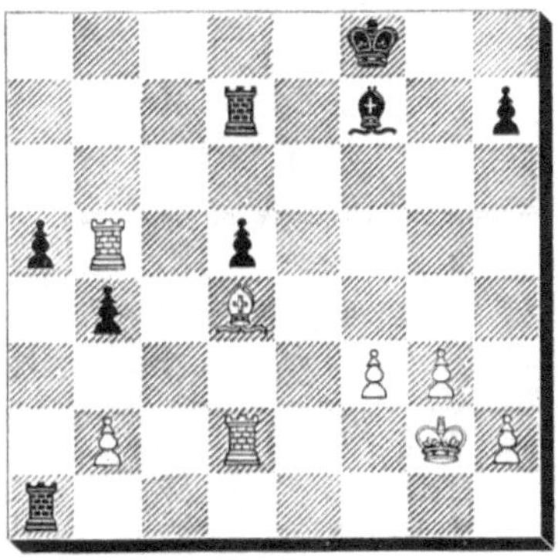

36. Tb5—b8† Kf8—e7
37. Td2—e2† Ke7—d6
(Le6, Tb6.)
38. Tb8—b6† Kd6—c7
39. Te2—c2† Kc7—d8
40. Ld4—f6† Kd8—e8
(Te7, Td6†) 41. Tb8 oder c8† 42. ‡.

16.—19. Aus einem Zyklus ernster Partien 1875 (Ergebnis 13, 3, 2).

16.

Mittelgambit gegen Läufergambit.

Schw.: Alexander Wittek.

1. e2—e4 e7—e5
2. f2—f4 e5×f4
3. Lf1—c4 d7—d5
4. Lc4×d5 Dd8—h4†
5. Ke1—f1 g7—g5
6. Sg1—f3 Dh4—h5
7. h2—h4 h7—h6

Der übliche Gegenzug ist Lg7.

8. Lc4×f7† Dh5×f7
9. Sf3—e5 Df7—f6
10. Dd1—h5† Ke8—e7
11. Se5—g6† Ke7—d8
12. Sg6×h8 Df6×h8
13. h4×g5 Dh8—g7

Nicht De5, zur Vermeidung des Damentausches.

14. g5×h6 Sg8×h6
15. Sb1—c3 Sb8—c6
16. d2—d3 Lc8—e6

Da sich der Bf4 nicht gut verteidigen läßt, ging W. mit einem kleinen Übergewicht aus der Spieleröffnung hervor.

17. Lc1×f4 Sh6—f7
18. Dh4—h7 ....

Der Verlauf des Endspiels beweist, daß Schw. (etwa mit Dd4) ein Gegenspiel hätte versuchen sollen.

18. .... Kd8—d7
19. Dh7×g7 Lf8×g7
20. Th1—h7 Ta8—h8

Auf Tg8 konnte die Fortsetzung etwa sein: g3, Sb4, Sa4, Sc2:, Tc1, oder b6 (statt Sc2:), c3 (Sd3:?, Td1).

21. Th7×h8 Lg7×h8
22. Kf1—e2 Sc6—d4†
23. Ke2—d2 b7—b5?
24. a2—a4 b5—b4

25.	Sc3—b5	Sd4×b5
26.	a4×b5	Sf7—d6
27.	Lf4×d6	Lh8×b2
28.	Ta1×a7!	Kd7×d6
29.	Ta7—a6†	Kd6—e7
30.	Ta6—c6	Lb2—e5

Es geschahen noch die Züge: 31. Ke3, Ld7 32. Th6, Lb2 (Lb5:?, Th5) 33. b6, cb6 (Lc1†, Kf3, Lh6:, b7) 34. Tb6:, Lc1† 35. Kd4, Ld2 36. Ta6, Lb5 37. Ta7†, Ke6 38. Kc5, b3 39. cb3, Ld3: 40. Kd4, Lb5 41. Tb7, Le2 42. Tb6†, Ke7 43. Ke5, Lg4 44. Tb7†, Kd8 45. Kd6, Lc8 46. Tb8, La5 47. Ta8, Lb4† 48. Kc6 und W. gewann.

17.
Holländische Eröffnung.

W.: A. Wittek.

1.	d2—d4	f7—f5
2.	c2—c4	e7—e6
3.	a2—a3	Sg8—f6
4.	Sb1—c3	Lf8—e7
5.	e2—e3	b7—b6
6.	Sg1—f3	Lc8—b7
7.	Lf1—e2	0—0
8.	0—0	Dd8—e8
9.	b2—b4	d7—d6
10.	Sf3—g5	De8—g6
11.	f2—f4	Sf6—e4
12.	Sg5×e4	f5×e4
13.	Lc1—b2	Sb8—d7
14.	Dd1—b3	c7—c5
15.	b4×c5	d6×c5
16.	Sc3—a4	Le7—d6
17.	Ta1—d1	Ta8—d8
18.	g2—g3	Kg8—h8

(Siehe Diagramm.)

19. Td1—d2? ....

W. hatte die Bedeutung von Kh8 nicht gewürdigt; 19. dc5 mußte geschehen.

19.	....	c5×d4!
20.	Lb2×d4	e6—e5
21.	f4×e5	Ld6×e5
22.	Db3—d1	Dg6—g5!
23.	Kg1—g2	Tf8×f1
24.	Le2×f1	Le5×d4
25.	Td2×d4	Dg5×e3
26.	c4—c5	....

Td7: hat Df3† (Kg1, Dd1:) zur Folge.

26.	....	Lb7—c6
27.	c5×b6	Td8—f8
28.	b6—b7	De3—f2†
29.	Kg2—h3	Df2—f5†
30.	g3—g4	Df5—f2
31.	Lf1—e2	e4—e3

Aufgegeben. (32. Df1, Tf3†.)

18.
Anderssen-Eröffnung.

W.: A. Wittek.

1.	a2—a3	e7—e5
2.	c2—c4	Sb8—c6
3.	Sb1—c3	Sg8—f6
4.	e2—e3	d7—d5
5.	c4×d5	Sf6×d5
6.	Sg1—f3	Lf8—e7
7.	Lf1—e2	0—0
8.	0—0	Lc8—e6
9.	d2—d4	e5×d4
10.	e3×d4	Le7—f6

11. Lc1—e3 Tf8—e8
12. Ta1—c1? Le6—g4
13. Dd1—d3 Dd8—d7
14. Tf1—d1 Lg4—f5
15. Dd3—d2 Ta8—d8
16. Le2—d3 ....

Nun war Sc3×d5 vorsichtiger.

16. .... Lf5—g4
17. Ld3—e2 ....

W. fürchtete den Doppelbauern f2, f3, weil auch d4 schwach ist, aber der folgende Angriff von Schw. war weit mehr zu bedenken.

17. .... Sd5×e3
18. f2×e3 Dd7—e7

19. Kg1—f2 Lg4×f3
20. Le2×f3 Lf6—g5
21. Sc3—e4 Sc6×d4
22. Dd2—c3 Lg5—h4†
23. Kf2—f1 ....

Wenn g3, so Sf3:, Td8:, Dd8:, Kf3:, Dd5 usw.

23. .... Sd4×f3
24. g2×f3 Td8×d1†
25. Tc1×d1 f7—f5
26. Se4—f2 De7×e3!
27. Dc3—c4† Te8—e6
28. Dc4×h4 ....

Wenn Td2, so Kf8.

28. .... De3—e2†
29. Kf1—g2 Te6—g6†

Aufgegeben.

19.

Mittelgambit gegen Läufergambit.

Schw.: A. Wittek.

1. e2—e4 e7—e5
2. f2—f4 e5×f4
3. Lf1—c4 d7—d5
4. Lc4×d5 Sg8—f6
5. Dd1—f3 ....

Scheint ganz gut zu sein.

5. .... Lf8—d6
6. Sb1—c3! 0—0
7. d2—d3! Ld6—b4

Schw. hatte mit Ld6 ein Tempo verloren. Bei Lg4, Df2 blieb der Punkt b7 momentan ungeschützt; nach c6, Lb3 oder Sd5:, Sd5: wäre es wohl zu g5?, h4 gekommen.

8. Lc1—d2 ....

W. wollte, wegen der entstehenden Doppelbauern, Lf4: vermeiden.

8. .... Tf8—e8
9. Ld5—b3 Sb8—c6
10. Sg1—e2 ....

10. .... Lc8—g4

Schw. wollte g7—g5 nicht versuchen; der Abtausch endet zum Vorteil von W.

11. Df3×f4 Lg4×e2
12. Sc3×e2 Lb4×d2†
13. Df4×d2: Dd8—d6
14. 0—0—0 Ta8—d8

15. Dd2—f4 Sc6—e5
16. Th1—f1 c7—c5
17. Se2—g3 b7—b5
18. Sg3—f5 Dd6—b6
19. Df4—g5 Se5—g6
20. Sf5—h6† g7×h6
21. Dg5×f6 Db6×f6
22. Tf1×f6 Td8—d7
23. Lb3—d5 Td7—c7
24. Td1—f1 Te8—e7
25. Tf6—a6 Kg8—g7
26. Ta6—a5 b5—b4
27. Tf1—f5 Sg6—e5
28. Ld5—b3 ....

Droht d3—d4.

28. .... f7—f6
29. Ta5—a6 c5—c4
30. d3×c4 Se5×c4
31. Ta6×f6 Sc4—e3

Besser Te4:, Lc4:, Tec4:, Tf2.

32. Tf5—f3 Se3×g2?
33. Tf6—f8 Aufgegeben.

(Vgl. D. Schachz. 1876, S. 142—146.)

20.

Korrespondenzpartie.
Dezember 1875 bis April 1876.

Langes Angriff im Mittelgambit.

W.: F. Hubert
in Lócsmand (Lutzmannsburg).

1. e2—e4 e7—e5
2. Lf1—c4 Sg8—f6
3. d2—d4 e5×d4
4. Sg1—f3 Sb8—c6
5. 0—0 Lf8—c5
6. e4—e5 d7—d5
7. e5×f6 d5×c4
8. Tf1—e1† Lc8—e6

Über 8. ...., Kf8 vergleiche man die neueren Ausführungen in der D. Schachz. 1911.

9. Sf3—g5 Dd8—d5
10. Sb1—c3 Dd5—f5

Bekanntlich ist man noch lange nicht im klaren darüber, wie W. nun den Angriff am besten fortsetzt. Schallopp spielte in Breslau 1889 11. Se4, Lb6 12. Sf7:, 0—0 13. Sg5 usw. (Partie 46). Die vorliegende Partie kann als Beispiel der Fortsetzung 11. g4, Dg6 12. Se6:, fe6 13. Te6+, Kf7 (oder besser Kd7?) dienen. Ihr Wert mag in den verschiedenen Angriffs- und Verteidigungskombinationen liegen, die versucht wurden.

11. g2—g4 Df5—g6
12. Sg5×e6 f7×e6
13. Te1×e6† Kg8—f7

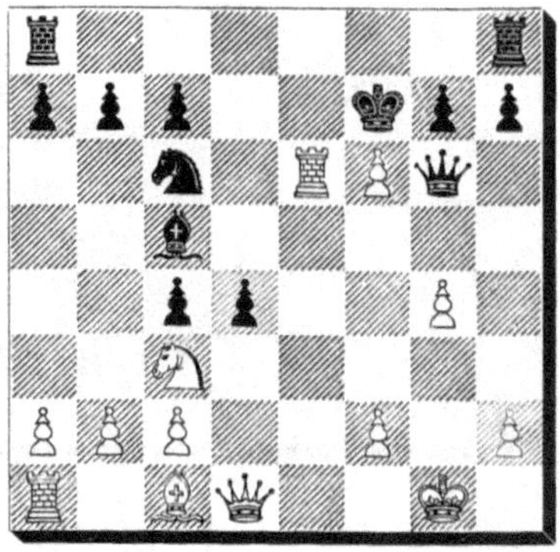

14. Sc3—d5 Lc5—d6
15. f2—f4! h7—h5
16. f4—f5 Dg6×g4†
17. Dd1×g4 h5×g4
18. f6×g7! Th8—h3

Der einzige Zug, der Schw. noch Aussichten offen ließ. Auf Kg7: konnte ewiges Schach oder die Verdrängung des schw. K nach c8 erfolgen.

19. Lc1—h6

Wohl das Beste.

19. .... Sc6—e5!
20. Te6—f6† Kf7—g8
21. Sd5×c7 Se5—f3†

22. Kg1—f1! Ta8—d8!
23. Sc7—e6 ....

Auf Sd5 folgte zunächst Lc5.

23. .... Ld6—e7!
24. Tf6—g6 ....

Tf8†, Tf8:, gf8‡, Lf8: hatte Schw. wegen Th2: nicht zu fürchten.

24. .... Sf3—e5
25. Se6×d8 ....

Oder Te1, Sg6:, Sd8:, Th6:, fg6, g3!.

25. .... Se5×g6
26. Sd8—e6 Th3×h6
27. f5×g6 Th6×h2
28. Kf1—g1 Th2—e2!
29. Se6×d4 Le7—c5
30. Ta1—d1 g4—g3!

Nun hatte Schw. ein gewonnenes Endspiel, denn a) Kf1, Th2, Kg1, Tc2:; b) c3, Tb2:, Tf1, Ta2:, Tf3, g2, Tf5, b6, Kh2, a5, Se6?, g1D†. — W. gab auch die Partie nach g4—g3 auf.

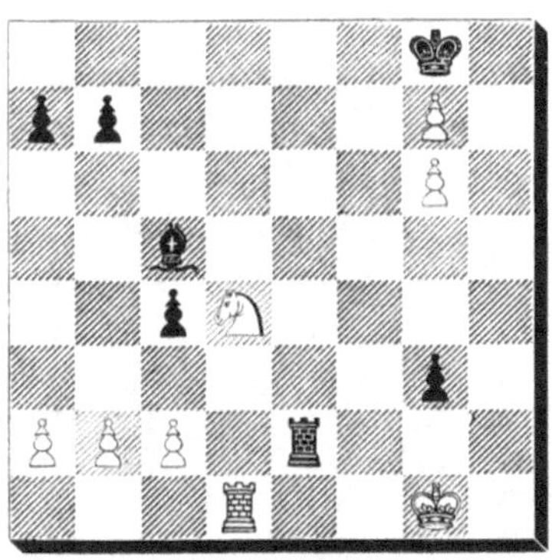

21.

Wien, Sommer 1877.

Läufergambit.

Schw.: Prof. Dr. Fr. Brentano.

1. e2—e4 e7—e5
2. f2—f4 e5×f4
3. Lf1—c4 g7—g5

Schw. wählte eine schwierige Verteidigung.

4. h2—h4 d7—d5
5. Lc4×d5 g5—g4
6. d2—d4 c7—c6
7. Ld5—c4 Sg8—f6
8. Sb1—c3 Dd8—e7
9. e4—e5 Sf6—h5
10. Sg1—e2 f4—f3
11. g2×f3 g4×f3
12. Se2—f4 Lc8—g4
13. Ke1—f2 Sb8—d7
14. Sc3—e4 De7—b4

15. Lc4×f7† ....

„Ein vollkommen korrektes Opfer, welches das schwarze Spiel nicht nur völlig in Verwirrung bringt, sondern auch den baldigen Rückgewinn der Figur im Gefolge hat.“ Dr. Oscar Gelbfuß in der Sportzeitung.

15. .... Ke8×f7
16. e5—e6† Lg4×e6
17. Se4—g5† Kf7—e7
18. c2—c3 Db4—b5
19. Sf4×h5 Lf8—h6
20. Th1—e1 Lh6×g5
21. Lc1×g5† Ke7—f7
22. Dd1×f3† ....

„Die w. D kommt spät ins Spiel, aber sie bringt Tod.“ Dr. Oscar Gelbfuß.

22.	....	Db5—f5
23.	Df3×f5‡	Le6×f5
24.	Te1—e7†	Kf7—f8
25.	Sh5—g7	Lf5—g4
26.	Kf2—g3	h7—h6
27.	Kg3×g4	h6×g5
28.	Te7—d7:	Th8—h4‡
29.	Kg4×g5:	Th4—e4
30.	Ta1—h1!	Kf8—g8
31.	Sg7—h5	Aufgegeben.

22.

Graz, Januar 1878.

Sizilianische Eröffnung.

Schw.: Dr. V. Hilber.

1.	e2—e4	c7—c5
2.	Sg1—f3	e7—e6
3.	Sb1—c3	Sb8—c6
4.	d2—d4	c5×d4
5.	Sf3×d4	d7—d5
6.	e4×d5	e6×d5
7.	Lf1—e2	Sg8—f6
8.	Lc1—f4	Lf8—d6
9.	Lf4—g5	Ld6—e7
10.	0—0	0—0
11.	Le2—f3	Lc8—e6
12.	Tf1—e1	Dd8—d7
13.	Dd1—d2	Ta8—d8
14.	Ta1—d1	Tf8—e8

Nach 14. ...., Sd4: 15. Dd4:, b6 (oder a6) würde wohl der Punkt d5 schließlich unhaltbar geworden sein.

(Siehe Diagramm.)

15.	Sd4×e6	f7×e6

Es war nun eine Schwäche des schw. Spiels vorhanden, auf welche W. seinen Angriff richten konnte. Vgl. die Partie 18. Der nächste Verteidigungszug von Schw. rechnete nicht mit 18. Lh5. Richtig war nur Lf8.

16.	Dd2—e2	Le7—c5
17.	Lg5×f6	g7×f6
18.	Lf3—h5	Te8—e7

19.	Sc3—e4	Lc5—d4
20.	Td1×d4!	Sc6×d4
21.	Se4×f6†	Kg8—h8
22.	De2—e5	Dd7—a4

Sc6, Sd7‡ war auch keine Rettung.

23.	Sf6—e8†	Kh8—g8
24.	De5—g5†	Kg8—f8
25.	Dg5—f6†	Aufgegeben.

23, 24 Korrespondenzpartien August 1877 bis Februar 1878.

23.

Vierspringerspiel.

W.: F. Riemann (Breslau).

1.	e2—e4	e7—e5
2.	Sb1—c3	Sb8—c6
3.	Sg1—f3	Sg8—f6
4.	Lf1—b5	Lf8—b4
5.	0—0	0—0
6.	d2—d3	d7—d6
7.	Lc1—g5	Lb4×c3
8.	b2×c3	Lc8—d7

Man beachte, daß diese Partie an der Schwelle der Vierspringerspielära ausgetragen wurde.

9.	Lb5×c6	Ld7×c6
10.	Dd1—d2	h7—h6
11.	Lg5—h4	Dd8—e7
12.	g2—g3	....

W. versuchte eine interessante Opferkombination, gegen welche die sorgfältigste Verteidigung aufgeboten werden mußte.

12. .... Lc6—d7!
13. Sf3—e1 g7—g5
14. Lh4×g5 h6×g5
15. Dd2×g5† Kg8—h7
16. Dg5—h4† Kh7—g6
17. f2—f4 e5×f4!
18. Se1—g2! Ta8—e8

Dies ist die einzige genügende Verteidigung. Eine ausführliche Analyse der wichtigsten Angriffs- und Verteidigungsmöglichkeiten brachte die D. Schachz. 1878, S. 169ff.

19. Sg2×f4† Kg6—g7
20. Dh4—g5† ....

Andere Fortsetzungen, wie Tf3 oder f2 scheinen ebenfalls W. nicht den Gewinn zu sichern. Auf Tf3(f2) mußte Schw. zunächst Kg7—g8 erwidern (Sh7, Sh5†, Kh8?, Sf6).

20. .... Kg7—h8
21. Dg5—h6† Sf6—h7
22. Sf4—d5 De7—g5
23. Dh6×g5 Sh7×g5
24. Sd5×c7 ....

W. hatte für die Figur drei Bauern gewonnen, vermochte aber die Bauern nicht zur Geltung zu bringen. Vermutlich hatte W. diese Position überschätzt und traf deshalb auch nicht immer die richtigsten Gegenzüge.

(Siehe Diagramm.)

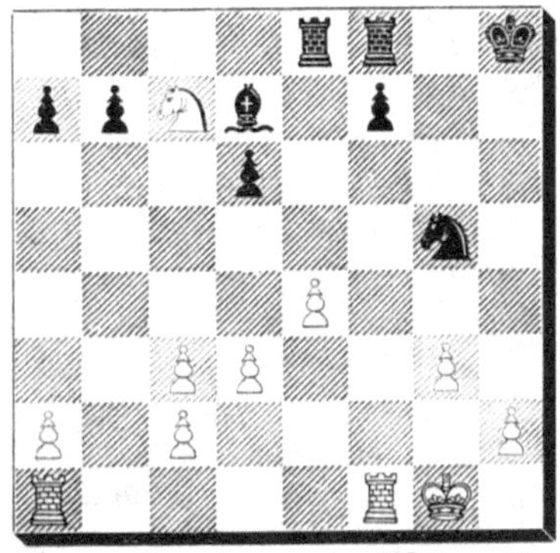

24. .... Te8—c8
25. Sc7—d5 Ld7—e6!
26. Ta1—b1 ....

Wenn Se7, so Tc3:, Sg6†, fg6, Tf8‡, Kg7, Tb8, Tc2:, Tb7‡, Kh6, Tf1!, Ta2: und ev. Lg4.

26. .... Le6×d5!
27. e4×d5 b7—b6
28. c3—c4 Kh8—g7
29. Tf1—f5 ....

Vorzuziehen war hier vielleicht h4, Sh7, a4 und Kg2.

29. .... f7—f6
30. Tb1—f1 b6—b5!
31. h2—h4 Sg5—h7
32. c4×b5 Tc8×c2
33. Tf1—f2 Tc2—c3
34. Tf2—d2 Kg7—g6
35. g3—g4 Tc3—a3
36. Tf5—f4 Tf8—b8
37. Tf4—b4 Sh7—f8
38. Td2—e2 Ta3×d3
39. Te2—e7 a7—a5!
40. Tb4—b2 Td3—g3†
41. Kg1—f2 Tg3×g4
42. a2—a3 Tg4×h4
43. Kf2—g3 Th4—d4
44. Te7—a7 Td4×d5
45. Ta7×a5 Sf8—e6
46. a3—a4 Tb8—h8
47. Tb2—g2 Kg6—g5

Aufgegeben; nach Kf3†, Kf5, Ta7, Sf4 gab es keine genügende Verteidigung mehr.

24.
Läufergambit.

Schw.: F. Riemann.

1. e2—e4 e7—e5
2. f2—f4 e5×f4

3.	Lf1—c4	d7—d5
4.	Lc4×d5	Dd8—h4†
5.	Ke1—f1	g7—g5
6.	Sg1—f3	Dh4—h5
7.	h2—h4	Lf8—g7
8.	Kf1—f2	g5—g4
9.	Sf3—g5	g4—g3†
10.	Kf2—e1	Dh5×d1†
11.	Ke1×d1	Sb8—c6

Um Sf7: mit Lg4†, Sd4 und f4—f3 zu beantworten.

12.	Ld5×c6†	b7×c6
13.	Sb1—c3	Sg8—f6!
14.	d2—d3	Sf6—h5

Die Zugreihe 6—10 hatte der Autor vorgeschlagen, um Klarheit darüber zu gewinnen, ob die schw. Bauern gehalten werden können. Diese Frage war nämlich damals noch ungelöst. Durch das Verteidigungssystem Sf6, Sh5, Lg4 wurde sie bejaht. (Die informierenden Eröffnungsvarianten sind in der D. Schachz. 1878, S. 144, zu finden.) W. beschränkte sich daher von hier ab auf das Sammeln der Kräfte und auf die Erwartung des Kommenden.

15.	Sg5—f3	Lc8—g4!
16.	Th1—f1	f7—f5
17.	e4—e5	0—0
18.	Sc3—e2	Tf8—e8!

W. mußte nun sein Spiel durch ein Bauernopfer zu befreien suchen.

(Siehe Diagramm.)

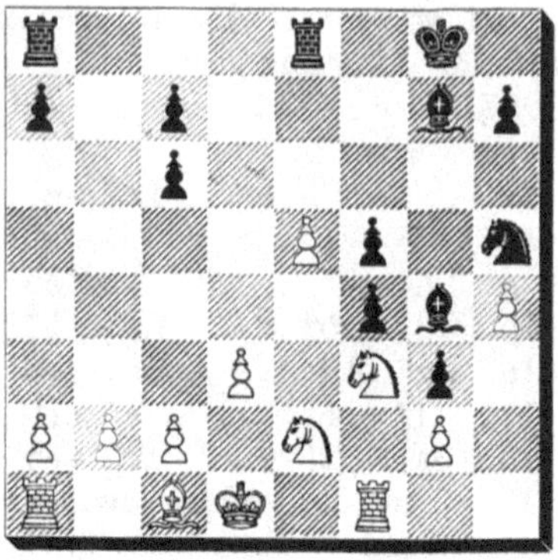

19.	Lc1×f4	Sh5×f4
20.	Se2×f4	Lg7×e5
21.	Sf4—e2	Le5×b2
22.	Ta1—b1	Lb2—e5!
23.	Kd1—d2!	Le5—d6
24.	Sf3—g1!	c6—c5
25.	Se2—f4	c5—c4!
26.	Sf4—d5	Kg8—f7
27.	d3—d4	Te8—e4
28.	Kd2—c3	Kf7—e6

Besser scheint c7—c5.

29.	Kc3×c4	Ld6—e5
30.	c2—c3	c7—c5
31.	Sg1—f3	....

Dieser Zug gewann nun die Bedeutung eines Rettungszuges.

31.	....	c5×d4

Wenn Lf3:, so gf3.

32.	Sf3—g5†	Ke6—d6
33.	Sg5—f7†!	Kd6—c6

Nun trat sogar eine Wendung zugunsten von W. ein. Schw. mußte den K wieder nach e6 ziehen.

34.	Sd5—b4†	Ke6—d7
35.	Kc4—d5	Le5—f6?
36.	Sb4—c6!	Ta8—c8
37.	Tb1—b7†	Tc8—c7
38.	Sc6—b8†	Kd7—c8
39.	Sf7—d6†	Kc8—d8
40.	Sb8—c6†	Kd8—d7
41.	Tb7×c7‡	Kd7×c7
42.	Tf1—b1	....

Schw. war verloren; es folgte noch 42. .... Te5† 43. Se5:, Le5: 44. Ke5:, d3 45. Tb2, Ld1 46. Td2, Lc2 47. Sf5:, Kb6 48. Sd4.

25.

Graz, November 1880.

Vorgabe von Bauer (f7) und Zug.

W.: Graf H. Czernin v. Chudenic.

1. e2—e4 d7—d6
2. d2—d4 Sg8—f6
3. Sb1—c3 g7—g6
4. Sg1—f3 Lf8—g7
5. Lf1—c4 Sf6×e4
6. Sc3×e4 d6—d5
7. Lc4—d3 d5×e4
8. Ld3×e4 0—0

Für Schw. kam auch Sb8—d7 in Betracht.

9. Dd1—d3 Sb8—c6
10. Lc1—e3 a7—a5

Schw. wollte von 0—0—0 abschrecken.

11. c2—c3 Dd8—d6
12. h2—h4 Lc8—g4
13. Sf3—g5 h7—h6!
14. Dd3—c4† e7—e6
15. Sg5—h3 Ta8—d8
16. f2—f3 ....

16. Lg6: ging nicht wegen Se5! 17. de5?, Dd1† und Td1‡.

16. .... Dd6—g3†

Schw. mußte etwas riskieren, da sich W. mit 0—0—0 gut zu entwickeln drohte.

17. Sh3—f2 ....

Der richtige Zug war Kf1. W. hatte aber die große Rochade im Sinne.

17. .... Lg4—f5
18. Le4×f5 g6×f5
19. 0—0—0 ....

Wenn 19. De6‡, Kh8 20. 0—0—0, so Tde8!; wenn 20. Kd2 (statt 0—0—0), so Tde8, Dd5, f4.

19. .... f5—f4
20. Dc4×e6‡ Kg8—h8

(Siehe Diagramm.)

21. Sf2—e4 Dg3×g2

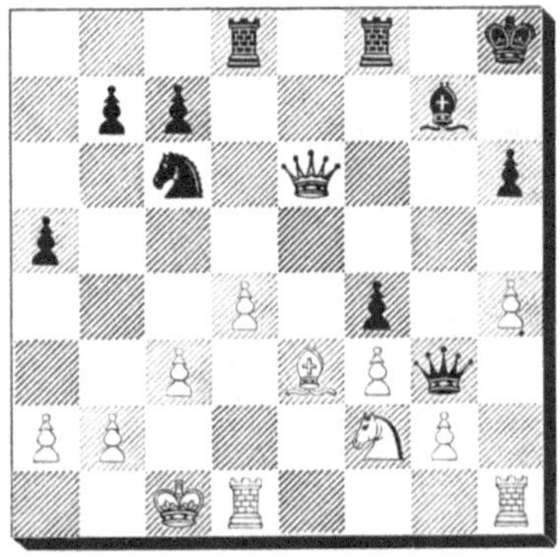

22. Td1—g1 ....

Wenn 22. Ld2, so ebenfalls Df3:, Sg5, Dd5.

22. .... Dg2×f3
23. Le3—d2 ....

Wenn 23. Th3, so Dh5 24. Ld2, Tde8.

23. .... Sc6—e5

23. .... Tde8 war wegen Dg6 weniger gut.

24. Se4—g5 ....

Oder de5, De4:, Tge1, Dg2 (Ted1, Td2:, Td2:, Dh1‡).

24. .... Df3—e2
25. De6—b3 ....

Besser war de5, Dd2‡, Kb1, Dd5. Schw. drohte Tde8, Db3, Sc4.

25. .... a5—a4
26. Db3—c2 ....

Nicht gut war Da4: wegen Sc4 usw., besser als Dc2 war aber Dd1.

26. .... Se5—d3†
27. Kc1—b1 h6×g5
28. h4×g5† Kh8—g8
29. Tg1—e1 ....

Eine hübsche Kombination; im Falle von Sd3×e1 geschah Dh7†, Df5†, Dc5 od. g6† u. Te1: usw. W. hält Remis.

29. .... De2—f3

Aufgegeben.

26.

Graz, Dezember 1880.

Vorgabe von Bauer und Zug.

W.: V. Protter.

1. e2—e4 d7—d6
2. f2—f4 e7—e6
3. Lf1—c4 Sg8—h6
4. Sg1—f3 d6—d5
5. e4×d5 e6×d5
6. Dd1—e2† Lf8—e7
7. Lc4—b3 0—0
8. d2—d4 ....

8. Ld5‡, Dd5: 9. De7:, Sc6 führte zu mächtiger Entwicklung von Schw. (Chess Monthly 1881, S. 279.)

8. .... Sb8—c6
9. 0—0 ....

(9. Sc3, Lb4.)

9. .... Kg8—h8
10. c2—c3 Dd8—d6
11. Lb3—c2 Lc8—g4
12. De2—d3 ....

W. wollte sich vom Druck des Lg4 befreien.

12. .... Lg4—f5
13. Dd3—e2 Ta8—e8
14. Lc2×f5 Sh6×f5
15. Sf3—e5 Sc6×e5
16. f4×e5 De6—g6
17. Sb1—a3 c7—c5
18. Lc1—e3 ....

Besser war Sa3—c2

18. .... Dg6—b6
19. d4×c5 Le7×c5
20. Le3×c5 Db6×c5†
21. Kg1—h1 d5—d4

Te6 mit der Drohung Sg3† ist von zweifelhaftem Wert wegen g4, Sh4, Tf8‡, Df8:, Tf1.

22. Ta1—c1 ? ....

Der richtige Zug war c3×d4.

22. .... Te8×e5
23. De2—c4 ....

c3×d4 durfte jetzt wegen Dc1:, de5, Sg3†, hg3, Tf1‡ nicht geschehen.

23. .... Dc5—e7
24. c3×d4 ? ....

24. .... Sf5—g3†
25. Kh1—g1 ....

25. hg3: hat ‡ in 3 Zügen zur Folge (Th5†, De3†).

25. .... Te5—f5
26. Tf1—e1 ....

Wenn 26. Tf5:, so De3† usw.; auf 26. hg3 entscheidet De3† (Kh1, Th5‡); auf 26. Dd3 folgt Tf1‡, Tf1:, De3†, De3:, Tf1‡.

26. .... Tf5—f1†
27. Dc4×f1 ....

Tf1:, De3† usw.

27. .... Tf8×f1†
28. Te1×f1 De7—e3†
29. Tf1—f2 De3×c1†
30. Tf2—f1 Dc1×f1‡.

Graf Humbert Czernin und Vincenz Protter waren starke, zähe Spieler, die oft schöne Klubturniererfolge erzielten. Protter war erster Preisträger im Hauptturnier des II. Grazer Schachkongresses 1880. In den Vorgabeturnieren der Grazer Schachgesellschaft in den achtziger Jahren d. v. J. mußte der Autor K. Koß und

Dr. Pfersché den Bf2, Graf Czernin, Dr. Posener und Protter Bauer f7 und den Zug vorgeben.

27.

Graz, Januar 1881.

Unregelmäßige Eröffnung.

Schw.: Adolf Albin.

1.	e2—e4	f7—f6
2.	d2—d4	e7—e6
3.	Lf1—d3	g7—g6

Meister Albin (der damals einige Tage in Graz weilte) wollte in dieser Partie offensichtlich „der Theorie aus dem Wege gehen“.

4.	Sg1—f3	Lf8—g7
5.	Lc1—e3	Sg8—e7
6.	Sb1—c3	0—0
7.	Dd1—d2	d7—d5
8.	h2—h4	d5×e4
9.	Ld3×e4	f6—f5
10.	Le4—d3	Sb8—d7
11.	0—0—0	Sd7—f6
12.	Ld3—c4	c7—c6
13.	Le3—g5	b7—b5
14.	Lc4—b3	b5—b4?

(Wenn 14. ...., a5, so 15. Lf6: und 16. a4.)

15.	Sc3—a4	....

Die Schwierigkeiten hatten sich für Schw. schon eingestellt. Auch abgesehen von b5—b4? waren auf e6 und in der h-Linie Schwächen des schw. Spieles entstanden.

(Siehe Diagramm.)

15.	....	a7—a5
16.	Lg5×f6	Tf8×f6
17.	h4—h5	Ta8—a7
18.	h5×g6	Tf6×g6
19.	g2—g3	Dd8—f8
20.	Kc1—b1	Lg7—h6
21.	Dd2—e1!	Lh6—g7
22.	Sa4—c5	Se7—d5
23.	Sf3—e5	Lg7×e5!
24.	De1×e5	Df8—g7!
25.	Td1—e1	Dg7×e5
26.	Te1×e5	Kg8—g7
27.	Th1—e1	Kg7—f7
28.	Kb1—c1!	Ta7—c7
29.	Kc1—d2	Tc7—e7
30.	c2—c4	Sd5—b6
31.	d4—d5	....

Nun konnte W. vorbrechen.

31.	....	Tg6—g4
32.	Kd2—d3!	c6×d5
33.	c4×d5	Kf7—f6
34.	d5—d6	Te7—a7
35.	Lb3×e6	Lc8×e6
36.	Te5×e6†	Kf6—f7
37.	d6—d7!	Sb6×d7
38.	Te6—e7†	....

Es geschah noch Kg6, Sd7:, Kg5, f4†, Kh6, Th1†, Kg6, Se5†, aufgegeben (Kf6, Sg4‡).

28.

Graz, April 1881.

Französische Eröffnung.

W.: A. Engerth und V. Protter.

1.	e2—e4	e7—e6
2.	d2—d4	d7—d5
3.	e4—e5	c7—c5
4.	c2—c3	Sb8—c6
5.	Sg1—f3	Dd8—b6

6. Lf1—d3 Lc8—d7
7. Ld3—c2 Ta8—c8
8. 0—0 Sg8—h6

Dieser Zug gewährte augenscheinlich die rascheste Entwicklung. Geschah 9. Lh6:, gh6 10. b3, so würde der Angriff cd4, cd4, Sb4, Sa3, Da5, Dc1, Sd3 usw. mindestens den Gewinn eines Bauern gesichert haben. Im 8. Zuge wäre cd4: verfrüht gewesen.

9. d4×c5 Lf8×c5
10. b2—b4 ....

Nun kam allerdings zuerst Lh6: in Betracht, worauf gh6, b4, Le7 oder f8 folgen konnte. W. blieb indessen in der Entwicklung gehemmt. Es durfte z. B. Dd3 nicht geschehen wegen Lb4:, cb4, Sb4: und Sc2:; auf Dd2 konnte d5—d4 erfolgen.

10. .... Lc5×f2†
11. Tf1×f2 Sh6—g4
12. Sf3—d4 ....

Wenn De2 oder e1, so Df2†, Df2:, Sf2:, Kf2: und Sc6×b4.

12. .... Sg4×f2
13. Kg1×f2 Sc6×e5

Besser als Sb4:, worauf W. mit 14. Le3! seine Entwicklung fördern konnte.

14. Dd1—h5 Se5—g6
15. Lc2×g6 f7×g6
16. Dh5—e5 0—0†
17. Kf2—g3 ....

Auf 17. Kg1 folgt Lb5, Sd2, Tc3:.

17. .... Tf8—f1

(Siehe Diagramm.)

18. Lc1—e3 Db6—d8

Der Damenzug geschah, damit W. an den Zügen Sd4—b3 oder c2 gehindert wird. Man vergleiche Sb3, Tf5, Dd4, Tc4 oder Dd6 (statt d4) Tc6.

19. Sd4—f3!

Auf 19. Dd6 konnte Schw. mit De8, Sb3, Tc6, De5, Tf5, Dd4, Tc4, Dd3, Db8† (Kh3, Th5†) entscheiden.

19. .... Dd8—f6
20. Le3—d4 ....

Bei Df6:, gf6:, La7:, Tc3:, Sc3:, Ta1: entschieden wohl die Mittelbauern von Schw. das Spiel.

20. .... Df6×e5†
21. Ld4×e5 ....

Auch auf Se5: folgt La4.

21. .... Ld7—a4!
22. Sf3—d4 Tc8—f8!

Schw. wollte den K auf g3 festhalten und auf Gewinn des Sb1 spielen.

23. Sd4—b3 ....

Auch Ld6, Tf7, Sb3 führt zur Textfortsetzung.

23. .... Tf8—f5
24. Le5—d6 La4×b3
25. a2×b3 h7—h5

Auch e6—e5 konnte geschehen.

26. Ta1×a7 ....

W. konnte die Partie nicht mehr retten; 26. b5, e5 oder Td1.

26. .... Tf1×b1
27. Ta7×b7 Tb1×b3

Aufgegeben; es drohte d5—d4 usw., oder auf Kh4 zunächst e6—e5 (Tc7, d4, cd4, Tf4†).

29.—31. Meisterturnier in Berlin 1881.
(Erfolg 50% Gewinne.)

29.

Spanische Partie.

Schw.: Dr. C. Schmid.

1. e2—e4 e7—e5
2. Sg1—f3 Sb8—c6
3. Lf1—b5 Sg8—f6
4. 0—0 Sf6×e4
5. d2—d4 a7—a6

Ob a7—a6 im 5. Zuge mit Vorteil angewendet werden könne, war damals Streitfrage unter den Theoretikern.

6. Lb5—d3 d7—d5
7. c2—c4 Lc8—g4
8. c4×d5 Dd8×d5
9. Tf1—e1 f7—f5
10. h2—h3 Lg4—h5
11. g2—g4 ....

Nun erfolgte die Sprengung der schw. Mittelstellung.

11. .... Lh5—g6
12. g4×f5 Lg6×f5
13. Ld3×e4 Lf5×e4
14. Sb1—c3 Le4×f3

Sonst ging die Figur glatt verloren.

15. Sc3×d5 Lf3×d1
16. Sd5×c7‡ Ke8—f7
17. Sc7×a8 Ld1—f3
18. d4×e5 Lf8—c5
19. Sa8—c7 Th8—c8
20. e5—e6† Kf7—f6
21. Lc1—f4 Lc5—b6
22. e6—e7 Sc6×e7
23. Te1—e6† Kf6—f5
24. Te6×b6 Kf5×f4
25. Sc7—e6† Kf4—e5
26. Ta1—e1† Ke5—d5
27. Tb6—b3 Lf3—e4
28. Tb3—e3 Aufgegeben.

Schw. verliert eine Figur.

30.

Zukertorts Eröffnung.

W.: E. Schallopp.

1. Sg1—f3 d7—d5
2. e2—e3 e7—e6
3. b2—b3 Sg8—f6
4. Lc1—b2 Lf8—e7
5. Lf1—e2 b7—b6
6. 0—0 0—0
7. d2—d3 Lc8—b7
8. Sb1—d2 Sb8—d7
9. Sf3—e1 c7—c5
10. f2—f4 Sf6—e8
11. Se1—f3 Le7—f6
12. Sf3—e5 Se8—d6
13. Sd2—f3 Lf6—e7
14. Dd1—e1 f7—f6
15. Se5×d7 Dd8×d7
16. Ta1—d1 Dd7—c7
17. c2—c4 Ta8—d8
18. De1—g3 Sd6—f5
19. Dg3—h3 Lb7—c8
20. Lb2—c1 e6—e5

W. war nun zu dem ungesunden Zug g2—g4 veranlaßt.

21. g2—g4 Sf5—h6
22. c4×d5 ....

Wie es scheint, fürchtete W. die Einengung des Spieles durch e5—e4 (nach f4—f5) mehr als Lg4 oder Sg4:.

22. .... e5×f4

23. e3—e4 Sh6×g4
24. Dh3—g2 Le7—d6
25. d3—d4 Td8—e8

Schw. vermied cd4:, Sd4:.

26. Sf3—e1 f4—f3
27. Le2×f3 Sg4×h2
28. Tf1—f2 Sh2×f3†
29. Dg2×f3 c5×d4
30. Tf2—g2 f6—f5
31. e4×f5 Tf8×f5
32. Df3—d3 Ld6—f4
33. Dd3×d4 ....

Nun konnte das w. Spiel mit wenigen Zügen demoliert werden.

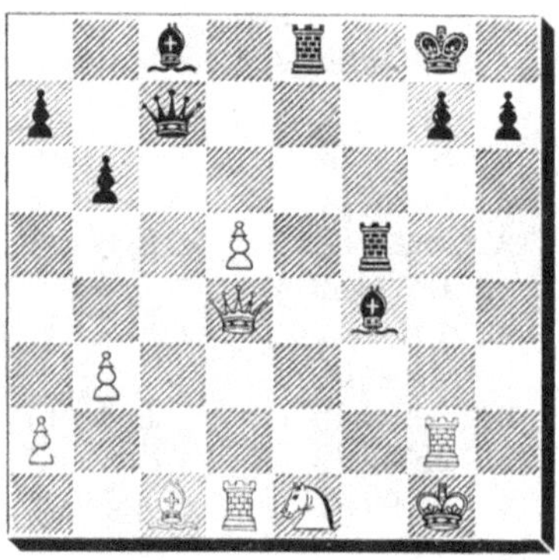

33. .... Lf4—h2†
34. Tg2×h2 Te8×e1†

Aufgegeben.

Es ergab sich 35. Te1: (Kg2, Te2†, Kh3, Th5‡), Dg3† 36. Kh1 (Tg2, De1‡, Kh2, Th5† usw.), De1‡ 37. Dg1 (Kg2, Df1†, Kg3, Df3† usw.), Tf1 auch De4†, Tg2, Th5† usw.

31.
Spanische Partie.

Schw.: F. Riemann.

1. e2—e4 e7—e5
2. Sg1—f3 Sb8—c6
3. Lf1—b5 f7—f5
4. Sb1—c3 Sg8—f6
5. d2—d3 Lf8—c5
6. 0—0 d7—d6
7. d3—d4 e5×d4
8. Sf3×d4 Lc5×d4
9. Dd1×d4 0—0
10. Lb5×c6 b7×c6
11. Lc1—g5 ....

W. ging von der Annahme aus, daß der Bc6 geschlagen werden dürfe, sobald die meisten kleinen Figuren abgetauscht sind. In diesem Sinne wäre h7—h6 ein verlorenes Tempo gewesen. Schw. wollte indessen die Fesselung beheben, denn sein Ziel war der Gegenangriff.

11. .... h7—h6
12. Lg5×f6 Dd8×f6
13. Dd4—c4† Lc8—e6
14. Dc4×c6 f5×e4
15. Dc6×e4 Ta8—e8
16. De4—d3 Df6—f7
17. b2—b3 Le6—f5
18. Dd3—d2 Df7—g6
19. Ta1—c1 Te8—e5
20. f2—f4 Te5—c5
21. Sc3—d5 Tf8—e8
22. c2—c4 Lf5—e4
23. Tc1—e1 c7—c6
24. Sd5—c3 Tc5—h5

(Ta5 od. f5?, Se4:.)

25. Tf1—f2 d6—d5
26. Tf2—e2 Th5—f5

27. Sc3×e4 d5×e4
28. Te2×e4 Te8—f8
29. Dd2—e3 c6—c5
30. g2—g3 Dg6—g4
31. De3—e2 Dg4—h3
32. Te4—e8 Kg8—h7
33. De2—d3 Kh7—h8

Die Gegenangriffe waren abgeschlagen; W. war Herr der Lage geworden.

34. Dd3—d7 Dh3—h5
35. Te1—e5 Aufgegeben.

32.

Graz, Mai 1882.

Evansgambit.

Schw.: K. Koß.

1. e2—e4 e7—e5
2. Sg1—f3 Sb8—c6
3. Lf1—c4 Lf8—c5
4. b2—b4 Lc5×b4
5. c2—c3 Lb4—c5
6. 0—0 d7—d6
7. d2—d4 e5×d4
8. c3×d4 Lc5—b6
9. d4—d5 Sc6—a5
10. Lc1—b2 Sg8—e7
11. Lc4—d3 0—0
12. Sb1—c3 Se7—g6
13. Sc3—e2 c7—c5
14. Dd1—d2 Ta8—b8
15. Se2—g3 f7—f6

Kaspar Koß, geb. 1825 in Krain, war seit etwa 1864 in den Grazer Schachzirkeln ohne Unterbrechung spielbereit. Als Nestor unter den Mitgliedern der Grazer Schachgesellschaft ist er noch heute ein gefährlicher Gegner. Seine theoretischen Kenntnisse erwarb er nur durch das Spiel mit dem jungen Nachwuchs und durch das Nachspielen von Partien in den Schachzeitungen. So war ihm das Evansgambit auch bekannt geworden. Vgl. die Glosse in Partie 15.

16. Kg1—h1 Lb6—c7
17. Sg3—f5 b7—b5
18. g2—g4 Dd8—e8
19. Tf1—e1 c5—c4
20. Ld3—c2 b5—b4
21. Lb2—d4 c4—c3
22. Dd2—d3 Lc8—d7
23. Ld4×a7 Tb8—a8
24. La7—e3 Ld7—b5
25. Dd3—d1 Sa5—c4
26. Sf3—d4 Sc4×e3
27. Te1×e3 ....

Der Gegenangriff auf dem Damenflügel war ohne Erfolg geblieben, das bedeutete in der Evansgambit-Normalpartie den nahenden Sieg von W. Eine bessere Verteidigung als Se5 war übrigens Ld7.

27. .... Sg6—e5
28. Sd4—e6 Tf8—f7
29. f2—f4 Se5—c4
30. Te3—h3 Lc7—b6
31. g4—g5 ....

Droht Th7:, Kh7:, Dh5† und g5—g6.

31. .... f6×g5
32. Dd1—h5 g7—g6

W. konnte nun das Mat erzwingen, wozu noch insbesondere f6×g5 beigeholfen hatte.

33. Dg6#, hg6 (Kh8, Th7#, Th7:, Df6†, Kg8, Sh6† und Dg7#) 34. Sh6†, K ~ 35. Sf7#, Kg8 36. Sh6†, K ~ 37. Sg4†, Kg8 38. Sf6†, Kf7 39. Th7†, Kf6: 40. e5†, de5 (Se5:) 41. fg5#.

---

33. u. 34. Meisterturnier in Nürnberg 1883.

(Erfolg 63,8% Gewinne, IV. Preis.)

33.

Spanische Partie.

W.: Max Weiß (Wien).

1.	e2—e4	e7—e5
2.	Sg1—f3	Sb8—c6
3.	Lf1—b5	Sg8—f6
4.	d2—d3	d7—d6
5.	Sb1—c3	Lc8—d7
6.	h2—h3	g7—g6
7.	Lc1—e3	Lf8—g7
8.	0—0	0—0
9.	Dd1—d2	Sf6—e8
10.	Le3—h6	....

Hierbei war die folgende Kombination v. Schw. nicht in Betracht gezogen worden.

10.	....	Sc6—d4
11.	Lb5×d7	....

Wenn 11. Sd4:, so ed4 12. Lg7: Sg7: 13. Ld7:, dc3.

11.	....	Sd4×f3†
12.	g2×f3	Dd8×d7
13.	Kg1—h2	f7—f5
14.	Lh6×g7	Se8×g7
15.	Sc3—e2	Tf8—f7
16.	f3—f4	Ta8—f8
17.	f2—f3	Sg7—h5

Schw. wollte den S nach f4 bringen und verzichtete auf den Gewinn des Bf4, welcher zu erzielen war, da der Anziehende nach ef4 den B nicht wiedernehmen konnte.

18.	f4×e5	d6×e5
19.	Dd2—e3	b7—b6
20.	De3—g1	Dd7—e7
21.	Se2—g3	Sh5—f4

Das Qualitätsopfer entschied die Partie.

22.	Sg3×f5	Tf7×f5
23.	e4×f5	Tf8×f5

24.	Tf1—e1	....

Auf 24. Dg4 folgte h5 und Tg5; auf 24. Tae1 oder Tf2 geschah Tg5 und De6, ev. Th5.

24.	....	Tf5—h5
25.	Dg1—g4	De7—c5!

(Tg5?, Df4:.)

26.	Te1—g1	Dc5×c2†
27.	Tg1—g2	Sf4×g2
28.	Dg4×g2	Dc2×d3
29.	Ta1—c1	c7—c5
30.	Tc1—c2	Th5—f5
31.	Tc2—c3	Dd3—d4
32.	Dg2—e2	Dd4—f4†
33.	Kh2—h1	Df4—g3
34.	De2—g2	Dg3×g2†
35.	Kh1×g2	Kg8—f7

Es geschah noch 36. Td3, Ke6 37. Td8, Tf7 38. Kf2, Td7 39. Te8†, Kd5 40. Ke3, b5 41. Tb8, a6 42. Tb6, Td6 43. Tb7, h5 44. f4, ef4# 45. Kf4:, Te6 46. Td7†, Kc6 47. Td2, c4 48. a3, Kc5 49. Kg5 a5 50. Td8, b4 und W. gab auf.

34.
Französische Eröffnung.

Schw.: J. Schwarz (Wien).

1. e2—e4 e7—e6
2. d2—d4 d7—d5
3. Sb1—c3 Sg8—f6
4. Lf1—d3 d5×e4

(c7—c5 ist besser.)

5. Sc3×e4 Sb8—c6
6. Sg1—f3 h7—h6

(Besser sogleich Le7.)

7. c2—c3 Lc8—d7
8. Dd1—e2 Sf6×e4
9. Ld3×e4 Lf8—e7
10. 0—0 0—0
11. Le4—c2 Le7—d6
12. Sf3—e5 f7—f5
13. f2—f4 Ld6×e5

Im 12. Zuge war dieses Schlagen besser als jetzt.

14. f4×e5 Sc6—e7
15. Lc2—b3 Kg8—h8
16. De2—f3 c7—c6

Auf 16. ...., Lc6 wurde der Angriff Dh3 sehr gefährlich; dagegen verdiente b6 den Vorzug, weil die Läuferlinie nicht verstellt worden wäre.

17. Df3—h3 Se7—g8
18. Lc1—e3 Dd8—e7
19. Ta1—d1 Tf8—f7
20. Dh3—h5 g7—g5

W. drohte g2—g4, ev. Dg6 usw. Aber g7—g5 gefährdete den Königsflügel auf andere Art.

21. Dh5—e2 Tf7—g7
22. Le3—f2 Ta8—f8

Der Nachziehende beobachtete die Vorbereitungen des Gegners entweder nicht oder unterschätzte sie. Hier kam b7—b5 in Betracht.

23. c3—c4 b7—b6
24. d4—d5 c6—c5
25. Lb3—c2 De7—e8
26. Lf2—e1 Sg8—e7
27. Le1—c3 ....

27. .... f5—f4
28. d5×e6 Ld7×e6
29. Td1—d6 Se7—f5
30. Lc2×f5 Tf8×f5
31. Tf1—d1 Kh8—h7

Auf Tf8 konnte 32. Te6:, De6: 33. Td6, De7 34. Th6† und 35. e6, oder 33. ...., Df5. 34. e6 folgen.

32. De2—e4 Tg7—f7

Der beste Zug; 33. Te6:, De6: 34. Td6, De7 35. e6 war nunmehr schlecht wegen Dd6: 36. f7:, Kg6.

33. Td6—d8 De8—a4

De7 rettete die Partie nicht mehr. Es folgte zunächst 34. Td1-d6, sodann Dd3, und hierauf würde das Qualitätsopfer auf e6 entscheidend geworden sein.

34. Td1—d6 Da4×c4
35. De4×c4 Le6×c4
36. e5—e6 Tf7—e7
37. Td8—d7 Tf5—f7
38. e6—f7: Aufgegeben.

---

35. u. 36. Meisterturnier in Hamburg 1885.

35.
Spanische Partie.

W.: I. Gunsberg.

1. e2—e4 e7—e5
2. Sg1—f3 Sb8—c6

3.	Lf1—b5	Sg8—f6
4.	d2—d4	Sf6 × e4
5.	Dd1—e2	Se4—d6
6.	Lb5 × c6	d7 × c6
7.	d4 × e5	Sd6—f5
8.	0—0	Sf5—d4
9.	Sf3 × d4	Dd8 × d4
10.	Sb1—c3	Lc8—g4
11.	De2—e3	Dd4 × e3

Schw. ist im Besitze der zwei Läufer verblieben.

12.	Lc1 × e3	Lf8—e7
13.	f2—f4	Lg4—f5
14.	Tf1—f2	0—0—0
15.	Sc3—a4	b7—b6
16.	Sa4—c3	Td8—d7
17.	a2—a4	Th8—d8
18.	a4—a5	Le7—b4
19.	a5 × b6	c7 × b6
20.	h2—h3	Lb4 × c3

Schw. verschaffte sich den ersten wichtigen Freibauern.

21.	b2 × c3	Kc8—b7
22.	Ta1—c1	Td7—d1†
23.	Tf2—f1	Td1 × f1†
24.	Kg1 × f1	a7—a5
25.	g2—g4	Lf5—e6
26.	f4—f5	Le6—d5
27.	Kf1—e2	g7—g6
28.	f5—f6	a5—a4
29.	Tc1—b1	b6—b5
30.	Le3—c5	Ld5—e6
31.	Tb1—d1	Le6—c4†
32.	Ke2—e1	Td8 × d1†
33.	Ke1 × d1	Kb7—c7

Der Führer der Weißen, der bekanntlich in Hamburg den ersten Preis gewann, hatte nach dem Damentausch verschiedene Versuche gemacht, die schw. Stellung zu lockern. Diese Versuche waren zu seinem Nachteil ausgefallen. Hierauf glaubte er sich auf die ungleichen Läufer verlassen zu können. Die Partiefortsetzung beweist, daß man unter Umständen auch bei ungleichen Läufern und bei gleich viel Bauern verlieren kann.

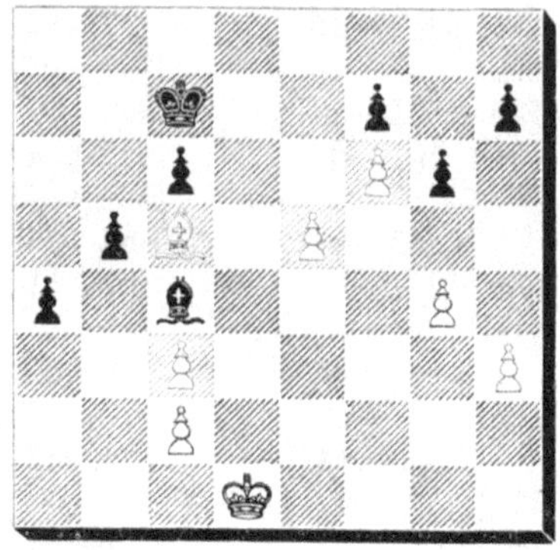

Wenn W. Ke1 zieht, um Lf1 zu hindern und den Be5 mit Ld6 zu schützen, so folgt Ke6, Kd5. Im Moment, wo der schw. K auf d5 steht, darf weder Kf2 noch Lc7 (b8) geschehen, wegen c5 und a3 oder sofort a3. Daher wird der schw. K entweder nach f3 oder nach d2 vordringen können. So erklärte sich die Zugfolge

34.	Kd1—d2	Kc7—d7
35.	Kd2—e3	Kd7—e6
36.	Ke3—f4	....

mit welcher W. die Scheindrohung Kg5 und Kh6 verband.

36.	....	Lc4—f1
37.	h3—h4	Lf1—e2
38.	g4—g5	....

Nun hatte sich W. den Zugang zum schw. Königsflügel versperrt und der Bc2 ging verloren.

38.	....	Le2—d1
39.	Kf4—e4	Ld1 × c2†
40.	Ke4—d4	Lc2—b3
41.	Lc5—a3	Lb3—d5
42.	La3—c1	Ke6—f5

Nun drohte Schw. die Bauern h4 und g5 gegen a4—a3 zu gewinnen. Daher gab W. den Be5 auf.

43. Kd4—c5 Kf5×e5
44. Kc5—b4 Ke5—e4
45. Lc1—d2 Ke4—f3
46. Ld2—e1 Ld5—c4

Endlich sollte durch Tempozüge erwirkt werden, daß der schw. K in dem Momente nach c2 gelangt, wo der Bc3 nur vom L gedeckt ist.

47. Le1—d2 Kf3—e4
48. Ld2—e1 Ke4—d3
49. Kb4—a3 ....

Denn L ~, Kc2, L ~, Kb2

49. .... Kd3—c2
50. Le1—g3 ....

(Kb4, Kb2.)

50. .... Kc2×c3

und Schw. gewinnt nicht mehr, „trotz der ungleichen Läufer", sondern weil er drei verbundene Freibauern besitzt. Es geschah noch Le5†, Kd3, Kb4, Ke4, Ld6, Kd5, aufgegeben (denn Le7, c5†, Lc5:, a3 usw.).

36.
Sizilianische Eröffnung.

Schw.: Dr. S. Tarrasch.

1. e2—e4 c7—c5
2. Sb1—c3 Sb8—c6
3. Sg1—f3 g7—g6
4. d2—d4 c5×d4
5. Sf3×d4 Lf8—g7
6. Lc1—e3 d7—d6
7. Lf1—c4 Sc6—e5
8. Lc4—b3 Sg8—f6
9. h2—h3 Lc8—d7
10. Dd1—e2 a7—a6
11. a2—a4 Dd8—a5
12. 0—0 Ta8—c8
13. f2—f4 Se5—c6
14. De2—f2 0—0
15. Ta1—d1 Da5—h5
16. Sd4—e2 Sc6—a5
17. Se2—g3? ....

Eine Zugumstellung, die W. offenbar um den Gewinn der Partie brachte. Man vergleiche (laut Diagramm): 17. e5, de5 18. Sg3, Dh4 19. fe5, oder 17. ...., Se8 18. ed6 (droht de7), ed6 oder Sd6: 19. Td5. Schw. hatte wohl keine bessere Verteidigung als 17. ...., Se8 18. ed6, e6. Vgl. „Dreihundert Schachpartien" von Dr. S. Tarrasch, 2. Aufl., S. 78.

17. .... Dh5—h4
18. e4—e5 Sf6—e8
19. Sg3—e4 Dh4×f2†
20. Tf1×f2 Sa5×b3
21. c2×b3 Ld7—e6
22. e5×d6 Se8×d6
23. Se4×d6 e7×d6
24. Sc3—d5 Tf8—e8
25. Le3—b6 Tc8—c6
26. a4—a5 Kg8—f8
27. b3—b4 Le6×d5
28. Td1×d5 Te8—e1†
29. Kg1—h2 Kf8—e8
30. Tf2—d2 Lg7—h6
31. g2—g3 Te1—e4
32. b4—b5 a6×b5
33. Td5×b5 Ke8—d7
34. Kh2—g2 Lh6—g7
35. Kg2—f3 Te4—c4
36. Lb6—e3 Kd7—c7
37. Td2—d3 Kc7—c8

38.	Td3—b3	Tc6—c7
39.	Le3—b6	Tc7—e7
40.	Lb6—e3	Te7—c7
41.	Tb3—d3	Tc7—c6
42.	Td3—b3	Remis.

37.—40. Meisterturnier in Frankfurt a. M. 1887.
(Erfolg 60% Gewinne, V. u. VI. Preis geteilt.)

37.
Spanische Partie.

Schw.: J. H. Zukertort.

1.	e2—e4	e7—e5
2.	Sg1—f3	Sb8—c6
3.	Lf1—b5	Sg8—f6
4.	d2—d3	d7—d6
5.	Sb1—c3	Lc8—d7
6.	h2—h3	g7—g6
7.	Lc1—e3	Lf8—g7
8.	Dd1—d2	h7—h6
9.	d3—d4	e5×d4
10.	Sf3×d4	Sc6×d4
11.	Lb5×d7†	Dd8×d7
12.	Le3×d4	0—0
13.	0—0	Tf8—e8
14.	Tf1—e1	Te8—e6
15.	Te1—e2	Ta8—e8
16.	Ta1—e1	Dd7—c6
17.	f2—f3	Sf6—h5
18.	Ld4×g7	Kg8×g7
19.	Kg1—h2	g6—g5?
20.	g2—g3	Kg7—h7
21.	Dd2—d3	Te6—e5

Schw. unterschätzte wohl den Angriff von W.

22.	Sc3—d5	f7—f5
23.	g3—g4	....

(Siehe Diagramm.)

23.	....	f5×e4

Hier mußte f5×g4 (hg4) und Sh5—f4 geschehen. Nach Sf4:, gf4, Kg2 ist übrigens das w. Spiel wohl immer noch vorzuziehen.

24.	Te2×e4!	Sh5—f4
25.	Te4×f4†	Kh7—g7
26.	Tf4—f6	Aufgegeben.

(Denn auf Te1: oder Dd5: setzt W. in 4 Zügen mat.)

38.
Spanische Partie.

W.: M. Harmonist.

1.	e2—e4	e7—e5
2.	Sg1—f3	Sb8—c6
3.	Lf1—b5	Sg8—f6
4.	d2—d3	d7—d6
5.	Sb1—c3	Lf8—e7
6.	0—0	0—0
7.	Lb5×c6	b7×c6
8.	d3—d4	e5×d4
9.	Sf3×d4	Lc8—d7
10.	f2—f4	Tf8—e8
11.	Lc1—e3	....

Infolge dieses Zuges geht ein Bauer verloren.

11.	....	c6—c5
12.	Sd4—b3	Le7—f8
13.	Sb3—d2	d6—d5
14.	Le3—f2	d5×e4
15.	Tf1—e1	Ld7—c6
16.	Dd1—e2	Lf8—d6
17.	De2—e3	Sf6—g4
18.	De3—g3	Sg4×f2

19.	Dg3×f2	f7—f5
20.	Ta1—d1	Dd8—e7
21.	Sd2—c4	Ta8—d8
22.	Sc4—e3	De7—f6
23.	Se3—d5	Lc6×d5
24.	Td1×d5	g7—g6
25.	g2—g4	c7—c6
26.	Td5—d2	Te8—f8
27.	g4—g5?	....

Besser war g4×f5.

27.	....	Df6×b2
28.	Se3—c4	Db2—b8
29.	Te1—d1	Ld6—c7
30.	Df2×c5	Lc7×f4
31.	Td2×d8	Tf8×d8
32.	Td1×d8†	Db8×d8
33.	Dc5×a7	Dd8—d1†
34.	Kg1—g2	Dd1×c2†
35.	Da7—f2	Dc2×c4

Schw. tauschte nicht, weil der a-Bauer seine Operationen noch längere Zeit stören konnte.

36.	Df2×f4	Dc4×a2†
37.	Kg2—h3	Da2—b3†
38.	Kh3—h4	Db3—b4
39.	Kh4—g3	c6—c5
40.	h2—h3	e4—e3

Denn De3:, f4†, Df4:, Df4‡, Kf4:, Kf7, Ke5, c4, Kd4, Ke6 gewinnt g5 und h3.

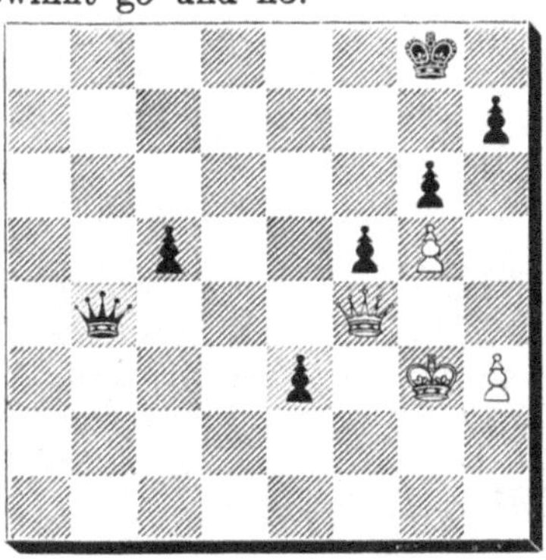

41.	Df4—e5	Db4—e1†
42.	Kg3—g2	De1—f2†
43.	Kg2—h1	Df2—f3†
44.	Kh1—g1	Df3—c6
45.	De5×e3	c5—c4
46.	De3—c3	f5—f4
47.	Kg1—f2	Dc6—e6
48.	Kf2—f1	f4—f3
49.	Kf1—f2	De6—e2†
50.	Kf2—g3	f3—f2

Aufgegeben.

39.
Sizilianische Partie.

Schw.: Dr. S. Tarrasch.

1.	e2—e4	c7—c5
2.	Sb1—c3	Sb8—c6
3.	Sg1—f3	g7—g6
4.	Lf1—c4	Lf8—g7
5.	0—0	d7—d6
6.	d2—d3	Sg8—f6
7.	h2—h3	0—0
8.	Lc1—e3	a7—a6
9.	a2—a4	Sc6—a5
10.	Lc4—a2	e7—e5
11.	Dd1—d2	Sa5—c6
12.	Le3—g5	Lc8—e6
13.	Sc3—d5	Le6×d5
14.	La2×d5	Sc6—b4
15.	Ld5—b3	Dd8—c7
16.	c2—c3	Sb4—c6
17.	Sf3—h2	Sf6—h5
18.	Lb3—d1	....

Das Kongreßbuch schreibt, daß W. mit g2—g4 nebst f2—f4 einen sehr starken Angriff erlangt hätte. Ein Gewinnachweis ist aber wohl nicht zu erbringen.

18.	....	Sh5—f6
19.	f2—f4	Sf6—e8
20.	f4—f5	f7—f6
21.	Lg5—e3	Sc6—e7
22.	Ld1—b3†	Kg8—h8
23.	f5×g6	Se7×g6
24.	Lb3—e6	Dc7—e7
25.	Le6—f5	Se8—c7

26. c3—c4 Tf8—f7
27. Dd2—e2 Ta8—g8
28. De2—h5 Lg7—f8
29. Sh2—g4 Sc7—e6

30. Lf5×e6 De7×e6
31. Tf1—f2 Sg6—e7
32. Ta1—f1 Tg8—g6
33. Le3—d2 Se7—g8

„Schw. verteidigt sich sehr vorsichtig" heißt es im Kongreßbuch.

34. Dh5—h4 Lf8—g7
35. Tf2—f5 Sg8—e7
36. Tf5—h5 Lg7—f8
37. Ld2—h6 Lf8×h6
38. Th5×h6 ....

Auch Sh6: wäre nach „Chess Monthly" nicht durchgedrungen; z. B. Sh6:, Tfg7, g4, Sg8, Sg8:, Kg8: oder Sf5 (statt g8:), Tf7.

38. .... Tg6×h6
39. Sg4×h6 Tf7—f8
40. Dh4—h5 Se7—g6
41. g2—g3 De6—d7
42. Sh6—g4 Dd7—e6
43. Sg4—e3 Sg6—e7
44. Dh5—h6 Tf8—f7
45. Kg1—h2 Se7—g6

Remis.

(h3—h4 und, nach Se7, g3—g4 war noch zu versuchen.)

40.
Französische Partie.

Schw.: Dr. J. Noa.

1. e2—e4 e7—e6
2. d2—d4 d7—d5
3. Sb1—c3 Lf8—b4

Der Partiefortsetzung zufolge ein verlorener Zug.

4. e4×d5 e6×d5
5. Lf1—d3 Sg8—f6
6. Sg1—e2 0—0
7. 0—0 Tf8—e8

Besser c7—c6.

8. Lc1—g5 c7—c6
9. Se2—g3 h7—h6
10. Lg5—f4 Lb4—d6
11. Dd1—d2 g7—g5

Schw. schien auf Lg5:, hg5, Dg5†, Kf8! gerechnet zu haben.

12. Lf4×d6 Dd8×d6
13. f2—f4 g5—g4
14. f4—f5 ....

Nun war das schw. Spiel lahmgelegt.

14. .... Kg8—h7
15. Ta1—e1 Te8—g8
16. Sc3—e2 Sb8—d7
17. Se2—f4 Tg8—g5
18. Te1—e2 b7—b6
19. Tf1—e1 Lc8—b7
20. c2—c3 Ta8—g8
21. Sf4—e6! ....

(Siehe Diagramm.)

21. .... Kh7—h8

Auf 21. ...., fe6 konnte 22. fe6†, Kh8 23. ed7, Tf8 24. Te6, Dd7: 25. Te7, Dc8 26. Te1—e5, Tfg8 27. Df4, oder 23. ...., Sd7: 24. Sf5, Df8 25. Te7 folgen.

22. Se6×g5 Tg8×g5
23. Dd2—e3 Dd6—f8
24. De3—f4 Df8—g7

25. Te2—e8†! Kh8—h7
26. Te8—d8 Aufgegeben

(denn es drohte Td7: und wenn Sf8, so Te1—e8 oder Dd6). Diese Partie kommt im „Buch der Schachmeisterpartien" von Dufresne, 1. Auflage, irrtümlich als von Max Weiß (W.) u. A. Schwarz gespielt vor.

41.

Graz, November 1887.

Abgelehntes Damengambit.

Schw.: I. v. Popiel.

1. d2—d4 d7—d5
2. c2—c4 e7—e6
3. Sb1—c3 Sg8—f6
4. Lc1—g5 Lf8—e7
5. e2—e3 Sb8—d7
6. Sg1—f3 b7—b6
7. Ta1—c1 Lc8—b7
8. c4×d5 e6×d5
9. Lf1—d3 0—0
10. 0—0 c7—c5
11. Ld3—b1 c5×d4
12. Sf3×d4 Sf6—e4?
13. Lg5×e7 Dd8×e7
14. Sd4—f5 De7—e6

15. Sc3×d5 Kg8—h8

Oder Tfe8(ae8), Sc7, Df5:, Se8:, Te8:, f3. (Ld5:, Dd5:.)

16. Dd1—d4 Sd7—f6
17. Sd5×f6 Se4×f6

W. konnte nun die Partie auf verschiedene Arten fortsetzen, z. B. auch mit Tfd1 (Tad8, Dd8:), er mußte aber (wegen der offenen Linien) stets auf Gegenangriffe gefaßt sein.

18. Tc1—c7 Ta8—d8
19. Dd4—h4 Lb7—a6
20. Tf1—e1! Td8—d7
21. Tc7×d7 De6×d7
22. Dh4—g3 ....

(Sg7:?, Dd2, f3, Tg8!.)

22. .... g7—g6
23. Sf5—d4 Sf6—h5
24. Dg3—e5† Sh5—g7

Schw. vermied f6, De6.

25. h2—h3 f7—f6
26. De5—g3 La6—b7
27. f2—f4 Tf8—e8
28. Dg3—f2 Sg7—h5
29. Lb1—c2 f6—f5
30. Lc2—b3 Te8—e4

Schw. zielte auf die „schwachen Punkte" e3 und f4.

31. Sd4—f3 Dd7—e7
32. Sf3—g5 Sh5×f4

33. Sg5×e4 Sf4—d3
34. Df2—d2 Sd3×e1

Die Kombination war falsch, Schw. hatte den folgenden Zug von W. nicht ins Kalkül gezogen.

35. Dd2—d4† Aufgegeben,

denn es folgt ‡ in zwei Zügen.

Ignaz v. Popiel war 1887 bis 1888 Mitglied der Grazer Schachgesellschaft; es kam zu 45 Partien mit dem Ergebnis 38, 3, 4. (Österr. Lesehalle 1888.)

42.

Graz, Sommer 1889.

Abgelehntes Evansgambit.

W.: Ing. F. Drobny.

1. e2—e4 e7—e5
2. Sg1—f3 Sb8—c6
3. Lf1—c4 Lf8—c5
4. b2—b4 Lc5—b6
5. b4—b5 Sc6—a5
6. Sf3×e5 Sg8—h6
7. d2—d4 d7—d6
8. Lc1×h6 d6×e5
9. Lh6×g7 Th8—g8

Der Autor erprobte die Neuerung Th8—g8 (an Stelle von Dd8×d4) in einigen Partien mit Ing. (nun Professor und Oberbaurat) Drobny (der damals kurze Zeit in Graz war) und auch im Korrespondenzturnier des „Monde Illustré“ (Partie 56).

(Siehe Diagramm.)

10. Lc4×f7† Ke8×f7
11. Lg7×e5 Dd8—g5

(Tg8 und Dg5 zusammen stellen den Grundgedanken im Verteidigungssystem dar.)

12. Sb1—d2 ....

12. 0—0 kommt in der Korrespondenzpartie gegen Murat vor. 12. g3 hat Lg4, f3 (Dd2, Lf3), De3†, De2, Dc1† zur Folge.

12. .... Dg5×g2
13. Dd1—f3† ....

Besser ist 13. Dh5†; vgl. die folgende Partie.

13. .... Dg2×f3
14. Sd2×f3 Sa5—c4
15. Le5—g3 Lc8—g4
16. Sf3—d2 Lb6—a5
17. Lg3—f4 Lg4—f3
18. Th1—f1 Ta8—d8

Es war ein Matnetz entstanden; W. durfte z. B. d4—d5 nicht ziehen wegen Td5:, ed5, Te8†, Le3, Ld2‡ (Problemmat).

19. c2—c3 La5×c3
20. Ta1—c1 Lc3×d2†
21. Lf4×d2 Td8×d4

Aufgegeben.

43.

Graz, Sommer 1889.

W.: Ing. F. Drobny.

Die ersten 12 Züge stimmen mit Partie 42 überein.

13. Dd1—h5† Dg2—g6
14. Dh5—h4 c7—c6

15. 0—0—0 Lb6—d8
16. Dh4—f4† Kf7—e8
17. Le5—d6 Ld8—g5
18. Df4—e5† Dg6—e6
19. f2—f4 De6×e5
20. Ld6×e5 Lg5—e7
21. Th1—g1 ....

Bei 21. bc6, bc6 stützt sich der Gegenangriff auf die zwei Läufer (Tg1, Le6, Tg8‡, Lg8:, Kb2, Sc4†).

21. .... Lc8—e6
22. Tg1×g8† Le6×g8
23. Kc1—b2 Ta8—c8

Das Bestreben von Schw. geht immer dahin, mit der Figurenübermacht den w. K anzugreifen, damit die w. Bauern nicht zur Geltung kommen können (bc6:, Tc6:).

24. Td1—g1 Ke8—f8
25. f4—f5 c6×b5
26. d4—d5 Sa5—c4†
27. Sd2×c4 Tc8×c4
28. d5—d6 Le7—d8
29. Le5—g7† Kf8—e8
30. Lg7—c3 ....

Der L steht auf c3 auch nicht gut.

30. .... Lg8—f7
31. Tg1—e1 ....

Zu erwarten war nun wohl 31. e5, Tf4 32. e6, Tf5: 33. ef7‡, Tf7:. Mehr konnte W. nicht erreichen.

(Siehe Diagramm.)

31. .... Tc4×c3!
32. d6—d7† Ke8—e7!
33. f5—f6† Ke7×d7
34. Te1—d1† Kd7—c6
35. Kb2×c3 Ld8×f6†
36. Kc3—d2 ....

Mit Kb4, Lb2 würde ein Matnetz entstehen.

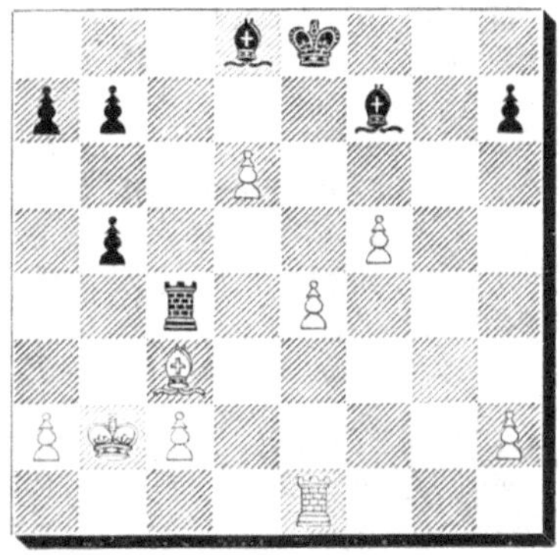

36. .... Lf7×a2
Aufgegeben.

44.—47. Meisterturnier in Breslau 1889.

(Erfolg 50% Gewinne.)

44.

Wiener Partie, bzw. Mittelgambit.

W.: L. Paulsen.

1. e2—e4 e7—e5
2. Sb1—c3 Sg8—f6
3. d2—d4 e5×d4
4. Dd1×d4 Sb8—c6
5. Dd4—d3 ....

War eine Neuerung. Schw. hatte das Gefühl, er müsse dagegen auch etwas erfinden, sonst müsse er der vorbereiteten Angriffsweise erliegen. Zunächst wurde noch abgewartet, ob f2—f4 kommt.

5. .... Lf8—e7
6. f2—f4 Sc6—b4
7. Dd3—e2 d7—d5
8. a2—a3 Lc8—g4
9. De2—d2 ....

W. fürchtete bei 9. Sf3 offenbar die Fortsetzung d5×e4.

9. .... d5—d4
10. a3×b4 Le7×b4
11. Dd2—d3 a7—a5

Dieser Zug stellte den L sicher, denn auf 0—0 wäre Dc4 möglich gewesen. Es störte den Angriff von Schw. in keiner Weise, daß die w. D nach e5 gelangen konnte.

12.	Dd3—b5†	c7—c6
13.	Db5—e5†	Ke8—f8
14.	Sg1—e2	Lg4×e2
15.	Lf1×e2	Dd8—b6

16.	Lc1—d2	....

Im Kongreßbuch wird angegeben, daß W. als letzte Rettungsmöglichkeit die Rochade vollführen mußte. Es gab aber wohl keine Rettung mehr, denn 16. 0—0, dc3† 17. Kh1, Te8 18. Df5 (Dg5, Se4:, Dh4, Le7, De1, cb2), Se4: und es drohte Sf2†. Falls Lc4, so f6, Dh5, Te7.

16.	....	d4×c3
17.	b2×c3	Ta8—e8
18.	De5—f5	Sf6×e4
19.	c3×b4	....

Wenn Tf1, so Sc3:, Tf2, Se2:, Te2:, Ld2‡, Kd2:, Db4†.

19.	....	Db6—f2†
20.	Ke1—d1	Df2—d4

Aufgegeben, denn Ld3, Sf2†.

45.

Italienische Partie.

W.: J. Minckwitz.

1.	e2—e4	e7—e5
2.	Sg1—f3	Sb8—c6
3.	Lf1—c4	Lf8—c5
4.	d2—d3	d7—d6
5.	Lc1—e3	Lc5—b6
6.	Sb1—d2	Sg8—f6
7.	Sd2—f1	Sc6—e7
8.	Le3×b6	a7×b6
9.	Sf1—e3	Se7—g6
10.	c2—c3	c7—c6
11.	Lc4—b3	0—0
12.	Dd1—c2	....

Dieser und der nächste Zug von W. entsprachen nicht dem Geiste der Italienischen Partie. Besser war 0—0 und ed5 auf d5.

12.	....	d6—d5!
13.	c3—c4	d5—d4
14.	Se3—f1	Dd8—e7
15.	Sf1—g3	Sg6—f4
16.	Th1—g1	....

W. fürchtete den Angriff von Schw. gegen die kleine Rochade.

16.	....	De7—b4†
17.	Sf3—d2	....

Wenn Dd2, so Db3:.

17.	....	Lc8—e6
18.	a2—a3	Db4—a5
19.	Sg3—e2	....

Dieser Zug kostete einen wichtigen Bauern.

(Siehe Diagramm.)

19.	....	Sf6×e4
20.	Se2×f4	Se4×d2
21.	Dc2×d2	e5×f4
22.	Lb3—c2	Le6—g4
23.	f2—f3	Tf8—e8†
24.	Ke1—d1	Da5×d2†
25.	Kd1×d2	Lg4—f5
26.	g2—g4	....

Dies erleichterte dem Gegner das Endspiel wegen der Schwäche von f3.

26.	....	f4×g3
27.	h2×g3	Te8—e3

Die weiteren Züge waren: 28. Taf1, Tae8 29. Tf2, f6 30. Th1, h6 31. Th4, c5 32. Th5, Ld7 33. Ld1, Te8—e5 34. Te5:, fe5 35. a4, Lc6 36. b3, Kf7 37. Tf1, Kf6 38. Le2, g6 39. Ke1, h5 40. Kf2, Ld7 41. Ke1, Kg5 42. Kf2, Lf5 43. Td1, Kf6 44. Ke1, g5 45. Kd2, g4 46. fg4, Te2⫲! 47. Ke2:, Lg4⫲ 48. Kd2, Ld1: 49. Kd1:, e4 50. Ke2, ed3⫲. Aufgegeben.

46.
Königs-Fianchetto.

Schw.: C. v. Bardeleben.

1.	e2—e4	g7—g6
2.	d2—d4	Lf8—g7
3.	c2—c3	e7—e5
4.	d4×e5	Lg7×e5
5.	Sg1—f3	Le5—g7
6.	Lf1—c4	d7—d6
7.	0—0	Sb8—c6
8.	Lc1—e3	Sg8—f6
9.	Sb1—d2	h7—h6
10.	Tf1—e1	Dd8—e7
11.	Dd1—c2	g6—g5
12.	Lc4—b5	0—0
13.	Lb5×c6	b7×c6
14.	Sf3—d4	c6—c5
15.	Sd4—e2	Sf6—g4
16.	Se2—g3	Lg7—e5
17.	Sd2—f1	Kg8—h8
18.	f2—f3	Le5×g3
19.	h2×g3!	....

W. hatte nun die Aussicht, in der h-Linie zum Angriff zu gelangen; außerdem waren die Punkte f5 und h5 dem w. S zugänglich.

19.	....	Sg4—e5
20.	g3—g4	Lc8—e6
21.	b2—b3	f7—f6
22.	c3—c4	De7—f7
23.	Sf1—g3	a7—a5
24.	Le3—d2	a5—a4
25.	Ld2—c3	Se5—c6
26.	Kg1—f2	Sc6—e5
27.	Lc3×e5	f6×e5
28.	Sg3—f5	Le6×f5
29.	g4×f5	Df7—d7
30.	Te1—h1	Kh8—g7
31.	g2—g4	Dd7—c6

Dieser und der nächste Zug setzten Schw. einer Niederlage aus. W. benutzte die Abwesenheit der w. D vom Königsflügel und leitete einen gefährlichen Angriff ein.

32.	Kf2—g3	Dc6—a6
33.	Dc2—d2	Tf8—h8

Der Zug 32. ...., Da6 drohte ab3 nebst Da1:. Geschah jetzt ab3, so folgte Th6: und W. gewann in wenigen Zügen.

(Siehe Diagramm.)

34.	Th1×h6	Th8×h6
35.	Dd2×g5†	Kg7—h7
36.	f5—f6	Ta8—g8
37.	Dg5—f5†	Kh7—h8
38.	f6—f7	Tg8—f8
39.	g4—g5	d6—d5

Das einzige Verteidigungsmittel, das Schw. noch hatte.

40.	Df5×e5†	Kh8—h7
41.	g5×h6	Da6—g6†

42.	Kg3—f2	Tf8×f7
43.	De5×d5	c7—c6
44.	Dd5—d3	Dg6×h6

Mit 45. e5†, Kh8 46. Dd8†, Tf8 47. Th1 konnte nun W. gewinnen. Im Turnierfieber geschah aber 45. Tg1, worauf Schw. mit Dh4†, Kf1, Dh3†, Kf2, Dh4† usw. Remis halten konnte.

47.
Langes Angriff im Mittelgambit.

W.: E. Schallopp.

1.	e2—e4	e7—e5
2.	Sg1—f3	Sb8—c6
3.	d2—d4	e5×d4
4.	Lf1—c4	Sg8—f6
5.	0—0	Lf8—c5
6.	e4—e5	d7—d5
7.	e5×f6	d5×c4
8.	Tf1—e1†	Lc8—e6
9.	Sf3—g5	Dd8—d5
10.	Sb1—c3	Dd5—f5
11.	Sc3—e4	Lc5—b6
12.	Sg5×f7	....

W. versprach sich offenbar zu viel von diesem Angriff. Schw. hatte eine einfache, gute Antwort.

12.	....	0—0
13.	Sf7—g5	Ta8—e8
14.	f6×g7	Kg8×g7
15.	Sg5—h3	Sc6—e5
16.	Sh3—f4	Le6—f7
17.	Se4—g3	Df5—g4
18.	Dd1—d2	Kg7—h8
19.	Te1—e4	Dg4—d7
20.	Dd2—e1	Se5—g4
21.	Lc1—d2	Lf7—g6

Damit kam Schw. in Vorteil.

22.	Sf4×g6†	h7×g6
23.	h2—h3	Sg4×f2
24.	Te4—h4†	Kh8—g8
25.	De1—f1	....

Auf 25. Dc1 folgte c3 26. Lh6, d3.

25.	....	Sf2×h3†
26.	Kg1—h2	Tf8×f1
27.	Ta1×f1	Sh3—f2!

28.	Tf1×f2	c4—c3!
29.	Ld2—g5	d4—d3
30.	Tf2—f6	c3×b2
31.	Tf6×g6†	Dd7—g7
32.	Tg6×g7†	Kg8×g7
33.	Th3—h6	Te8—e5

W. spekulierte auf b1D, Sf5† und Remis durch ewiges Schach.

34.	Sg3—h5†	Kg7—f7
35.	Th6—f6†	Kf7—e8
36.	Sh5—g7†	Ke8—d7

Aufgegeben.

48.—75. II. Internationales Korrespondenzturnier der „Monde Illustré“ 1889—1892.
(Erfolg 45 Gewinnpartien, 3 Remis, 0 Verlustp., I. Preis.)

48.
Spanische Partie.

Schw.: P. Gaspary in Athen.

1.	e2—e4	e7—e5
2.	Sg1—f3	Sb8—c6
3.	Lf1—b5	Sg8—f6
4.	d2—d3	Sc6—e7

Die Mortimer-Verteidigung, welche kurze Zeit hindurch beliebt war.

5. Lb5—c4 ....

Nicht Se5:, wegen c6 und Da5†.

5.	....	c7—c6!
6.	Sb1—c3	Se7—g6
7.	Sf3—g5	d7—d5
8.	e4×d5	c6×d5

Schw. sollte sich mit h7—h6 verteidigen; vgl. Partien 68, 75.

9.	Sc3×d5	Sf6×d5
10.	Dd1—f3	Lc8—e6
11.	Sg5×e6	f7×e6
12.	Lc4—b5†	Ke8—e7
13.	Lc1—g5†	Sd5—f6
14.	Df3×b7†	Ke7—d6
15.	Lg5—d2	a7—a5

Wenn 15. ...., e4, so d4, e5, Dc6†, Ke7, Lb4† und Lc4†; wenn 15. ...., Sd7, so ‡ in 5 Zügen und wenn 15. ...., Sd5, so 16. c4.

16. c2—c4 Aufgegeben, denn es droht c5†. Wenn 16. ...., Tc8, so 0—0 mit der Drohung Da6†, Ke7, La5:; wenn 16. ...., e4, so d4, e5, d5.

49.
Evansgambit.

Schw.: Cav. G. Alessi in Catania.

1.	e2—e4	e7—e5
2.	Sg1—f3	Sb8—c6
3.	Lf1—c4	Lf8—c5
4.	b2—b4	Lc5×b4
5.	c2—c3	Lb4—a5
6.	d2—d4	e5×d4
7.	0—0	Sg8—f6

Diese Zugreihe hatte Schw. angeboten. Der Autor dachte sofort daran, daß in der Blindlingspartie von Morphy gegen Greenaway (Maróczy-Morphybuch, S. 287) ein Häkchen gefunden worden sein könnte. Möglicherweise hatte der Herr Gegner ausgeklügelt, daß das Qualitätsopfer von Morphy mit 17. Dd7 (statt Sd2:) 18. Se4:, de4 19. Le4, g6 (droht 0—0—0) widerlegt werden könne. Bei dieser Gelegenheit fiel dem Autor auf, daß 8. La3, d6 9. e5, d5 10. Lb5, Se4 11. Sd4: von Suhle, D. Schachz. 1859, S. 222, viel zu flüchtig analysiert worden war. Auf diese Fortsetzung konnte der Herr Gegner gewiß nicht gefaßt sein. Auf Grund dieser Wahrnehmungen waren die Züge 1—7 angenommen worden.

8.	Lc1—a3	d7—d6
9.	e4—e5	d6—d5
10.	Lc4—b5	Sf6—e4
11.	Sf3×d4	Lc8—d7

12. Lb5×c6 ....

Suhle erörterte nur Sd4—e2, der S nimmt aber gerade auf d4 eine dominierende Stellung ein.

12. .... b7×c6

(Lc6:?, Sc6:, bc6, Da4.)

13. f2—f3 Se4×c3

Bei Lc3:, Sc3:, Sc3:, Dc1 könnte sich die Wendung Sb5, Sc6:, Dh4, Dc5, Sa3:, g3, Dg5, f4 ergeben haben. 13. ...., Sg5 ließ 14. Sb3, Lb6† 15. Kh1, Se6 16. f4, g6 17. Sd2, aber auch 14. f4, Se4 15. Dh5 zu. Z. B. g6, Dh6, c5, Dg7, Tf8, Sd2 (denn Sd2:, Lc5:) Lc3:, Sd4—b3; die Drohung Se4: und Lc5: ist ohne Materialverlust nicht zu parieren.

14. Sb1×c3 La5×c3
15. Ta1—c1 Lc3—a5

Ld4:†, Dd4: schuf für Schw. sofort eine hoffnungslose Position. Es drohte e6 und Dg7:, auf Le6 wurde mit Tc6: usw. die c-Linie forciert, auf Dg5 konnte f4, Dg6, Dc5, Kd8, f5, Dh6 (Lf5:, De7†, Kc8, Ld6), De7†, Kc8, Tfe1 folgen.

16. f3—f4 La5—b6
17. Kg1—h1 Dd8—c8
18. f4—f5 c6—c5

Ld4:, Dd4:, Lf5:, Dc5, Dd7 oder e6, Tf5:.

19. e5—e6 ....

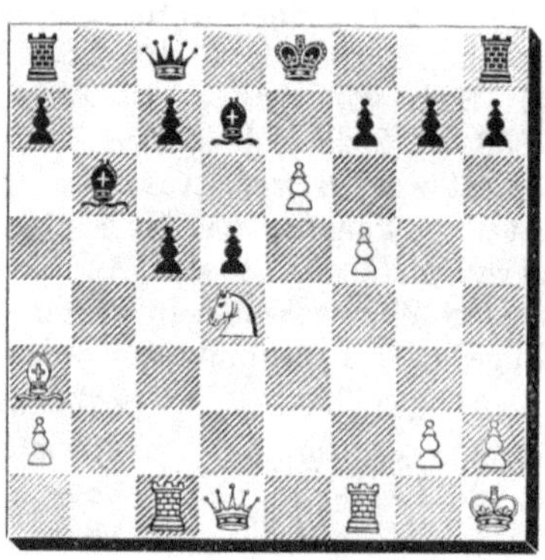

Schw. enthob hierauf W. durch 0—0?, ed7:, Dd7:, Lc5: aufgegeben, der Notwendigkeit, die Richtigkeit der Schlußkombinationen zu beweisen. Auf 19. ...., cd4 (fe6?, Dh5†, Kd8, Dg5†, Ke8, Dg7:) wäre gefolgt: 20. ef7‡, Kd8 21. f8D†, Tf8: 22. Lf8:, oder 20. ...., Kf7: 21. Dh5†, Kg8 22. f6, gf6: 23. Tf6:, bzw. 21. .... Kf6 22. Dh4†, Kf7 23. De7†, Kg8 24. f6, gf6: 25. Df6:.

50.
Spanische Partie.

Schw.: Dr. E. v. Engel in Maros-Vásárhely.

1. e2—e4 e7—e5
2. Sg1—f3 Sb8—c6
3. Lf1—b5 d7—d6
4. d2—d4 e5×d4
5. Sf3×d4 Lc8—d7
6. Sb1—c3 Sc6×d4
7. Lb5×d7† Dd8×d7
8. Dd1×d4 Sg8—e7
9. Sc3—d5 Se7—c6
10. Dd4—c3 0—0—0
11. 0—0 Td8—e8

Schw. begann einen vorzeitigen Gegenangriff und lockte insbesondere zu seinem Nachteil den w. T. nach d1, den w. L nach f4.

12. f2—f3 f7—f5
13. e4×f5 Dd7×f5
14. Tf1—d1 Te8—e5
15. Dc3—c4 Df5—d7

Nun fühlte sich Schw. durch das drohende b2—b4 beunruhigt.

16. Lc1—f4 Te5—e8
17. b2—b4 Sc6—e7?

Eine unglückliche Idee: der Sd5 sollte durch Abtausch beseitigt werden.

(Siehe Diagramm.)

18. Sd5—b6† a7×b6

19. Td1×d6 Aufgegeben.

Schw. mußte nun den Td6 schlagen, denn Df5, Td8† und Dc7‡; T und S gegen D und B ist aber in der vorliegenden Position kein genügendes Äquivalent. 19. ...., b5 hätte Td7:, bc4, Tc7‡, Kd8, Td1† oder Kb8, Te7‡ zur Folge gehabt.

51.
Spanische Partie.

Schw.: Fürst Nikolaus Urussow in Novgorod.

1. e2—e4 e7—e5
2. Sg1—f3 Sb8—c6
3. Lf1—b5 a7—a6
4. Lb5×c6 d7×c6
5. Sb1—c3 Lf8—c5
6. Sc3—e2 Dd8—e7
7. d2—d3 Sg8—f6
8. Se2—g3 Sf6—g4
9. 0—0 Lc8—e6
10. h2—h3 h7—h5

Es schien allerdings, daß der Sg4 nicht genommen werden dürfe. Eine genaue Analyse ergab aber, daß W. eine Reihe von Manövern zur Verfügung hatte, welche das Zusammenwirken von schw. D und T auf der h-Linie zu vereiteln vermochten.

11. h3×g4 h5×g4
12. Lc1—g5 f7—f6
13. Sf3×e5! f6×g5
14. Se5—g6 De7—f6
15. Sg6×h8 ....

Der eine T war unschädlich gemacht; nun mußte auch der zweite in seiner Wirkung beschränkt werden, denn es folgte die große Rochade.

15. .... 0—0—0
16. e4—e5! Df6—h6

De5:, Sg6, Df6, Se4, Dg6:, Sc5:, Dh6, De2, Ld7, De7 usw.

17. Sh8—f7! Le6×f7
18. Dd1×g4† Kc8—b8
19. Dg4—h3 Dh6—g6
20. Dh3—f5 Dg6—h6
21. Df5×f7 g7—g6

Schw. mußte noch Df7—h5 verhindern; nun kommt aber der Be5 zu Hilfe.

22. e5—e6 Aufgegeben, denn Th8, Tfe1, Tf8 (oder vorher Dh2†, Kf1), e7 usw.

52.
Evansgambit.

W.: Fürst N. Urussow.

1. e2—e4 e7—e5
2. Sg1—f3 Sb8—c6
3. Lf1—c4 Lf8—c5

4.	b2—b4	Lc5×b4
5.	c2—c3	Lb4—a5
6.	0—0	Sg8—f6
7.	d2—d4	0—0
8.	d4×e5	Sf6×e4
9.	Lc4—d5	Se4—c5
10.	Sf3—g5	Sc6×e5

Der Führer der Schwarzen hatte diese ganze Zugreihe angeboten.

Bei näherer Prüfung zeigte es sich, daß der Ld5 wegen c7—c6 vom Brett verschwindet und daß nach Sf7: der Zug De8 von nachhaltiger Verteidigungskraft ist. Der Autor nahm daher den Antrag an.

11.	f2—f4	c7—c6
12.	Dd1—h5	h7—h6
13.	f4×e5	c6×d5
14.	Sg5×f7	Dd8—e8
15.	Sf7×h6†	g7×h6
16.	Tf1×f8†	De8×f8
17.	Lc1×h6	Df8—f7
18.	Dh5—g4†	Kg8—h7
19.	Sb1—d2	Df7—g6

Schw. durfte den w. T nicht in das Spiel kommen lassen.

20. Lh6—g5 Kh7—g8

Droht Se6.

21.	Dg4—h4	Sc5—d3
22.	h2—h3	....

W. mußte Lb6† und Sf2† verhüten. Nun hatte sich aber Schw. die Möglichkeit der Entwicklung seines Damenflügels gesichert.

22.	....	La5—b6†
23.	Kg1—h2	Lb6—f2
24.	g2—g3	d7—d6
25.	e5×d6	Lc8—f5
26.	Lg5—e7	Kg8—g7

Der Angriff von W. war gebrochen; W. mußte mit einer Figur weniger in das Endspiel eintreten. Die drei Freibauern waren kein genügendes Äquivalent, weil Schw. mit seiner Übermacht noch einen Angriff auf den w. K unternehmen konnte.

27.	Dh4—g5	Dg6×g5
28.	Le7×g5	Kg7—g6
29.	h3—h4	Ta8—c8
30.	Ta1—b1?	Tc8×c3

Daraufhin konnte W. den Bb7 nicht schlagen wegen Lg3‡.

31.	Tb1—f1	Tc3—c2
32.	Kh2—g2	Lf2—c5
33.	g3—g4	Lf5—e4†
34.	Kg2—h3	Sd3—f2†

Denn Tf2:, Lf2:, d7, Lb6 gewinnt auch.

35. Kh3—g3 Tc2—c3†

Aufgegeben, denn Le3, Sh1†, Th1: oder Kh2, Ld6‡. Nach Beendigung der beiden Partien forderte Fürst Urussow den Autor zu drei neuen separaten Korrespondenzpartien heraus. Vgl. 76—78.

53.
Französische Eröffnung.

Schw.: Capitaine Duprey in Valbonne.

1.	e2—e4	e7—e6
2.	d2—d4	d7—d5
3.	Sb1—c3	Sg8—f6
4.	Lf1—d3	Lf8—b4
5.	e4×d5	e6×d5

6. Sg1—e2 0—0
7. 0—0 Sb8—c6
8. Lc1—g5 Lb4—e7
9. f2—f4 Lc8—g4
10. Dd1—e1 Tf8—e8
11. De1—g3 Lg4×e2
12. Sc3×e2 Sf6—e4
13. Ld3×e4 d5×e4
14. Ta1—d1 ....

Es war eine Position entstanden, die von Schw. nicht so leicht richtig beurteilt werden konnte. Darin lag eine kleine Chance für W. (Darf Schw. mit f5 den Be4 decken und b7 preisgeben? Kann Lg5, fg5: riskiert werden, da e4 isoliert wird und der S. eventuell nach h5 oder f5 gelangt?) Schw. fand in unerwarteter Weise den Weg zum — Verlust.

14. .... Sc6—b4
15. Lg5×e7 Dd8×e7
16. Dg3—b3 De7—d6

Damit nach c3 oder a3, Sc6, Db7: sofort Tab8 geschehen könne.

17. Se2—c3 c7—c6
18. Tf1—e1 Sb4—d5
19. Sc3×e4 Dd6×f4
20. g2—g3 Df4—c7
21. c2—c4 Sd5—b6
22. c4—c5 Sb6—d5
23. Se4—d6 Te8—b8

Es mußte Te1‡, Te1:, b6 (nicht Tb8 wegen Db7:) geschehen. W. behielt nur einen kleinen Positionsvorteil.

24. Te1—e2 g7—g6
25. Td1—e1 b7—b6
26. Te2—e7 b6×c5
27. Db3—f3 Aufgegeben.

54.

Mittelgambit gegen Läufergambit.

W.: Capt. Duprey.

1. e2—e4 e7—e5
2. f2—f4 e5×f4
3. Lf1—c4 d7—d5
4. Lc4×d5 Dd8—h4†
5. Ke1—f1 g7—g5
6. Sg1—f3 Dh4—h5
7. h2—h4 Lf8—g7
8. d2—d4 Sg8—e7
9. Sb1—c3 h7—h6
10. Kf1—g1 Dh5—g6
11. Sf3—e5 Lg7×e5
12. d4×e5 Dg6—g7
13. b2—b4 ....

Ein interessanter Angriff. W. wollte einen Bauernsturm organisieren und den L auf b2 als Stützpunkt benutzen.

13. .... c7—c6
14. Lc1—b2 ....

W. versuchte den Angriff festzuhalten. Auf Lb3 konnte Sd7 folgen.

14. .... c6×d5
15. Sc3×d5 Se7×d5
16. e4×d5 ....

Nun drohte Tb1 und e6. Schw. mußte dagegen etwas ersinnen.

16. .... g5×h4
17. Th1×h4 Th8—g8
18. Th4—h2 Lc8—f5
19. Dd1—e2 Sb8—d7
20. c2—c4 Dg7—g6

(Denn der Lb2 war nun gedeckt.)

21. e5—e6 f7×e6
22. Ta1—e1 0—0—0

Die Rochade sah gefährlich aus, aber W. fand keinen entscheidenden Angriff.

23. d5×e6 Sd7—f6
24. e6—e7 Td8—e8
25. De2—e5 Sf6—g4!
26. De5—c5† Kc8—b8
27. Lb2—e5† Sg4×e5
28. Dc5×e5† Kb8—a8
29. De5×f4 h6—h5
30. c4—c5 Dg6—g4
31. Df4—f2 Lf5—e4
32. Th2—h4 ....

Um Te7: zu vermeiden, ließ es W. nun doch auf den Damentausch ankommen.

32. .... Dg4×g2‡
33. Df2×g2 Le4×g2
34. Th4—d4 Lg2—c6†
35. Kg1—h2 Ka8—b8

Die weitere Folge war: 36. Td2, Tg7, 37. Tde2, h4 38. Kh3, Ld7† 39. Kh2, h3 40. a3, Lc6 und W. konnte, wie leicht ersichtlich, den Be7 nicht mehr behaupten. (Es drohte zunächst Tg2†.) Schw. gewann.

55.

Mittelgambit gegen Läufergambit.

W.: G. Humbert in St. Dié.

1. e2—e4 e7—e5
2. f2—f4 e5×f4
3. Lf1—c4 d7—d5
4. Lc4×d5 Dd8—h4†
5. Ke1—f1 g7—g5
6. Sg1—f3 Dh4—h5
7. h2—h4 Lf8—g7
8. d2—d4 Sg8—e7
9. Sb1—c3 h7—h6
10. Ld5—c4 ....

War von Salvioli und von Rosenthal empfohlen worden.

10. .... Lc8—g4
11. Sc3—b5 Sb8—a6
12. Kf1—f2 Dh5—g6
13. Lc4—d3 Dg6—b6!

Nun ging aber der Angriff auf Schw. über.

14. c2—c3 c7—c5
15. Dd1—a4 0—0—0

16. e4—e5 ....

Wenn Dc4, so Sc6, Df7:, Td7, Dg6, Lf3:, gf3:, cd4 usw.

16. .... Lg4×f3
17. g2×f3 Lg7×e5
18. Da4—c4 Le5—f6
19. b2—b4 Sa6×b4!

Rosenthal erklärte diese Opferkombination im „M. I.“ für falsch, weil auf 20. cb4, Td4: 21. bc5 folgen könne. Der Autor hätte aber statt 20. .... Td4: besser a7—a6 gespielt. Man vergleiche 20. cb4, a6 21. bc5:, ab5 22. Dc3, Da6, oder 22. Df7:, Ld4 ‡ 23. Kg2, Df6 usw.

20. Ld3—e4 a7—a6
21. a2—a4 ....

Wenn Sa3, so Td4:.

21. .... a6 × b5
22. a4 × b5 Td8 × d4!
23. c3 × d4 ....

Wenn Ta8†, so Kc7.

23. .... Lf6 × d4†
24. Kf2—g2 Ld4 × a1
25. Lc1—d2! La1—d4
26. Ld2 × b4 f7—f5
27. Th1—c1 Kc8—b8!

Aufgegeben. Der letzte Zug von W. war ein Versehen, aber auch 27. Ld3, gh4 28. Kf1, Kb8 29. Lc3, Td8 läßt Schw. in Vorteil.

56.
Abgelehntes Evansgambit.

W.: L. Murat in Narbonne.

1. e2—e4 e7—e5
2. Sg1—f3 Sb8—c6
3. Lf1—c4 Lf8—c5
4. b2—b4 Lc5—b6
5. b4—b5 Sc6—a5
6. Sf3 × e5 Sg8—h6
7. d2—d4 d7—d6
8. Lc1 × h6 d6 × e5
9. Lh6 × g7 Th8—g8

Vgl. die Partien 42 und 43.

10. Lc4 × f7† Ke8 × f7
11. Lg7 × e5 Dd8—g5!
12. Dd1—f3† Kf7—e8
13. 0—0 Sa5—c4

Bringt den schw. S mit Angriff ins Spiel; auf Lf6 würde Lg4 folgen.

14. Le5—f4 Lc8—g4
15. Df3—b3 ....

Auf 15. Lg5: konnte sich folgende hübsche Wendung ergeben: Lf3:, h4, Ld4:, c3, Lf6, gf3, h6, f4, hg5, fg5, Lg5:, hg5, Tg5 ‡, Kh2, Kf7.

15. .... Dg5 × f4
16. Db3 × c4 Ke8—d7!
17. Dc4—d5† Kd7—e7
18. Dd5—b3 ....

Denn es drohte sowohl Lf3 als Td8.

18. .... Lg4—f3
19. Db3—b4† Df4—d6

Auf Kd7 verteidigte sich W. mit g3 und Sd2.

20. Db4 × d6† c7 × d6
21. g2—g3 Lb6 × d4
22. c2—c3 Ld4—e5
23. Sb1—d2 Lf3—e2
24. Tf1—c1 Ta8—c8
25. Ta1—b1 Le5 × c3
26. Sd2—f1 Lc3—d4
27. a2—a4 Tc8 × c1
28. Tb1 × c1 Tg8—f8
29. Sf1—e3 Ld4 × e3
30. f2 × e3 Ke7—e6

Aufgegeben.

57.
Schottische Partie.

W.: Dr. E. v. Engel.

1. e2—e4 e7—e5
2. Sg1—f3 Sb8—c6
3. d2—d4 e5×d4
4. Sf3×d4 Sg8—f6
5. Sd4×c6 b7×c6
6. e4—e5 ....

Eine Partie dieser Art kam im Wettkampf Blackburne-Zukertort vor.

6. .... Dd8—e7
7. Dd1—e2 Sf6—d5
8. c2—c4 Lc8—a6

Damit hatte sich Schw. die große Rochade gesichert. Der folgende unvorsichtige Zug von W. veranlaßte Schw. zur unmittelbaren Aufnahme des Gegenangriffes.

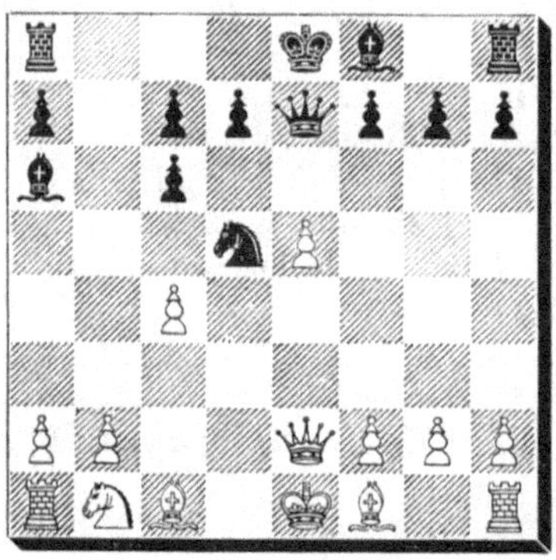

9. f2—f4 De7—b4†
10. Ke1—d1 ....

Notwendig, denn D oder Sd2, Sf4:.

10. .... Lf8—c5
11. h2—h4 ....

Um den Th1 ins Spiel zu bringen.

11. .... Sd5—b6
12. b2—b3 La6×c4
13. b3×c4 Lc5—d4
14. Sb1—a3 Ld4×a1
15. Sa3—c2 Db4—b1
16. Sc2—a3 Db1—g6
17. Sa3—c2 Sb6—a4
18. De2—f3 Sa4—c3 †
19. Kd1—d2 Sc3×a2
20. h4—h5 ....

Wenn f5, so Dh6†. Und wenn Sa1:, so Db1, Sb3, Tb8.

20. .... Dg6—f5
21. g2—g4 La1—c3†

Notwendig. Schw. tauschte noch den Bf4 ein. Kd1, De6, La3, Tb8 hatte Schw. nicht zu fürchten.

22. Df3×c3 Df5×f4†
23. Dc3—e3 Df4×e3†
24. Sc2×e3 Sa2×c1
25. Kd2×c1 0—0—0

Schw. mußte nun sehr vorsichtig operieren. Wenn es den w. Figuren gelungen wäre, den schw. K und die Türme in eine Verteidigungsstellung zu drängen, so wären die Gewinnchancen entschwunden. Z. B. 0—0, h6, f6, hg7:, Kg7:, Ld3 usw. oder g6, c5, Ke7, Lc4 drohend Tf1.

26. c4—c5 d7—d6
27. Lf1—a6† ....

Mit cd6, cd6, ed6, Td6:, Sf5, Td7, Sg7: gewann W. allerdings auch einen Bauern, aber dann konnte Schw. bereits beide Türme in das Spiel bringen.

27. .... Kc8—d7

Kb8?, Kc2, Ka8, Tb1, Tb8, cd6:.

28. c5×d6 c7×d6
29. e5×d6 Kd7×d6
30. Se3—f5† Kd6—e5
31. Sf5×g7 Ke5—f6
32. h5—h6 ....

W. wollte offenbar den Th8 von e8 fernhalten. Sf5, Te8, Tf1, Kg5, Sg7, Te5, Tf7:?, Tc5† usw.

32. .... Td8—d4

und Schw. gewann wie folgt: 33. Le2, Thd8 34. Sh5†, Kg6 35. Sg3, Td8-d5 36. Kb2, Tc5 37. Th3, Td2† 38. Kb3, Te5 39. Lf1, Te3† 40. Kc4, a5 41. Sf5, Tc2† 42. Kd4, Th3: 43. Lh3:, a4 44. Se3, Th2. Aufgegeben.

58.

Sizilianische Partie.

Schw.: M. Prosorow in Wilna

1. e2—e4 c7—c5
2. Sb1—c3 Sb8—c6
3. Sg1—f3 Sg8—f6
4. d2—d4 c5×d4
5. Sf3×d4 d7—d6
6. Lf1—e2 g7—g6
7. Lc1—e3 Lf8—g7
8. h2—h3 a7—a6
9. Dd1—d2 0—0
10. Ta1—d1 Lc8—d7
11. 0—0 Sc6×d4
12. Le3×d4 Ld7—c6
13. Dd2—e3 Sf6—d7
14. Ld4×g7 Kg8×g7

Diese Schwächung des Königsflügels rächte sich später, wozu allerdings der 17. Zug von Schw. entscheidend beitrug.

15. De3—g3 f7—f6
16. Le2—g4 Sd7—c5
17. Tf1—e1 a6—a5?

(Siehe Diagramm.)

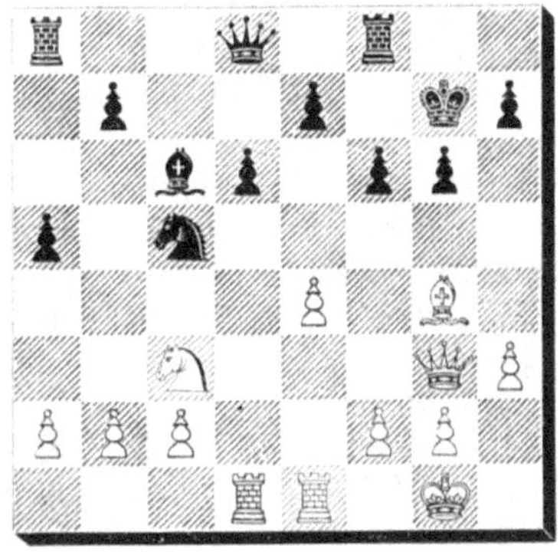

18. e4—e5 f6×e5

Auf d5 konnte W. den Angriff mit De3, b6, Dd4 fortsetzen. f5 hatte ed6, f4 oder fg4:, de7 zur Folge.

19. Te1×e5 Sc5—d7

de5?, De5‡ nebst Td8: und Dc5:.

20. Lg4×d7 Dd8×d7
21. Dg3—e3 Tf8—f7

Auf de5, De5‡ und Td7: hatte W. einen ausreichenden Angriff.

22. Te5—e6 b7—b5
23. Td1—e1 Ta8—a7
24. Sc3—e2 Kg7—f8
25. Se2—f4 Kf8—e8

Der K rannte in sein Verderben.

26. De3—d4 Ke8—d8
27. Dd4—h8† Dd7—e8

Wenn Kc7, so Dg8.

28. Te6×d6† Kd8—c7
29. Sf4—e6† Kc7—b7

Auf Kd6: folgt ‡ in 6 Zügen (Dd4†, Dc5† Da7‡ usw.).

30. Se6—d8† Kb7—a8
31. Td6×c6 Aufgegeben.

59.

Englisches Springerspiel.

W.: B. Tabounstschikow in Gatschina.

1. e2—e4 e7—e5
2. Sg1—f3 Sb8—c6
3. c2—c3 d7—d5
4. Dd1—a4 f7—f6
5. Lf1—b5 Sg8—e7
6. e4×d5 Dd8×d5
7. 0—0 Lc8—d7
8. d2—d4 e5—e4
9. Sf3—d2 f6—f5
10. Sb1—a3 Se7—c8

Die Partie war für beide Teile sehr schwierig geworden. Schw. suchte nach Möglichkeit seine Entwicklung zu fördern. W. begann nun aber einen vehementen Angriff, dem Schw. durch Gegenangriffe Herr zu werden suchte.

11. b2—b4 Sc8—b6
12. Da4—c2 a7—a5
13. Lb5—e2 a5 × b4
14. Sa3—b5 Ta8—c8

0—0—0 hätte W. eine sicherere Richtschnur geboten.

15. c3—c4 Sc6 × d4
16. Sb5 × d4 Dd5 × d4
17. Lc1—b2 Dd4—d6
18. Le2—h5† Ke8—d8

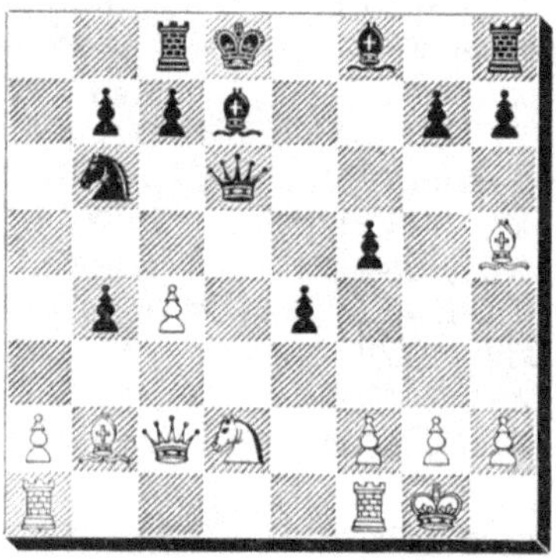

19. Sd2 × e4 f5 × e4

Das Opfer von W. war nicht korrekt.

20. Ta1—d1 Dd6—h6
21. g2—g4 ....

21. Lg4 war wegen Ld6 (droht ‡) schwach.

21. .... Lf8—c5
22. Dc2 × e4 Th8—f8
23. Lb2—c1 Dh6—f6
24. Lc1—e3 Df6—e7

Der Angriff war abgeschlagen. W. gab sich einer Täuschung hin, als er Dg8† und Dg7‡ in das Auge faßte.

25. De4 × h7 Lc5 × e3
26. f2 × e3 De7 × e3‡
27. Kg1—g2 Tf8 × f1
28. Dh7—g8† Kd8—e7
29. Dg8 × g7† Ke7—e6

Es zeigte sich nun, daß Tdf1: wegen Lc6† usw. nicht geschehen durfte.

30. Kg2 × f1 De3—f3†
31. Kf1—e1 Tc8—f8
32. Dg7—g6† Tf8—f6
33. Dg6—g8† Ke6—e7
34. Td1 × d7† Sb6 × d7
35. Dg8—e8† Ke7—d6
36. g4—g5 Df3—c3†

Aufgegeben.

60.
Spanische Partie.

Schw.: A. Basarow in Jalta (Krim).

1. e2—e4 e7—e5
2. Sg1—f3 Sb8—c6
3. Lf1—b5 a7—a6
4. Lb5—a4 b7—b5
5. La4—b3 Sg8—f6
6. 0—0 ....

Mit 6. Sg5 erreichte W. nichts, weil nach d5 7. ed5, Sd4 der Bd5 nicht zu halten war.

6. .... Lf8—e7
7. d2—d4 d7—d6

Wenn ed4, so 8. e5 und dann Sd4:.

8. c2—c3 0—0
9. Lc1—e3 Lc8—b7
10. Sb1—d2 Sc6—a5
11. Lb3—c2 e5 × d4

Dieser und der folgende Zug von Schw. legten den Keim zum Verluste.

12. Sf3 × d4 c7—c5
13. Sd4—f5 Dd8—d7
14. Dd1—f3 Sa5—c6
15. Df3—g3 ....

Rosenthal vertrat im „Monde Illustré“ die Ansicht, W. hätte schon hier Le3—h6 spielen sollen. Mit Rücksicht auf die mögliche Verteidigung Se5, Dg3, Sh5 wollte aber W. noch nicht Farbe bekennen und versuchte, vorher die D nach h3 zu bringen, was ihm auch gelang. Wenn 15. ...., Se8, so 16. Tad1 usw.

15.	....	Sf6—h5
16.	Dg3—h3	Sh5—f6
17.	Le3—h6	Sc6—e5

Nun würde Se8 den Zug Lg7: nicht gehindert haben, denn es drohte Sh6† mit Damengewinn.

18.	Lh6×g7	Tf8—d8
19.	Sd2—f3	Sf6—e8
20.	Sf3×e5	d6×e5
21.	Dh3—g3	....

Schw. war verloren; es geschah noch h5 22. Lf6†, Kh7 23. Le7:, Tdc8 24. Tad1 mit der Drohung Td6 und Schw. gab auf.

61.

Caro-Kann-Eröffnung.

Schw.: C. J. Lambert in Exeter.

1.	e2—e4	c7—c6
2.	d2—d4	d7—d5
3.	e4—e5	....

Schien das Beste zu sein. Weder mit Sc3, de4, Se4:, Sf6, Sf6†, noch mit Ld3, de4:, Le4:, Sf6, Lf3, e6 wird etwas erreicht.

3.	....	Lc8—f5
4.	Lf1—d3	Lf5×d3
5.	Dd1×d3	Sb8—a6
6.	Sg1—e2	Dd8—d7
7.	0—0	g7—g6
8.	c2—c3	Sa6—c7
9.	f2—f4	Sg8—h6

Schw. war beständig darauf bedacht, den Gegner hinsichtlich der Entwicklungsmethode im unklaren zu lassen.

10.	Sb1—d2	f7—f5
11.	e5×f6	e7×f6
12.	Se2—g3	Lf8—d6
13.	Sd2—f3	0—0—0
14.	b2—b4	Td8—e8
15.	a2—a4	Kc8—d8

Eine überlange Rochade!

16.	Lc1—d2	Te8—e7

Schw. glaubte wohl noch immer in seinem Element zu sein, aber schon hatte er den ersten Fehler begangen. Die Einklemmung des Ld6 gestattete W. einen Durchbruchsversuch.

17.	Sf3—e5	Dd7—e8

Wenn fe5, so allenfalls de5, Sf7, ed6, Dd6: Dd4, b6, a5, Sb5, Dg7.

18. c3—c4 d5×c4
19. Se5×c4 Te7—d7

Bei Sf7, was besser war, hätte W. mit Sa5 auf Lockerung der schw. Stellung hingewirkt.

20. Sc4×d6 Td7×d6
21. Sg3—e4 Td6—e6
22. Se4—c5 Kd8—c8?

Schw. wollte den Damenflügel intakt erhalten, was aber aussichtslos war.

23. Sc5×e6 De8×e6
24. b4—b5 Th8—d8
25. b5×c6 b7×c6
26. Ld2—a5 De6—d5
27. Ld5×c7 Kc8×c7
28. Tf1—d1 Td8—d7
29. Dd3—a6 Kc7—d8
30. Ta1—b1 Dd5—d6
31. Tb1—b7 Td7×b7
32. Da6×b7 Dd6—c7
33. d4—d5 ....

Der Todesstoß.

33. .... c6—c5

Auf Db7:, dc6†, Kc7, cb7 und Td7† entscheidet bald der w. h-Bauer.

34. Db7—a8† Aufgegeben, denn auf Kd7 entscheidet Df8 und Te1.

62.
Spanische Partie.

Schw.: G. A. Helbach in St. Petersburg.

1. e2—e4 e7—e5
2. Sg1—f3 Sb8—c6
3. Lf1—b5 d7—d6
4. d2—d4 e5×d4
5. Sf3×d4 Lc8—d7
6. Sb1—c3 Sg8—f6
7. 0—0 Sc6×d4
8. Lb5×d7† Dd8×d7
9. Dd1×d4 Lf8—e7
10. Tf1—d1 0—0
11. e4—e5 Sf6—e8
12. Lc1—f4 Dd7—f5
13. Sc3—d5 Le7—g5
14. e5×d6 c7×d6

Der schwache d-Bauer und die offenen Linien für die w. Türme beweisen, daß die Verteidigung von Schw. keine befriedigende war.

15. Td1—d3 Kg8—h8
16. Lf4×g5 Df5×g5
17. Ta1—e1 f7—f5
18. f2—f4 Dg5—d8
19. Te1—e7 b7—b6
20. Td3—g3 Tf8—g8
21. Te7—f7 Dd8—h4

Schw. war zur Erkenntnis gelangt, daß seine Partie unhaltbar stand. Er versuchte es mit Dh4 und Sf6, drohend Sg4. Se7, Sf6, Sg8:, Tg8:, Tf3 gewann selbstverständlich auch, aber die Textfortsetzung führte sofort ein gewonnenes Endspiel herbei.

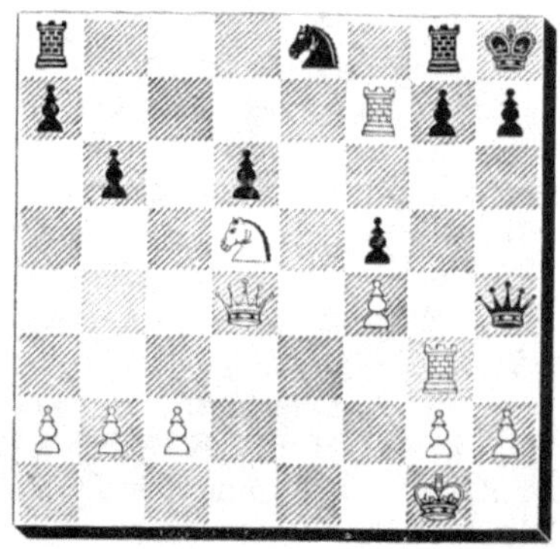

22. Sd5—c7 Se8—f6
23. Tf7×f6 Dh4×f6

Wenn gf6:, so Sa8:, Ta8:, Dd6:, Te8, Te3!.

24. Dd4×f6 g7×f6
25. Sc7×a8 Tg8×a8
26. Tg3—d3 Ta8—c8
27. c2—c3 Tc8—d8

28. Td3—d5 Kh8—g7
29. Td5×f5 Kg7—g6
30. g2—g4 d6—d5
31. Kg1—f2 Kg6—f7

Die Partie wurde nun mit 32. g5, Td6 33. Tf6†, Tf6: 34. gf6:, Kf6: 35. Ke3, Kf5 36. Kd4, Kf4: 37. Kd5: nebst c4, b4, c5 usw. von W. entschieden, aber auch 31. ...., d4 32. c4 (droht Td5) Tc8 33. b3, Tc5 34. Td5! hätte keine Rettung mehr gebracht.

63.
Schottische Partie.

W.: J. H. Bauer in Wien.

1. e2—e4 e7—e5
2. Sg1—f3 Sb8—c6
3. d2—d4 e5×d4
4. Sf3×d4 Sg8—f6
5. Sd4×c6 b7×c6
6. Lf1—d3 d7—d5
7. Dd1—e2 d5×e4
8. Ld3×e4 Sf6×e4
9. De2×e4† Dd8—e7
10. De4×e7† Lf8×e7
11. 0—0 ....

Diese Eröffnung kam im Wettkampf Blackburne-Zukertort vor. Der Wiener Meister mochte der Ansicht gewesen sein, daß sich W. doch besser stellen müsse als Schw., denn im Endspiel wären die isolierten Bauern ein Nachteil. Der Verlauf der Partie zeigte indessen, daß W. doch keine Chancen hatte. Schw. ging sofort zum Angriff über und verzichtete auf die Rochade.

11. .... Ta8—b8
12. Sb1—c3 Lc8—f5
13. Tf1—e1 Ke8—d7

Nicht Lc2: wegen Le3!.

14. Te1—e2 Le7—f6
15. Sc3—d1 Th8—d8
16. Lc1—e3 a7—a5
17. Ta1—c1 Kd7—c8

Nicht Lb2: wegen Td2†, Td8: und Tb1.

18. b2—b3 Lf6—e7
19. Sd1—c3 Le7—a3
20. Tc1—f1 La3—b4
21. Sc3—a4 Tb8—b5
22. Le3—c1 Tb5—d5
23. f2—f3 Td5—d1
24. c2—c3 Lb4—f8
25. Tf1—e1 f7—f6
26. Lc1—e3 Td1—d3
27. Kg1—f2 Lf8—a3
28. Le3—c1 La3—d6
29. g2—g3 h7—h5
30. Lc1—f4 Ld6—a3
31. h2—h4 Lf5—d7
32. Lf4—c1 La3—d6
33. Te2—d2 Td3—d5
34. c3—c4 Td5—f5
35. Te1—d1 Ld7—e6
36. Lc1—a3 ....

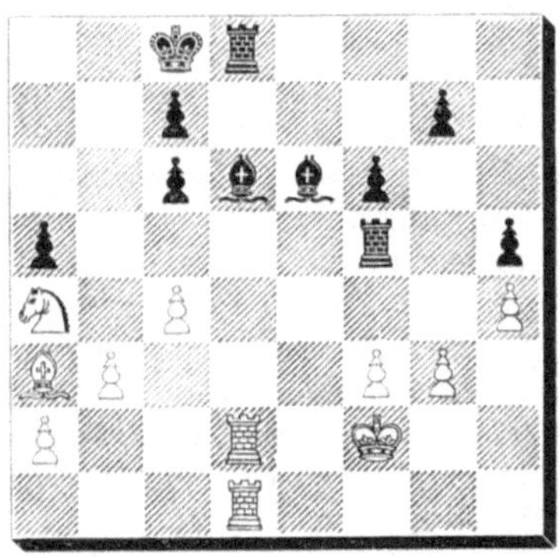

36. .... Tf5×f3†

Nicht W., sondern Schw. gewann nun einen Bauern. W. hatte aber schon eine Remiskombination erdacht.

37. Kf2×f3 Le6—g4†
38. Kf3—f2 Lg4×d1

39. La3—c1 Ld6—b4

Wenn Lg4, so c5, Le5 oder e7 Td8‡ und Ld2.

40. Td2×d8† Kc8×d8
41. c4—c5! Kd8—d7
42. a2—a3 Ld1×b3
43. a3×b4 Lb3×a4
44. b4×a5 La4—b5
45. Lc1—f4 Lb5—c4
46. Kf2—e3 g7—g6

Remis.

64.

Spanische Partie.

Schw.: J. H. Bauer.

1. e2—e4 e7—e5
2. Sg1—f3 Sb8—c6
3. Lf1—b5 d7—d6
4. d2—d4 Lc8—d7
5. Sb1—c3 Sg8—e7
6. Lc1—e3 Se7—g6
7. 0—0 Lf8—e7
8. Dd1—d2 0—0
9. Ta1—d1 Ld7—g4
10. Lb5—e2 Lg4×f3
11. Le2×f3 e5×d4
12. Le3×d4 Sc6×d4
13. Dd2×d4 Le7—f6
14. Dd4—b4 Lf6×c3
15. Db4×c3 ....

Schw. scheint auf S gegen L im Endspiel hingezielt zu haben. Der fernere Verlauf der Partie zeigt, daß aber das Mittelspiel preisgegeben wurde.

15. .... Ta8—b8

Wohl wegen Lb7: nach f5 u. ef5.

16. g2—g3 ....

W. wollte sich den L erhalten.

16. .... b7—b6
17. Tf1—e1 Sg6—e5
18. Lf3—g2 Dd8—c8

Wegen f4 und e5.

19. f2—f4 Se5—g6
20. Td1—d5 Tf8—e8
21. h2—h4 f7—f6
22. Kg1—h2 Sg6—f8
23. h4—h5 h7—h6
24. e4—e5 d6×e5
25. f4×e5 f6×e5
26. Td5×e5 Te8×e5
27. Te1×e5 ....

W. spielte längere Zeit mit einem T mehr; bevor der schw. Tb8 ins Spiel kam, mußte W. schon einen Vorteil errungen haben.

27. .... Dc8—d7
28. Dc3—e3 Kg8—h8
29. Te5—e7 Dd7—d6
30. De3—a3 Dd6—d8

Der Damentausch hätte den Damenflügel von Schw. preisgegeben.

31. Te7—f7 Sf8—d7
32. Da3—c3 Sd7—f6

Schw. verlor nun den ersten Bauern.

33. Dc3×c7 a7—a5
34. Lg2—f3 Dd8—d2†
35. Kh2—h3 Tb8—e8
36. Dc7—c6 Dd2—e3

37. Tf7×f6 ....

Nun war der deckende schw. S vom Brett verschwunden; W. gewann die geopferte Qualität zurück und verblieb im Besitz eines zweiten B.

37.	....	g7×f6
38.	Dc6×f6†	Kh8—h7
39.	Df6—g6†	Kh7—h8
40.	Lf3—d5	b6—b5
41.	Ld5—f7	Te8—f8

Denn es drohte ‡ in 4 Zügen durch Df6†, Lg6† usw.

42.	Dg6—f6†	Kh8—h7
43.	Lf7—g6†	Kh7—g8
44.	Lg6—h7†	Kg8×h7
45.	Df6×f8	De3—e6†
46.	g3—g4	De6—e3†
47.	Kh3—g2	De3—d2†
48.	Kg2—g3	b5—b4

(Dc2:? Df5†.)

49.	Df8—f7†	Kh7—h8
50.	Df7—f2	Dd2—c1
51.	b2—b3	Kh8—g7
52.	Df2—d4†	Kg7—h7
53.	Dd4—e4†	Kh7—g7
54.	Kg3—f3	Dc1—d2

Sonst wandert der w. K nach b5.

55. De4—d3 Aufgegeben, und zwar aus dem Grunde, weil nach 55. ...., Dd2—g5 das Bauernspiel entsteht, welches in der Studie 36 dargestellt ist.

65.

Spanische Partie.

Schw.: J. Weismann in Paris.

1.	e2—e4	e7—e5
2.	Sg1—f3	Sb8—c6
3.	Lf1—b5	Sg8—f6
4.	d2—d3	Lf8—c5
5.	0—0	d7—d6
6.	c2—c3	....

Später wurde die Fortsetzung Le3 in die Praxis eingeführt.

6.	....	0—0
7.	d3—d4	Lc5—b6
8.	Lb5×c6	b7×c6
9.	Dd1—c2	Dd8—e7
10.	Tf1—e1	e5×d4
11.	Sf3×d4	c6—c5
12.	Sd4—f3	Lc8—b7
13.	Lc1—g5	h7—h6
14.	Lg5×f6	De7×f6

Es war nun eine im Eröffnungsstadium der Spanischen Partie selten vorkommende Stellung entstanden. W. mußte mit 2 S gegen 2 L kämpfen und fortgesetzt den Punkt e4 verteidigen. Das Bestreben von W. war darauf gerichtet, die schw. L in ihrer Bewegungsfreiheit zu behindern und allfällig entstehende schwache Punkte durch die S anzugreifen.

15.	Sb1—d2	Tf8—e8
16.	c3—c4	Te8—e7
17.	Sd2—f1	Ta8—e8
18.	Sf3—d2	....

W. hatte Te3—f3—g3 im Auge.

18.	....	c7—c6
19.	Te1—e3	d6—d5
20.	Sf1—g3	d5—d4

Dieser Zug hatte nicht die nachhaltige Wirkung, welche wohl erwartet wurde.

21.	Te3—f3	Df6—e5
22.	Sg3—f5	Te7—e6

23.	Tf3—g3	Te6—g6
24.	Tg3×g6	f7×g6

Nun war der Be4 ein Freibauer geworden.

25.	Sf5—g3	Lb7—c8

Endlich kamen die schw. L aus ihrem Verstecke hervor.

26.	Sd2—f3	De5—f6
27.	Sf3—e1	Lb6—c7
28.	Ta1—d1	Lc8—d7
29.	f2—f3	h6—h5
30.	Se1—d3	h5—h4
31.	Sg3—f1	Df6—g5
32.	Dc2—d2	Dg5—e7

Nach Dd2:, Sd2: war sofort der doppelte Angriff auf den Punkt c5 hergestellt.

33.	h2—h3	Te8—f8
34.	Dd2—f2	g6—g5
35.	Df2—e2	Ld7—e6
36.	b2—b3	Lc7—d6
37.	Sf1—h2	a7—a5
38.	e4—e5	....

Dieser Zug konnte ohne Gefahr für W. geschehen, weil immer ein S zur Deckung des Punktes e5 zur Verfügung stand. Schw. vermutete aber offenbar einen Irrtum und rannte in sein Verderben.

38.	....	Le6—f5
39.	Td1—e1	Lf5×d3
40.	De2×d3	Ld6×e5?

Schw. rechnete auf Sg4, Lh2†, Kf1, Dc7; W. spielte aber

41.	f3—f4!	Tf8×f4!

(gf4 verliert die ganze Figur.)

42.	Sh2—f3	Tf4×f3
43.	Dd3×f3	De7—f6
44.	Df3—e4	Le5—f4
45.	De4—e8†	Kg8—h7
46.	De8—h5†	Df6—h6
47.	Dh5×h6 ‡	g7×h6
48.	Te1—e6	....

W. gewann das Endspiel, weil nach Ld2, Kf2, Lb4, Ke2, h5, Tc6:, Kg7, Kd3, Kh7, a4, Kg7, Tb6 entweder Tb4: oder Th6 durchgreift.

66.

Russisches Springerspiel.

W.: J. Weismann.

1.	e2—e4	e7—e5
2.	Sg1—f3	Sg8—f6

Es war kurz vorher der I. Band des „Chess Instructor“ von Steinitz erschienen und es war mit Sicherheit vorauszusehen, daß die vom Weltmeister angegebenen Züge in Anwendung kommen würden.

3.	d2—d4	e5×d4
4.	e4—e5	Sf6—e4
5.	Dd1—e2	Se4—c5
6.	Sf3×d4	Sb8—c6

Dieser Zug von Schw. steht nicht im „Chess Instructor“ und nun hätte W. etwas Neues zu ersinnen gehabt.

7.	c2—c3	Dd8—e7

Schw. geht sofort auf den e-Bauern los.

8.	Sd4—b5	Sc5—e6
9.	f2—f4	a7—a6
10.	Sb5—a3	g7—g5
11.	f4×g5	Se6×g5
12.	Lc1—f4	Lf8—g7
13.	Sb1—d2	Lg7×e5
14.	Lf4×g5	De7×g5
15.	0—0—0	d7—d6
16.	Kc1—b1	Lc8—g4
17.	Sd2—f3	Dg5—f4
18.	Sa3—c2	0—0—0
19.	De2—f2	Lg4—e6
20.	Sc2—d4	Le5×d4
21.	c3×d4	Df4—f5†
22.	Lf1—d3	Df5—d5
23.	b2—b3	Sc6—b4
24.	Kb1—b2	Dd5—a5

25. a2—a3 Sb4—c6
26. Ld3—e4 Sc6—e7
27. Td1—c1 Da5—b6
28. Df2—c2 h7—h6
29. Th1—e1 d6—d5
30. Le4—d3 Se7—c6
31. Dc2—c3 Th8—g8
32. Ld3—f1 Tg8—g4
33. h2—h3 Tg4—e4
34. Te1—d1 Td8—g8
35. Tc1—c2 Tg8—g3
36. Dc3—d2 Sc6—a5
37. b3—b4 Le6—d7
38. Td1—c1 Sa5—c4†
39. Lf1 × c4 d5 × c4
40. Dd2—f2 ....
(Tc4:?, Lh3:.)
40. .... Db6—g6
41. Sf3—e5 ....

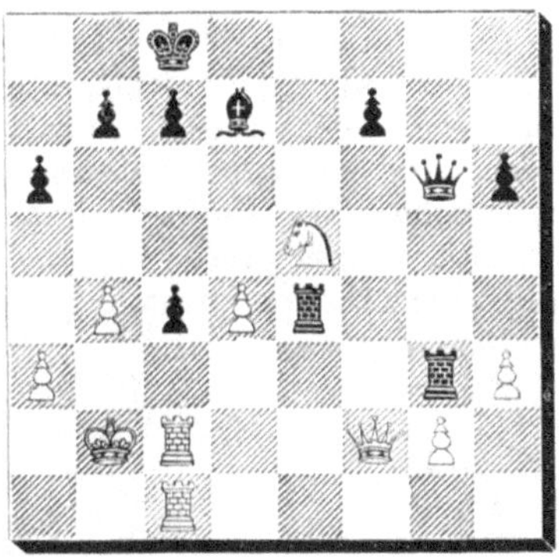

41. .... Tg3—b3†
42. Kb2—a2 Te4 × e5
43. d4 × e5 Dg6—d3
44. Df2—f3 Tb3 × a3†
45. Ka2—b2 Ta3—b3†
46. Kb2—a2 Dd3 × f3
47. g2 × f3 Tb3 × b4
48. f3—f4 Ld7—e6
49. Tc2—c3 b7—b5
50. Tc3—a3 c4—c3†
51. Ka2—a1 Tb4 × f4
52. Ta3 × c3 ....

Nach Ta6: konnte Schw. den Bc3 verteidigen (b4, Ta4, c5, Ta5, Tc4, Tb5, b3).

52. .... Le6—c4
53. Tc3—g3 Kc8—b7
54. Tg3—g4 Tf4—f5
55. Tc1—e1 Kb7—b6
56. Te1—e3 a6—a5
57. Tg4—h4 h6—h5

Aufgegeben.

67.

Spanische Partie.

W.: A. Norlin in Stockholm.

1. e2—e4 e7—e5
2. Sg1—f3 Sb8—c6
3. Lf1—b5 Sg8—f6
4. 0—0 Sf6 × e4
5. d2—d4 a7—a6

Man vergleiche die Partie 29. Wegen der Möglichkeit von 10. h3, Lf3: 11. gf3, Sf2: geschah hier 10. Ld3 × e4.

6. Lb5—d3 d7—d5
7. c2—c4 Lc8—g4
8. c4 × d5 Dd8 × d5
9. Tf1—e1 f7—f5
10. Ld3 × e4 f5 × e4
11. Sb1—c3 Dd5—d7

Dieser Damenzug (statt Df7) war eine Verbesserung der Ausführungen des Autors in Hoffer-Zukertorts „Chess Monthly“.

12. Te1 × e4 0—0—0
13. Lc1—g5 Lg4 × f3
14. Dd1 × f3 Sc6 × d4
15. Df3—e3 Td8—e8
16. Te4 × e5 Lf8—d6
17. Te5 × e8† Th8 × e8

Nun hatte Schw. eine gute Entwicklung erlangt.

18. Sc3—e4 Kc8—b8!

Wegen Sed6†.

19. Ta1—e1 Kb8—a8!
Wegen Sc5, Te3:, Sd7‡.
20. De3—d3 Sd4—f5
21. g2—g3 Dd7—f7
22. Kg1—g2 Df7—g6
23. f2—f3 Te8—f8
24. Te1—d1 h7—h6
25. Se4×d6 c7×d6

Dieser „schwache" Bauer geht nicht verloren.

26. Lg5—f4 Dg6—f6
27. Lf4—c1 g7—g5
28. b2—b4 Df6—e6
29. a2—a3 De6—e8
30. Dd3—e4 De8—c8
31. Lc1—d2 Dc8—d7
32. De4—d5 Dd7—a4

Die Partie war auf einem Standpunkte angelangt, auf welchem weder für W. noch für Schw. Gewinnchancen zu erzielen waren. Nun verfiel aber W. mit Ded5 (welcher Zug d6—d5 hindern sollte) in einen verhängnisvollen Irrtum. Er achtete nicht darauf, daß der Punkt b4 schwach werden könnte.

33. Td1—c1 Da4×a3
34. Tc1—c7 Da3×b4

Schw. hatte nun zwei Bauern erobert, aber W. verteidigte sich so umsichtig, daß die Möglichkeit des Gewinnes noch in der Ferne lag.

35. Kg2—h3 Db4—b1
36. Kh3—g4 Db1—b6
37. Tc7—d7 Db6—d4†
38. Dd5—e4! Dd4—b2
39. De4—d5 Db2—d4†
40. Dd5—e4 Dd4—a7

Nur auf dem Umwege über a7 und b8 vermochte die schw. D wirksam in das Spiel einzugreifen. 41. Df5: wird mit h6—h5† widerlegt.

(Siehe Diagramm.)

41. Ld2—a5 d6—d5!
42. De4—b1 Da7—b8

43. Db1—b6 d5—d4
44. Kg4—h3 Sf5—e3

Nun begann der Kampf um das Feld c8.

45. Db6—c5 Tf8—f5
46. Dc5—e7 ....

Man beachte: 46. Dd4:, Dc8 47. Td8, g4† 48. Kh4 (fg4, Th5‡), Sg2† 49. Kg4:, Tg5‡. Um diesen Ideenkern bewegte sich das Spiel von Schw. Der Problemkomponist Norlin hatte die Abzugbildung selbstverständlich ebenfalls gesehen.

46. .... Tf5—e5

Schw. ist nun bestrebt, den Damentausch auf möglichst günstige Weise herbeizuführen.

47. De7—f6 Db8—c8
48. Df6×e5 Dc8×d7†
49. g3—g4 Dd8—d5
50. De5×d5 Se3×d5

Die weitere Folge war: 51. Kg3, b5 52. Kf2, b4 53. Ke2, Kb7 54. Kd2, Kc6 und W. gab auf. (54. Kd3, b3.)

68.
Spanische Partie.

Schw.: A, Norlin.

1. e2—e4 e7—e5
2. Sg1—f3 Sb8—c6
3. Lf1—b5 Sg8—f6
4. d2—d3 Sc6—e7
5. Lb5—c4 Se7—g6
6. Sf3—g5 ....

Man hat später den Zug 6. h2—h4 in die Praxis eingeführt, weil h7—h5 durch Sg5 wirksam beantwortet werden kann. Vgl. die Partien 48 und 75.

6. .... d7—d5
7. e4×d5 h7—h6
8. Sg5—f3 Sf6×d5
9. 0—0 Lf8—e7
10. Tf1—e1 Lc8—g4
11. h2—h3 Lg4×f3
12. Dd1×f3 c7—c6
13. Sb1—c3 Sd5—f6
14. Sc3—e4 Sf6—d5
15. Se4—g3 0—0
16. Sg3—f5 Le7—f6
17. Lc1—d2 Tf8—e8.
18. d3—d4 ....

W. stand etwas besser, da er auch im Besitze der zwei Läufer war. Vielleicht wäre zunächst g2—g3 angezeigt gewesen. d3—d4 scheiterte an der vorsichtigen Verteidigung von Schw., obgleich der Angriff ziemlich nachhaltig war.

18. .... Sd5—c7

(ed4, Te8‡, De8:, Ld5:, cd5:, Sh6‡, K ~, Sg4 usw.)

19. Ta1—d1 Sc7—e6
20. Ld2×h6 e5×d4!
21. Df3—h5 Dd8—d7

(gh6:, Le6:, Te6:, Te6:.)

22. Lh6—e3 c6—c5
23. c2—c3 Ta8—d8
24. c3×d4 c5×d4
25. Le3—d2 ....

(Drohte Lb5).

25. .... Sg6—e5
26. Tc1×e5 Lf6×e5
27. f2—f4 Le5—f6
28. Lc4—b5 Dd7—c7
29. Td1—c1 Dc7—b8
30. Lb5×e8 Td8×e8
31. Dh5—g4 Db8—d8
32. Sf5—h6† ....

Hier wäre Sg3 rationeller gewesen.

32. .... Kg8—f8
33. f4—f5 Se6—g5
34. Ld2—b4† Lf6—e7
35. Lb4×e7‡ Dd8×e7
36. Dg4×d4 Sg5×h3†!
37. Kg1—h1 Sh3—g5
38. f5—f6 ....

In der sicheren Erwartung, daß im ungünstigsten Falle das Endspiel ja doch remis werden würde, spielte W. noch immer auf Gewinn.

38.	....	g7×f6
39.	Tc1—f1	Sg5—e4
40.	Sh6—f5	De7—c5
41.	Dd4×c5	Se4×c5
42.	Tf1—d1	Te8—c8
43.	Kh1—h2	Sc5—e6
44.	Td1—d7	Tc8—c7
45.	Td7—d2	Kf8—g8
46.	g2—g4	Se6—g5
47.	Td2—e2	Tc7—d7
48.	b2—b3	Kg8—h7
49.	Te2—e7	Td7×e7

Das S-Bauern-Endspiel verlief wie folgt: 50. Se7:, Se4 51. Kg2, Sc3 52. Sc8, a6 53. Sd6, b5 54. a3, Se2 55. a4, b4 56. Se4, Sd4 57. Sc5, a5 58. Kf2, Kg6 59. Ke3, Sc6 60. Ke4, Kg5 61. Kd5, Sd8 62. Se4†, Kg4: 63. Sf6‡, Kf4 64. Kc5, Kf5 65. Sh5, Ke4 66. Kb6, Kd4 67. Ka5:, Kc3 68. Sf4, Kb3: 69. Kb5, Sb7 70. Sd5, Sd6† 71. Kc5. Remis, denn Se4†, Kd4, Sc3, Sb4:, Kb4:, Ke5 und Bf7 geht verloren.

69.

Spanische Partie.

W.: J. H. Blake in Southampton.

1.	e2—e4	e7—e5
2.	Sg1—f3	Sb8—c6
3.	Lf1—b5	Sg8—f6
4.	d2—d3	d7—d6
5.	c2—c3	Lc8—d7
6.	Sb1—d2	g7—g6
7.	Lb5—a4	Lf8—g7
8.	Sd2—f1	0—0
9.	Sf1—e3	Dd8—e8
10.	La4—c2	Ta8—d8
11.	Dd1—e2	Sf6—h5
12.	Se3—d5	Td8—c8
13.	h2—h3	f7—f5

W. hatte in der Eröffnung mehrere Tempi weggeworfen, so daß Schw. schon jetzt den Gegenangriff aufnehmen konnte.

14.	e4×f5	g6×f5
15.	Lc1—d2	Ld7—e6
16.	Sd5—e3	Sh5—f4
17.	De2—f1	....

17.	....	Sf4×d3†
18.	Df1×d3	e5—e4
19.	Dd3—e2	e4×f3
20.	g2×f3	f5—f4
21.	Se3—g2	Le6—c4
22.	De2×e8	Tc8×e8†
23.	Ke1—d1	Lc4—e2†
24.	Kd1—c1	Le2×f3
25.	Th1—g1	Te8—e2
26.	Sg2—h4	Sc6—e5
27.	Tg1—f1	Lf3—e4
28.	Lc2×e4	Te2×e4
29.	Sh4—g2	f4—f3
30.	Sg2—e3	Te4—h4
31.	Kc1—c2	Th4×h3

Der freigewordene h-Bauer von Schw. führte nun (indirekt) die Entscheidung herbei, ohne daß er vom Fleck gerührt wurde.

32.	Tf1—h1	Th3×h1
33.	Ta1×h1	c7—c6
34.	c3—c4	Tf8—f6
35.	Ld2—c3	Tf6—h6

36.	Th1 × h6	Lg7 × h6
37.	Se3—f5	Se5—g4
38.	Sf5 × d6	Sg4 × f2
39.	Lc3—d4	Sf2—g4
40.	Sd6—f5	a7—a6
41.	Kc2—d3	Lh6—f8
42.	b2—b3	Kg8—f7
43.	Kd3—e4	f3—f2
44.	Sf5—g3	c6—c5
45.	Ld4—e3	Kf7—g6
46.	Ke4—f3	Sg4 × e3
47.	Kf3 × e3	Lf8—d6
48.	Sg3—f1	Kg6—f5
49.	Ke3 × f2	Ld6—f4

Aufgegeben (Schw. erobert die w. B oder führt den Bh7 zur D).

70.

Abgelehntes Damengambit.

W.: C. J. Lambert in Exeter.

1.	d2—d4	d7—d5
2.	c2—c4	e7—e6
3.	Sb1—c3	Sg8—f6
4.	Lc1—g5	c7—c6
5.	e2—e3	Sb8—d7
6.	Sg1—f3	Dd8—a5

Diese Fortsetzung von Schw. wurde um 1890 oftmals versucht. Die vorliegende Partie scheint darauf hinzudeuten, daß Schw. nicht gut tut, auf Bauerngewinn auszugehen.

7.	Lf1—d3	Lf8—b4
8.	0—0	d5 × c4
9.	Ld3 × c4	Lb4 × c3
10.	b2 × c3	Da5 × c3
11.	Lc4—d3	0—0
12.	Dd1—e2	h7—h6

Dieser Zug ist von fraglichem Wert. Besser war wohl sofort Da3.

13.	Lg5—f4!	Dc3—a3
14.	e3—e4	Da3—e7
15.	Sf3—e5	Sd7 × e5
16.	d4 × e5	Sf6—d7
17.	Ta1—d1	....

Am meisten war Lg3 und f2—f4 zu fürchten. Der schw. Damenflügel blieb gelähmt.

17.	....	f7—f6
18.	e5 × f6	Sd7 × f6
19.	Ld3—c4	Sf6—e8
20.	Lf4—e5	b7—b5
21.	Lc4—b3	a7—a5
22.	Td1—c1	a5—a4
23.	Lb3—d1	Lc8—d7
24.	Le5—d4	Tf8—f7
25.	e4—e5?	Se8—c7

Der S meldete sich sofort.

26.	Ld4—c5	De7—g5
27.	Tc1—c3	Sc7—d5
28.	Tc3—g3	Sd5—f4

Die Angriffe von W. konnten nun pariert werden.

29.	De2—e3	Dg5—f5
30.	Tg3—f3	g7—g5
31.	g2—g3	Tf7—g7
32.	Kg1—h1	Df5—h3
33.	Tf1—g1	Sf4—d5
34.	g3—g4	Sd5 × e3

Schw. ging auf den Damentausch ein, weil er Aussicht hatte, auf dem Damenflügel durchzudringen. Der Bh6 konnte geopfert werden.

35.	Tf3 × h3	Se3—d5
36.	Th3 × h6	b5—b4

37. Ld1—c2 Ta8—a5
38. Lc5—d6 c6—c5
39. h2—h4 c5—c4
40. h4×g5 b4—b3
41. Lc2—e4 Sd5—c3
42. Le4—f3 b3—b2
43. Ld6—b4 Ta5—b5
44. Lb4×c3 b2—b1D
45. Tg1×b1 Tb5×b1†
46. Kh1—h2 Tg7×g5
47. Lf3—e2 Tg5—g7
48. Th6—f6 Ld7—c8
49. Kh2—g3 Tb1—c1
50. Lc3—b4 Tg7—c7
51. Lb4—f8 Tc1—e1

Aufgegeben (denn der Bc4 kostet noch eine Figur.)

71.
Italienische Partie.

W.: M. Prosorow.

1. e2—e4 e7—e5
2. Sg1—f3 Sb8—c6
3. Lf1—c4 Lf8—c5
4. d2—d3 d7—d6
5. c2—c3 Sg8—f6
6. Lc1—e3 Lc5—b6
7. Sb1—d2 Sc6—e7
8. Sd2—f1 c7—c6
9. Sf1—g3 0—0
10. Lc4—b3 Se7—g6
11. Dd1—d2 d6—d5

Wenn Schw. zuerst zum Vorstoß des Damenbauern kommt, kann W. kaum kräftig genug gespielt haben.

12. Le3—g5 h7—h6
13. Lg5×f6 Dd8×f6
14. e4×d5 Sg6—f4

Diese indirekte Deckung des Punktes d5 dürfte W. übersehen haben.

15. 0—0 c6×d5
16. Ta1—e1 Lb6—c7
17. Te1—e3 Lc8—e6
18. Tf1—e1 Sf4—g6

Es begann nun eine Reihe von Ausspähungs- und Verleitungszügen.

19. h2—h3 Df6—d8
20. Sg3—h5 Dd8—d7
21. d3—d4 e5—e4
22. Sf3—e5 Dd7—d8
23. Te3—g3 Kg8—h7
24. f2—f4 Dd8—h4
25. Lb3—d1 Le6—f5

Drohte f6, Sg6: (Sg4, Lf4:), Lg6:, Tg4, Dh5:, Tg5, Dh4, Tg4, Lf4:.

26. Dd2—f2 Tf8—g8
27. Te1—f1 ....

Von Sf7: hätte W. keinen Nutzen gehabt. Man vergleiche Taf8, Se5, De7. Es drohte Sh4; nach Sg6:, Lg6: wäre der Punkt f4 verloren gewesen.

27. .... Dh4—e7
28. Se5—g4 De7—d6
29. Tg3—e3 Ta8—f8
30. Ld1—b3 f7—f6
31. Sg4—h2 Sg6—e7
32. g2—g4 ....

Den früheren Angriffsversuch hatte W. wieder aufgegeben; der neue Versuch schlug fehl.

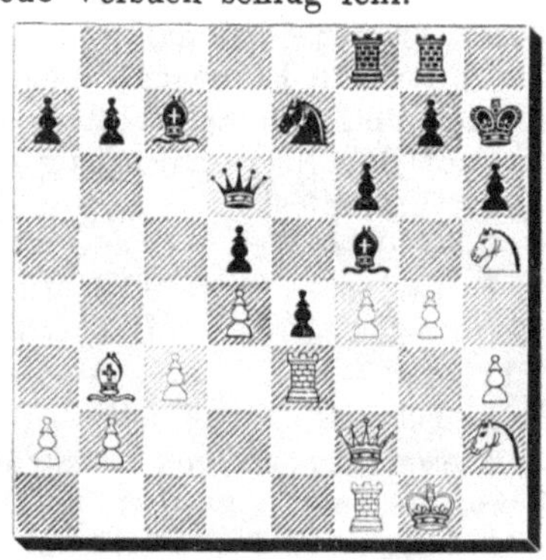

32. .... Lf5—g6
33. Sh5—g3 f6—f5
34. Sg3—e2 Lg6—e8

35. h3—h4 ....

Offenbar, um g4—g5 möglich zu machen; h4 war aber ein verlorener Posten.

35. .... f5 × g4
36. Sh2 × g4 Se7—f5
37. Te3—h3 Le8—d7
38. Df2—g2 Lc7—d8
39. Sg4—e5 ....

(Wenn h5, so g6.)

39. .... Sf5 × h4
40. Th3 × h4 Ld8 × h4
41. Se5 × d7 Dd6 × d7
42. Dg2—h2 g7—g5
43. Kg1—h1 Tf8—f5
44. Tf1—g1 Dd7—f7
45. Tg1—g4 Lh4—e1

Aufgegeben.

72.

Schottische Partie.

W.: A. Lihdak in Sapole.

1. e2—e4 e7—e5
2. Sg1—f3 Sb8—c6
3. d2—d4 e5 × d4
4. Sf3 × d4 Sg8—f6
5. Sd4 × c6 b7 × c6
6. Sb1—c3 Lf8—b4
7. Lf1—d3 d7—d5
8. e4 × d5 c6 × d5
9. 0—0 0—0
10. Sc3—e2 Lb4—d6
11. h2—h3 c7—c5
12. c2—c3 Dd8—b6
13. b2—b3 Lc8—b7
14. Se2—f4 Db6—c6
15. Sf4—h5 Sf6—e8

Schw. wich jeder Vereinfachung aus, sobald kein bestimmter Vorteil winkte; es war ein Korrespondenzkampf (ohne Turnierfieber!).

16. Dd1—g4 g7—g6
17. Lc1—h6 f7—f5
18. Dg4—g5 Tf8—f7
19. Tf1—e1 Kg8—h8
20. Sh5—f4 Se8—f6

Nun war es Schw., der zum Gegenangriff kam.

21. Sf4—e6 Ld6—e7
22. Dg5—c1 Sf6—e4
23. Se6—g5 Le7 × g5
24. Lh6 × g5 Se4 × c3

Der Punkt g2 war nicht mehr genügend gedeckt.

25. Dc1 × c3† d5—d4
26. Ld3—e4! f5 × e4
27. Dc3—g3 Tf7—f5
28. Ta1—c1 Dc6—d5
29. h3—h4 a7—a5
30. Lg5—e7 Ta8—c8
31. Te1—e2 d4—d3
32. Te2—d2 Kh8—g7

Schw. beabsichtigte h6 und Te5.

33. Dg3—d6 h7—h6
34. g2—g4 Dd5 × d6
35. Le7 × d6 Tf5—d5

W. hatte nun in g4, h4 schwache Punkte.

36. Ld6—f4 c5—c4
37. Tc1 × c4 Tc8 × c4
38. b3 × c4 Td5—c5
39. Td2—b2 Lb7—c6
40. Lf4—d2 Tc5 × c4
41. Ld2 × a5 e4—e3

42. f2×e3 Tc4×g4†

W. setzte die Partie nicht weiter fort. Die verbundenen Bauern g6, h6 sicherten wohl Schw. den Gewinn.

73.

Mittelgambit gegen Läufergambit.

W.: H. Courel in Lisieux.

1.	e2—e4	e7—e5
2.	f2—f4	e5×f4
3.	Lf1—c4	d7—d5
4.	Lc4×d5	Dd8—h4†
5.	Ke1—f1	g7—g5
6.	g2—g3	f4×g3
7.	Kf1—g2	Lf8—d6
8.	h2—h3	Sg8—e7
9.	Sg1—f3	Dh4—h5
10.	Sb1—c3	f7—f6
11.	d2—d4	Th8—f8

Damit war der Angriff von W. gebrochen. Nach 12. e5, fe5 13. de5, Le5: 14. Se5:, Tf2† 15. Kg1, Dd1‡ 16. Sd1:, Tf5 wäre W. wohl verloren gewesen.

12.	Sc3—e2	Se7×d5
13.	e4×d5	Lc8—f5
14.	c2—c4	....

Auf 14. Sg3: wäre Lg3: 15. Kg3:, Tf7 gefolgt.

14.	....	Lf5—e4
15.	Dd1—b3	c7—c6
16.	Lc1—d2	....

W. fürchtete das Eingreifen des S nach dc6. c7—c6 mußte übrigens auch wegen des drohenden c4—c5 geschehen (c5, Ld5:). Deckt W. den Punkt f3 mit Tf1, so kann g5—g4 (hg4, Dh2‡) folgen.

16.	....	Dh5×f3†
17.	Db3×f3	Le4×f3†
18.	Kg2×f3	c6×d5
19.	c4×d5	Sb8—a6

Schw. hatte den Abtausch in der Hoffnung vollzogen, daß die w. Mittelbauern die entscheidende Schwäche des w. Spieles bilden werden.

20.	Se2×g3	Ld6×g3
21.	Kf3×g3	0—0—0

Die Rochade erfolgte, weil mit Ta1—c1, b2—b4 usw. ein Gegenangriff auf den Damenflügel in Aussicht stand.

22.	Ta1—c1†	Kc8—b8
23.	Th1—e1	Td8×d5
24.	Ld2—c3	Tf8—c8
25.	Tc1—d1	....

W. entfernte den Damenturm von c1, weil auf Te7 der Zug Sb4 möglich war.

25.	....	Sa6—c7

Nun drohte Sb5.

26.	a2—a4	Td5—d7
27.	Kg3—g4	Sc7—d5
28.	Td1—d3	h7—h5†
29.	Kg4—g3	....

Kf5 hatte Tc6 und Se7† zur Folge.

29.	....	Kb8—c7

Nun konnte der schw. K eingreifen.

30.	Td3—f3	Kc7—d6
31.	Te1—e4	h5—h4†

Schw. wollte h3—h4 vermeiden und den Punkt f4 für den S bereit halten.

32. Kg3—g4 Td7—e7
33. Te4×e7 Kd6×e7
34. Kg4—f5 Ke7—f7
(Drohte Tc8—e8.)
35. Kf5—e4 Kf7—e6
36. Lc3—d2 ....

W. wollte der Drohung f5†, Tf5:, Sf6† bzw. (f5†) Kd3, g4 usw. begegnen, nun konnte aber Schw. die Partie einfacher entscheiden.

36. .... Tc8—c2
37. Tf3—d3 Tc2×b2
Aufgegeben.

74.
Berliner Verteidigung des Läuferspiels.

W.: E. Siry in Paris.

1. e2—e4 e7—e5
2. Lf1—c4 Sg8—f6
3. Sg1—f3 Sf6×e4
4. Sb1—c3 Sb8—c6

Schw. bot die Hand zur Versöhnung. W. wollte aber nicht und so mußte mit harter Mühe bewiesen werden, daß das Bauernopfer ungesund ist. Hierdurch bekam die ganze Partie ihr Gepräge.

5. 0—0 Se4×c3
6. d2×c3 Dd8—e7
7. Tf1—e1 ....
(Se5:?, Se5:, f4, d6.)
7. .... d7—d6
8. Sf3—d4 Lc8—d7
9. f2—f4 f7—f6
10. b2—b4 Sc6—d8
11. f4—f5 g7—g6

Die Besetzung von e6 war mißglückt und Schw. bekam Luft in der g-Linie.

12. Dd1—d3 De7—g7
13. Lc1—e3 Lf8—e7
14. Sd4—b5 Ld7×b5
15. Lc4×b5† c7—c6
16. Lb5—a4 g6×f5
17. Dd3×f5 Dg7—g6
18. Df5—f2 Th8—g8
19. Te1—e2 a7—a6
20. La4—b3 Tg8—g7
21. Ta1—e1 Dg6—g4

Nun war der Höhepunkt der Entwicklung von W. eingetreten, aber die schw. Stellung war nicht zu durchbrechen.

22. Kg1—h1 f6—f5
23. Le3—b6 Sd8—f7
24. Lb6—e3 Tg7—g6
25. Le3—d2 Le7—d8
26. Te1—f1 Tg6—f6
27. h2—h3 Dg4—h5
28. c3—c4 Ld8—c7
29. a2—a4 f5—f4
30. Df2—f3 ....

Da f4—f3 drohte, sah sich W. selbst zum Damentausch veranlaßt; damit war aber der Mißerfolg besiegelt. Die weiteren Züge waren: 30. ...., Df3: 31. Tf3:, 0—0—0 32. b5, Sh6 33. g4, Sf7 34. h4, Tg6 35. c5, d5 36. b6, Lb8 37. Tg2, Sh6 38. g5, Sf5 39. h5, Tg7 40. c4, Sh4

41. Tf3—f2, Sg2: 42. Tg2:, f3 43. Tf2, e4 44. cd5, cd5 45. Le3, Le5 46. Td2, Tgd7 47. Kg1, d4 48. Le6, de3. Aufgegeben.

75.

Spanische Partie.

Schw.: E. Siry.

1.	e2—e4	e7—e5
2.	Sg1—f3	Sb8—c6
3.	Lf1—b5	Sg8—f6
4.	d2—d3	Sc6—e7

Vgl. die Partien 48, 68.

5.	Lb5—c4	c7—c6
6.	Sb1—c3	Se7—g6
7.	Sf3—g5	d7—d5
8.	e4×d5	h7—h6
9.	Sg5—e4	....

Gegen Norlin war 9. Sg5—f3 versucht worden.

9.	....	Sf6×d5
10.	0—0	Lf8—e7
11.	Dd1—f3	Lc8—e6
12.	Lc1—e3	0—0
13.	Se4—c5	....

W. hatte nur wenig Aussicht auf einen nachhaltigen Angriff. Sein Streben ging dahin, Schw. zur Schwächung seiner Position zu verleiten. Sc3 oder Se3: wäre schlecht gewesen wegen Se6:; Lc5: eröffnete W. die kleine Chance von 2 Läufern gegen L und S.

13.	....	Sg6—h4
14.	Df3—h5	Le7×c5
15.	Le3×c5	Tf8—e8
16.	Sc3—e2	....

W. mußte nun den Gegenangriff Sd5—f4 abwehren.

16.	....	Dd8—g5
17.	Dh5×g5	h6×g5
18.	Tf1—e1	Sd5—f4
19.	Se2×f4	Le6×c4

Nun hatte Schw. den völligen Ausgleich der Stellungen erwirkt, die Punkte e5 und g5 konnten durch f7—f6 leicht gedeckt werden.

20.	Sf4—h5	Lc4—d5
21.	f2—f3	f7—f6

Den möglichen Fall: Lf3:, gf3, Sf3‡, Kf2, Se1:, Te1: hatten offenbar beide Teile untersucht; W. fürchtete ihn nicht, weil Schw. seine Bauern nicht leicht zur Geltung gebracht hätte. Der nächste Zug von W. hatte den Zweck, g5—g4 zu verhindern.

22.	h2—h3	Sh4—f5
23.	Kg1—f2	b7—b6

Dieser Zug eröffnete einen Hoffnungsschimmer für W.

24.	Lc5—e3	Kg8—f7
25.	Sh5—g3	Sf5×g3
26.	Kf2×g3	Kf7—g6
27.	a2—a4!	Te8—d8
28.	a4—a5	b6—b5
29.	a5—a6	Td8—d7

W. hatte nun einen vorgeschobenen Posten. Viel war noch nicht damit gewonnen, aber etwas doch: der Gegner fühlte sich belästigt. Mehr noch als in der Partie am Brett kann man in der Korrespondenzpartie mit so etwas den Gegner bedrücken, zumal man selbst keine körperliche Ermüdung zu fürchten braucht.

(Siehe Diagramm.)

30.	Le3—c5	Kg6—f7
31.	c2—c3	Ld5—b3
32.	Te1—e3	Lb3—c2
33.	d3—d4	e5×d4
34.	c3×d4	Ta8—e8
35.	Te3×e8	Kf7×e8
36.	f3—f4	g5×f4†
37.	Kg3×f4	Ke8—f7
38.	Kf4—e3	Kf7—e6
39.	Ke3—d2	Lc2—b3

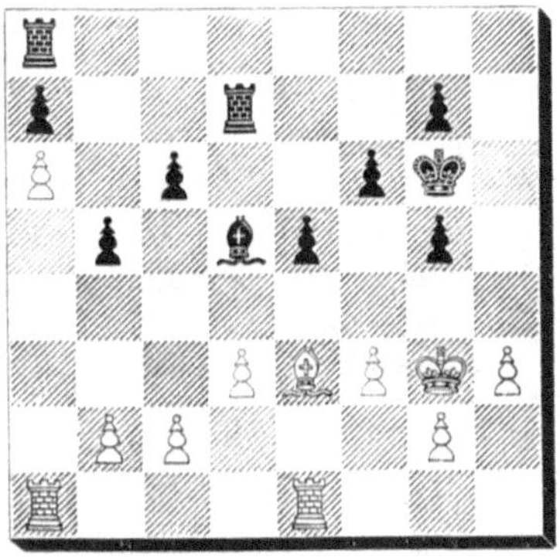

40. Ta1—e1† Ke6—f7
41. h3—h4 Lb3—d5
42. g2—g3 Ld5—c4
43. Kd2—c3 Lc4—d5
44. Kc3—b4 Ld5—f3
45. Kb4—a5 Lf3—d5
46. h4—h5 f6—f5

Schw. berücksichtigte nicht die Bedeutung von 47. Te5, womit bereits La7: gedroht wird.

47. Te1—e5 Ld5—e4

Wenn 47. ...., g6, so 48. hg6† (Kg6:?, Te8); wenn 47. ...., Tc7, so 48. La7:, Ta7: 49. Kb6, Ta8 50. Kb7, Td8 51. a7, Td7† 52. Kb8, Td8† 53. Kc7 usw.

48. g3—g4 Td7—c7
49. g4×f5 Le4—f3
50. Te5—e6 Lf3×h5
51. Te6—d6 ....

Schw. gab auf, weil sowohl Td8, Tb8 und Tb7 als auch (z. B. nach Ke8) La7: drohte. Schw. hätte allerdings noch abwarten können, ob mit Aufopferung des T (nach La7:) ein haltbares Endspiel L und B gegen T entsteht. Vielleicht wurde die Position in Paris von einer Schachkorona analysiert. Es ist nämlich zu bemerken, daß in den Turnierbestimmungen die Konsultation ausdrücklich als gestattet erwähnt wurde und daß tatsächlich an verschiedenen Orten zeitweilig öffentlich beraten worden war. Man vergleiche außer Ke8, La7:, Ta7:, Kb6 auch 51. ...., Lg4 52. Td8, Lf5: 53. Tb8, Lc8 54. La7: oder 53. ...., Kf6 54. Tb7, Tc8 55. La7:, Ta8 (weil Lb8 droht), Kb6 od. Lb8 usw.

76.—78. Korrespondenz-Wettkampf mit Fürst N. Urussow (Resultat 2, 0, 1)

76.

Evansgambit.

W.: Fürst Urussow.

1. e2—e4 e7—e5
2. Sg1—f3 Sb8—c6
3. Lf1—c4 Lf8—c5
4. b2—b4 Lc5×b4
5. c2—c3 Lb4—a5
6. 0—0 Sg8—f6
7. d2—d4 0—0
8. d4×e5 Sf6×e4
9. Lc4—d5 Se4—c5
10. Sf3—g5 Sc6×e5
11. f2—f4 c7—c6
12. f4×e5 c6×d5

Bis hierher nahezu wie Partie 52.

13. Dd1×d5 Dd8—e7
14. Kg1—h1 d7—d6

15. Dd5 × d6 ....

Auf ed6 folgte De2, Tf7:, Le6 oder Sd2, Lb6 nebst Le6.

15.	....	De7 × d6
16.	e5 × d6	Lc8—d7
17.	c3—c4	f7—f6
18.	Sg5—f3	Sc5—e4
19.	Lc1—e3	Tf8—e8
20.	Tf1—d1	La5—b4
21.	Le3—g1	Te8—e6
22.	Td1—d4	Se4 × d6
23.	Td4—d3	Ld7—c6
24.	Sf3—d4	Te6—e1
25.	h2—h3	Lb4—c5
26.	Kh1—h2	Lc6—e4
27.	Td3—b3	Te1 × g1

Aufgegeben.

77.
Evansgambit.

W.: Fürst Urussow.

Die ersten 11 Züge wie in Partie 76. Vgl. das Diagramm S. 219 rechts ohne f4 × e5 und c6 × d5.

12.	Dd1—h5	h7—h6
13.	f4 × e5	c6 × d5
14.	Sg5—h7	....

14.	....	Kg8 × h7
15.	Tf1—f6	....

Auf 15. Lh6: würde Kg8 16. Lg5, De8 17. Tf3, f6 die Folge gewesen sein.

15.	....	Sc5—e4
16.	Lc1 × h6?	Se4 × f6
17.	e5 × f6	g7 × h6
18.	Dh5—f5†	Kh7—h8
19.	Df5—f4	La5—b6†
20.	Kg1—h1	Lb6—e3
21.	Df4 × e3	Dd8 × f6
22.	Sb1—d2	d7—d6

Aufgegeben.

78.
Spanische Partie.

Schw. Fürst Urussow.

1.	e2—e4	e7—e5
2.	Sg1—f3	Sb8—c6
3.	Lf1—b5	a7—a6
4.	Lb5 × c6	d7 × c6
5.	Sb1—c3	Lf8—c5
6.	Sc3—e2	Dd8—e7
7.	d2—d3	Sg8—f6
8.	Se2—g3	Sf6—g4
9.	0—0	Lc8—d7
10.	Dd1—e2	h7—h5
11.	h2—h3	0—0—0

In dieser Stellung durfte der schw. S nicht sofort genommen werden, aber W. eroberte ihn doch; vgl. Partie 51.

12.	Sg3—f5	Ld7 × f5
13.	e4 × f5	De7—d7?

14.	h3×g4	h5×g4
15.	Sf3—g5	Dd7×f5
16.	De2—e4	Df5—d7
17.	De4—c4	f7—f6
18.	Dc4×c5	f6×g5
19.	Dc5—e3	e5—e4
20.	Tf1—d1	Dd7—d6
21.	De3—g3	Dd6—e6
22.	Lc1—e3	Th8—h5
23.	b2—b3	e4×d3
24.	c2×d3	....

Abgebrochen, da das Match schon entschieden war (Td8—h8 würde mit Kf1 beantwortet worden sein; das T-Opfer auf h3 hätte keine nachhaltige Wirkung gehabt).

79.

Graz 1894.

Sizilianische Partie.

Schw.: F. Hartstein.

1.	e2—e4	c7—c5
2.	Sb1—c3	e7—e6
3.	Sg1—f3	Sb8—c6
4.	Lf1—e2	d7—d5
5.	e4×d5	e6×d5
6.	d2—d4	c5×d4
7.	Sf3×d4	Sg8—f6
8.	b2—b3	a7—a6

„Ein zweckloser Zug; Le7 sollte sofort geschehen.“ C. Schlechter in der Sportzeitung, Wien.

9.	Lc1—b2	Lf8—e7
10.	Le2—f3	Sc6—e5
11.	0—0	Se5×f3†
12.	Dd1×f3	0—0
13.	h2—h3	b7—b6?

Ein Fehler; Te8 war etwas besser. (C. Schlechter.)

14. Tf1—e1 ....

W. verzichtet im Interesse des Angriffes auf Bauerngewinn durch 14. Sc6, Dd6 15. S×d5, S×S? 16. Dd5: usw. (C. Schlechter.)

14.	....	Lc8—b7
15.	Ta1—d1	Tf8—e8
16.	Sd4—f5	Dd8—d7

Lf8 mußte geschehen. (C. Schlechter.)

17. Sf5×g7 ....

„Ein ... völlig korrektes Opfer ...“ (C. Schlechter.)

17.	....	Kg8×g7
18.	Sc3×d5	Lb7×d5
19.	Td1×d5	Dd7—c7
20.	Te1×e7	Dc7×e7
21.	Td5—g5†	Kg7—f8
22.	Lb2×f6	De7—c7

„Auf De4 würde Dg3 folgen.“ (C. Schlechter.) W. setzte in 3 Zügen ‡. (Tg8†, Kg8: Dg4† usw.)

80.

Graz, Herbst 1894.

Abgelehntes Damengambit.

W.: F. Hartstein.

1.	d2—d4	d7—d5
2.	c2—c4	e7—e6
3.	c4×d5	e6×d5
4.	Sg1—f3	Sg8—f6
5.	e2—e3	Lf8—e7
6.	Lf1—d3	0—0
7.	Sb1—c3	Sb8—c6

Da die Partie bereits den Charakter eines offenen Spieles angenommen hatte, unterließ Schw. den Vorstoß des Bc7.

8. e3—e4? ....

W. hatte übersehen, daß Sc6 die beste Vorbeugung von e4 war.

8. .... d5×e4
9. Ld3×e4 ....

(Se4:, Sd4:, aber auch Se4:, Le4:, Lb4†.)

9. .... Sf6×e4
10. Sc3×e4 Lc8—g4

Schw. ging nun zum Angriff über und vermochte diesen bis zum Schluß der Partie festzuhalten.

11. Lc1—e3 Lg4×f3
12. g2×f3 f7—f5
13. Se4—c5 f5—f4

Paul Lipke schrieb im D. Wochenschach 1894: „Auch 13. ...., Lc5: 14. dc5, f4 genügte, um Schw. in Vorteil zu bringen. Die von Schw. gewählte Spielweise ist schöner aber schwieriger.“

14. Sc5—e6 Dd8—d6
15. Se6×f8 f4×e3
16. d4—d5 ....

16. .... Dd6—b4†
17. Ke1—f1 Sc6—d4
18. f2×e3 Sd4—f5
19. Dd1—d3 Ta8×f8

(19. Db2:, Te1!)

20. b2—b3 Le7—c5
21. Ta1—e1 Db4—h4!
22. Kf1—g2 Dh4—g5†
23. Kg2—f2 Sf5—h4!
24. Kf2—e2 Sh4×f3
25. Te1—f1 Dg5—g2†
26. Ke2—d1 Dg2×a2
27. Dd3—c2 ....

(27. e4, Da1† 28. Ke2, Sd4† 29. Kd2, Db2† 30. Kd1, Tf1‡ 31. Tf1:, Lb4!. Lipke.)

27. .... Da2—a1†
28. Kd1—e2 Da1—a6†
29. Ke2—d1 Lc5×e3
30. Dc2—e4 Da6—a1†
31. Kd1—e2 Da1—b2†
32. Ke2—d3 Db2×b3†

Aufgegeben (es folgte Ke2, Sd4†).

P. Lipke hatte diese ihm von anderer Seite zugekommene Partie als vermeintliche Blindlingspartie glossiert. Dem Autor ist aber nicht in Erinnerung, daß er sie blindlings gespielt habe. Blindlingsvorstellungen (bis zu 6 Partien) gab der Autor (als Amateurveranstaltungen) nur in jungen Jahren, z. B. Graz, Turnier von 1870, Verein „Merkur“ (5 Partien mit S-Vorgabe) u. a. m. Im Löwenbräugarten in München kam es im Juli 1887 zu folgender Partie: Schw. Göring und Mabillis (W. und Schw. blindlings) 1. e4, c5 2. Sc3, g6 3. Sf3, Lg7 4. Lc4, d6 5. d3, Sf6 6. 0—0, 0—0 7. h3, Sc6 8. Sh2, Kh8 9. f4, e6 10. Lb3, Sd4 11. Sf3, Sb3: 12. ab3, Sg8 13. Le3, f5 14. e5, b6 15. Sb5, de5 16. Se5:, a6 17. Df3, Dd5 18. Dd5:, ed5 19. Sc7, Ta7 20. Sd5:, Aufgegeben (Schw. verliert noch einen B).

81.

Graz, Februar 1894.

Spanische Partie.

Schw.: F. Hartstein.

1.	e2—e4	e7—e5
2.	Sg1—f3	Sb8—c6
3.	Lf1—b5	Sg8—f6
4.	d2—d3	d7—d6
5.	c2—c3	Lf8—e7
6.	Sb1—d2	Lc8—d7
7.	Lb5—a4	....

W. wollte sich den L erhalten.

7.	....	0—0
8.	h2—h3	b7—b6

Schw. sollte a7—a6 und hierauf b7—b5 spielen.

9.	g2—g4	Sc6—a5
10.	La4—c2	Ld7—c6
11.	Sd2—f1	Sf6—d7
12.	Sf1—g3	Sa5—b7
13.	Sg3—f5	Le7—f6
14.	h3—h4	Sd7—c5
15.	h4—h5	h7—h6?

Das war nur eine Scheindeckung.

16.	g4—g5!	Lf6 × g5
17.	Th1—g1	Sc5—e6
18.	d3—d4	e5 × d4
19.	c3 × d4	Lc6—d7
20.	d4—d5	Se6—c5

21.	Sf5 × g7!	Kg8 × g7
22.	Sf3 × g5	h6 × g5
23.	Lc1 × g5	f7—f6
24.	Lg5—h6††!	Kg7—f7

24. ...., Kh6: hätte Tg6†, Kh7, Dd2 und Dh6‡ zur Folge gehabt.

25.	Tg1—g7†	Kf7—e8
26.	e4—e5!	f6—f5
27.	Dd1—g4	f5 × g4

W. setzt in 4 Zügen ‡ (Lg6†, Tf7, Tg8†, Ke7, Lg5†). D. Schachz. 1894.

82.

Winterturnier 1894—1895 der Grazer Schachgesellschaft.

Russische Partie.

Schw.: Obering. A. Wimmer.

1.	e2—e4	e7—e5
2.	Sg1—f3	Sg8—f6
3.	Sf3 × e5	d7—d6
4.	Se5—f3	Sf6 × e4
5.	d2—d4	d6—d5
6.	Lf1—d3	Se4—f6

„Dieser Rückzug sollte erst dann erfolgen, wenn W. ihn erzwungen hat. Jetzt ist aus der russischen eine französische Partie geworden, in welcher W. einen Zug — Ld3 — voraus hat.“ Dr. S. Tarrasch im Frankfurter Schachblatt.

7.	0—0	Lf8—e7
8.	Sb1—c3	c7—c6
9.	Sc3—e2	0—0
10.	Se2—g3	h7—h6

„Ein schwacher Zug ...“ (Dr. Tarrasch.)

11.	Tf1—e1	Le7—d6
12.	Lc1—e3	Sf6—g4
13.	Le3—d2	Lc8—d7

„Der L sollte nach e6 gehen, um dem Sb8 nicht den Weg zu versperren. (Dr. Tarrasch.)

14.	c2—c3	Ld6 × g3
15.	h2 × g3	Ld7—e6
16.	Sf3—h4	....

„Droht Te6: nebst Dg4:." (Dr. Tarrasch.)

16. .... Sg4—f6
17. Ld3—f5 Le6×f5

„Dieser verfehlte Abtausch bringt den w. S auf das günstigere Feld und verschafft dem Weißen damit einen starken Angriff." (Dr. Tarrasch.)

18. Sh4×f5 Sf6—e4

„Ein sofort entscheidender Fehler, auf welchen W. das Spiel in eleganter Weise forciert. Sb8—d7 mußte endlich geschehen." (Dr. Tarrasch.)

19. Ld2×h6 g7×h6

„Auf 19. ...., Df6 gewinnt W. durch 20. Dg4, g6 21. Lf8:, Kf8: 22. Dh4, Df5: 23. Dh8†, Ke7 24. f3. (Dr. Tarrasch.)

20. Te1×e4 Kg8—h7

Auf 20. ...., de4 gewinnt W. durch 21. Dg4†, Dg5 22. Sh6 ‡ die D.

21. Te4—h4 Aufgegeben.

Diese Partie war typisch für die Turnierpartien in der Schachgesellschaft, wenn alle Spielstärken vertreten waren und die „Matadore" gegen alle anderen gewinnen mußten. Ed. Hamlisch z. B. gewann auch alle Partien bis auf jene gegen Hartstein, die remis wurde. Hätte der Autor irgendeine Partie gegen einen Dritten nur remis gemacht, so wäre es zu einem Stichkampf um den ersten Preis mit Hamlisch gekommen. So erklärt sich das zurückhaltende Spiel von W. im ersten Teil der Partie und der Versuch 16. Sh4 17. Lf5, dann anderseits auch der Zug 18. ...., Sf6—e4. Schw. tauschte gern, damit die Angriffsoffiziere weniger Unheil anrichten konnten. Das war dem Führer der w. Steine wohl bekannt. Das Tauschangebot mußte aber möglichst unverfänglich sein (Lf5×e6 war immerhin eine Drohung), denn W. war doch ein recht guter Spieler.

83.

Eisenach 1896, Wettkampf (Resultat 1, 1, 5).

Damenbauereröffnung.

Schw.: P. Lipke.

1.	d2—d4	d7—d5
2.	e2—e3	Sg8—f6
3.	c2—c4	e7—e6
4.	Sg1—f3	b7—b6
5.	Sb1—c3	Lc8—b7
6.	Lf1—d3	Sb8—d7
7.	0—0	Lf8—d6
8.	c4×d5	e6×d5
9.	Dd1—c2	a7—a6

Schw. hatte zuerst die Entwicklung des Königsflügels vernachlässigt und fühlte sich etwas unsicher. Es war e3—e4 und eventuell auch Sb5 zu erwarten. So erklären sich die schwächeren, bei einem so hervorragenden Meister ungewöhnlichen Züge a7—a6 und h7—h6. Am besten war doch 9. ...., 0—0, weil insbesondere der Abtausch 10. Sb5,

De7 11. Sd6: Dd6: W. gar keinen Vorteil gebracht hätte.

10. e3—e4! d5×e4
11. Sc3×e4 Ld6—e7
12. Lc1—f4 Sf6—d5
13. Lf4—d2 h7—h6
14. Se4—g3 0—0
15. Sg3—f5 Le7—g5

Unzureichend. Auf 15. ...., Lf6 konnte 16. Dc1, Te8 17. Lh6:, gh6 18. Dh6:, Sf8 19. Sg5 mit starkem Angriff folgen. Das beste wäre wohl 15. ...., Te8 gewesen. (P. L., D. Schachz. 1898.)

16. Sf3×g5 h6×g5
17. Dc2—d1! g7—g6

18. Dd1—g4! f7—f6

Schw. durfte den S nicht nehmen; z. B. gf5:, Df5:, Sd5f6, Dg5‡, Kh8, Dh4† und Lh6.

19. Sf5—h4 f6—f5
20. Dg4×g5 ....

Auch 20. Sf5: war aussichtsvoll, aber W. hatte schon einen materiellen Vorteil erreicht.

20. .... Dd8×g5
21. Ld2×g5 Kg8—g7
22. Lg5—d2 ....

Um allenfalls f2—f4 folgen zu lassen.

22. Sd5—f6
23. Ta1—c1 Ta8—c8
24. Tf1—e1 Tf8—h8?

Ein Versehen. Schw. beachtete nicht den Zug Sg6:(†) nach

25. Te1—e7† Aufgegeben.

84—86. Meisterturnier in Köln 1898. (Erfolg 53,3%, VIII. Preis.)

84.

Gegengambit Falkbeer-Lederer.

W.: R. Charousek.

1. e2—e4 e7—e5
2. f2—f4 d7—d5
3. e4×d5 e5—e4
4. d2—d3 Sg8—f6
5. Dd1—e2 ....

Der von Charousek bevorzugt gewesene Angriff.

5. .... Dd8×d5
6. Sb1—d2 ....

Dieser Zug stammt von Burn.

6. .... Lc8—f5
7. d3×e4 ....

Auf g3 kann Sc6 folgen.

7. .... Lf5×e4
8. g2—g4 Dd5—e6

W. drohte Lg2. Die Fortsetzung Sc6, Lg2, 0—0—0, Se4:, Te8 war wegen c2—c4 bedenklich. Sd4 (statt Te8), Sf6:, Da5† war zu kompliziert.

9. f4—f5 De6—e7
10. Sd2×e4 De7×e4
11. De2×e4† Sf6×e4
12. Lf1—g2 Se4—d6
13. Lc1—f4 Sb8—d7
14. 0—0—0 ....

Wenn 14. Ld6:, Ld6: 15. Lb7:, so Tb8, Ld5, Le5 usw.

14. .... 0—0—0
15. Sg1—f3 h7—h5

Schw. suchte begreiflicherweise im Gegenangriff sein Heil. W. spielte auf Gewinn.

16. Sf3—g5 f7—f6
17. Sg5—e6 ....

Mit Ld6:, fg5:, Lf8:, Thf8:, gh5, g4 hatte sich W. nicht zufriedenstellen können.

17. .... Td8—e8
18. h2—h3 Sd7—e5
19. Lf4×e5 f6×e5
20. Th1—e1 h5×g4
21. h3×g4 Th8—h4
22. Lg2—f3 ....

Dieser Zug läßt g7—g6 zu, wodurch die Bauern aufgerieben werden; z. B. Te5:, gf5:, gf5:, Lh6†, Kb1, Sf5:. W. gestand sich dies offenbar nicht zu und beging einen groben Fehler, der die Partie kostete.

22. .... g7—g6

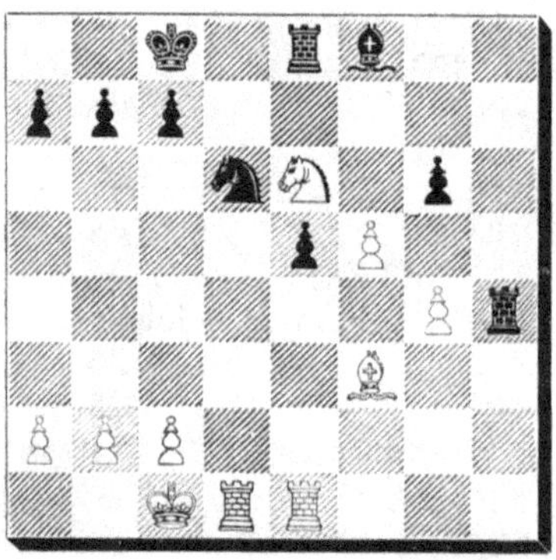

23. Se6×f8 Te8×f8
24. f5×g6?? Tf8×f3

Aufgegeben, weil g6—g7 mit Tg4:, Tg1, Tfg3 beantwortet werden konnte.

85.

Königsläuferspiel.

W.: Dr. H. v. Gottschall.

1. e2—e4 e7—e5
2. Lf1—c4 Sg8—f6
3. Sb1—c3 Lf8—b4
4. d2—d3 ....

Dieser Zug wäre besser vor Sc3 geschehen.

4. .... c7—c6
5. Lc1—d2 d7—d5
6. e4×d5 c6×d5
7. Lc4—b3 Sb8—c6
8. Sg1—e2 Lc8—e6
9. 0—0 0—0
10. Dd1—e1 ....

Hierdurch blieb das w. Spiel beengt. In Betracht kam, nach Lipke, D. Schachz. 1898, 10. f4 und 10. Lg5.

10. .... Tf8—e8!
11. Sc3—d1 Lb4×d2
12. De1×d2 Dd8—b6!
13. Kg1—h1 a7—a5
14. c2—c3 d5—d4
15. Lb3—a4 d4×c3
16. b2×c3 ....

Gegen die schwachen Punkte c3 und d3, die aber nicht leicht zu erobern sind, richtet sich nun der Angriff von Schw.

16. .... Te8—d8
17. Dd2—b2 Db6—c7
18. Se2—c1 ....

Deckt W. mit dem L, so wird das weitere Vorgehen des a-Bauern unangenehm. Auch kann dann f2—f4 nicht sofort geschehen wegen Lg4!. (Paul Lipke.)

18. .... Le6—f5
19. Db2—e2 Sf6—d5
20. g2—g3 Lf5—g6
21. f2—f3 Sc6—e7
22. c3—c4 ....

Erzwungen. Der d-Bauer war nun rückständig.

22. .... Sd5—b4
23. Sd1—f2 Se7—f5
24. Sc1—b3 Sf5—d4
25. Sb3×d4 Td8×d4
26. Tf1—d1 Ta8—d8
27. La4—c2 b7—b5!

28. Sf2—e4 Sb4×c2

Um Zeit zu gewinnen. Sehr stark war Tc8. (P. L.)

29. De2×c2 Td8—c8
30. Ta1—c1 Lg6×e4!
31. f3×e4 h7—h6

31. ...., bc4 32. dc4, Tc4: scheitert an 33. Dc4:. W. kann nun den c-Bauern noch retten, muß aber — wegen der Rückständigkeit des d-Bauern in Verbindung mit dem Umstande, daß die Angriffsfiguren weit mehr Spielraum haben als die Deckungsfiguren — trotzdem verlieren (P. L.).

32. c4—c5 Dc7—c6!
33. Kh1—g1 Kg8—h8
34. Td1—f1 f7—f6
35. Kg1—f2 b5—b4
36. Kf2—e3 Dc6—b5
37. Tf1—d1 Tc8—c6
38. Td1—d2 Kh8—h7
39. Td2—d1 a5—a4
40. Td1—d2 Kh7—h8

Für das Vorrücken des Bb4 steht der T auf d1 besser; daher der abwartende Zug.

41. Td2—d1? ....

Der T mußte auf der zweiten Linie bleiben. Dann scheiterte auch Td8 zunächst an Dc4. Schw. würde aber dann allerdings noch zur Entscheidung eine Königswanderung nach a5 haben vollziehen können.

41. .... b4—b3!
42. a2×b3 a4×b3
43. Dc2—c3 b3—b2
44. Tc1—b1 Td4—b4
45. Td1—d2 Tc6×c5
46. Dc3—a3 Tb4—b3
47. Da3—a2 ....

Dies führt zum Verlust der D, aber gegen die Drohung Tc1 ist nichts zu machen.

47. .... Db5—b6
48. Ke3—e2 Tc5—a5

Aufgegeben.

86.
Damenbauernеröffnung.

Schw.: A. Albin.

1. d2—d4 d7—d5
2. e2—e3 e7—e6
3. c2—c4 c7—c6
4. Sb1—c3 Sg8—f6?

Da c6 geschah, wäre nun f7—f5 richtiger gewesen.

5. Sg1—f3 Lf8—d6
6. Lf1—d3 Sb8—d7
7. e3—e4 d5×e4
8. Sc3×e4 Sf6×e4
9. Ld3×e4 Sd7—f6
10. Le4—c2 Lc8—d7

Schlechter, D. Schachz. 1899, hielt c5 für besser.

11. 0—0 Dd8—c7
12. c4—c5! Ld6—f4
13. Lc1×f4 Dc7×f4
14. Sf3—e5 Ta8—d8
15. g2—g3 Df4—h6
16. Dd1—e2 Ld7—c8
17. Ta1—d1 Dh6—h3

Um durch h7—h5 einen Angriff zu erlangen, dem aber W. entgegenspielen konnte. Besser war Sd5 und

0—0. W. behielt aber jedenfalls die bessere Stellung.

18. f2—f4 h7—h5
19. Td1—d3! Sf6—g4

19. ...., h4? 20. g4.

20. Se5—f3! Sg4—f6

Denn es drohte Sg5.

21. Sf3—g5 Dh3—g4
22. Td3—f3! h5—h4
23. h2—h3 Dg4—h5
24. g3—g4 ....

Den Angriff hatte nun W., nicht Schw. Das Opfer Sg4: bot nicht viel Aussichten. Auf 24. ...., Dh6 wäre, nach Schlechter, Df2, Sd5, Ta3, a6, Se4 in Betracht gekommen.

24. .... Sf6×g4
25. h3×g4 Dh5×g4†
26. Kg1—h1 Td8×d4
27. Tf1—g1 Dg4—h5
28. De2—e3 Td4—d5
29. Lc2—e4 Td5—d8
30. f4—f5 e6—e5
31. f5—f6 g7×f6
32. Tf3×f6 Td8—d1

32. ...., Tf8 33. Sf7: nebst Lg6.

33. Le4—f3 Td1×g1†
34. Kh1×g1 Lc8—g4
35. De3×e5† Ke8—d8
36. De5—b8† Kd8—e7
37. Db8—d6† Ke7—e8
38. Sg5×f7 Aufgegeben.

87.—91. Meisterturnier in München 1900. (Erfolg 50% Gewinne, VII. u. VIII. Preis geteilt.)

87.

Damenbauernspiel.

Schw.: D. Janowski.

1. d2—d4 d7—d5
2. e2—e3 e7—e6
3. Sg1—f3 Lf8—d6
4. c2—c4 c7—c6
5. Lf1—d3 Sb8—d7
6. Sb1—c3 Sg8—f6

Besser f7—f5. (C. Schlechter, D. Schachz.)

7. e3—e4 d5×e4
8. Sc3×e4 Sf6×e4
9. Ld3×e4 e6—e5

Die Partie Burn-Maróczy ergab folgende Fortsetzung: 9. ...., Sf6 10. Lc2, Lb4† 11. Ld2, Da5 12. 0—0, Ld2: 13. Sd2: mit besserem Spiel für W., aber auch der Textzug genügt nicht zu völligem Ausgleich (Schlechter.)

10. 0—0 e5×d4
11. Dd1×d4 Dd8—f6
12. Lc1—e3 ....

W. konnte mit Aussicht auf Erfolg Damentausch vermeiden und auf Angriff spielen: 12. Dd1, h6 (falls 12. ...., 0—0, so 13. Lg5, De6 14. Te1 mit Vorteil) 13. Le3. Auch nach der Textfortsetzung steht W. noch besser (Schlechter.) Aber es schien, daß W. nach 12. Dd1, Se5! 13. Se5:, Le5: 14. Te1, Le6 oder 13. Te1, Lg4 keinen sonderlichen Angriff mehr habe.

12. .... Df6×d4
13. Le3×d4 Sd7—c5
14. Le4—c2 Sc5—e6
15. Ld4—c3 0—0
16. Ta1—d1 Tf8—d8
17. Tf1—e1 b7—b6
18. Sf3—g5 ....

18. .... h7—h6
(18. ...., Sg5:? 19. Td6:.)
19. Sg5—e4 Ld6—f8
20. Lc2—a4 Lc8—b7!
21. Lc3—e5 c6—c5
22. Se4—d6 Lf8×d6
23. Le5×d6 ....

W. hatte nun die 2 L gegen L und S, aber Schw. verteidigte sich ausgezeichnet.

23. .... Se6—d4
24. Ld6—e7 Td8—c8
25. b2—b4 Sd4—e6
26. Td1—d7 Lb7—c6
27. La4×c6 Tc8×c6
28. b4—b5 Tc6—c8
29. Td7—b7 ....

W. konnte nicht mit 29. Te5 nebst Ted5 (nach Tc7) die Turmstellung auf der 7. Linie behaupten, denn Schw. lauerte ja auf den Moment, wo der Durchbruch a7—a6 reif werden würde. Die schwarze Stellung war doch besser als man glauben konnte.

29. .... Tc8—b8
30. Tb7×b8† Ta8×b8
31. Te1—d1 Se6—d4
32. Kg1—f1 f7—f6
33. Le7—d6 Tb8—a8
34. a2—a4! Kg8—f7

a7—a6 wird mit a4—a5 beantwortet.

35. a4—a5 Sd4—e6
36. Td1—a1 Ta8—d8

Nun mußte der schw. T die a-Linie verlassen.

37. Ld6—g3 Td8—d4
38. Ta1—a4 ....

38. ab6, ab6 39. Ta6 Tc4: 40. Tb6:, Tb4 versprach nichts Positives.

38. .... Se6—f4
39. Lg3×f4 Td4×f4
40. Kf1—e2 Kf7—e6
41. Ke2—e3 Tf4—d4
42. a5×b6 a7×b6
43. g2—g3 g7—g5
44. Ta4—a6 Td4—d6
45. Ta6—a7 Ke6—f5
46. Ta7—b7 Kf5—g4
47. Tb7—c7 Kg4—f5

Die Drohung Tc6 trieb den K zurück.

48. Tc7—b7 h6—h5
49. h2—h3 Kf5—e6
50. g3—g4 h5—h4

Die Partie war auf dem Punkte angelangt, an welchem nur mehr ein Hazardspiel versucht werden konnte. Schw. blieb aber doch noch Herr der Situation: 51. f3, f5 52. gf5†, Kf5: 53. Tf7†, Kg6 54. Tb7, Kf6 55. Tb8, Te6† 56. Kd3, Kf5 57. Tf8†, Ke5 58. Ke3, Kd6† 59. Kd3, Ke7 60. Tf5, Td6† 61. Ke3, Td4 62. Tg5:, Tc4: 63. Tg6, Tc1 64. Tb6:, Th1 65. Tc6, Th3: 66. Tc5:, Th1 67. Th5, h3 68. Kf4, Tb1 69. Kg3, Tb3 70. Tf5, Ke6 71. Tf8, Tb5: 72. Kh3:, Tf5 73. Te8†, Kf7 74. Te3, Tg5 75. Kh4, Tg1 76. Te4, Kf6 77. Tf4†, Ke5. Remis (Tg4, Tf1).

88.

Damenbauereröffnung.

Schw.: Heinrich Wolf.

1.	d2—d4	d7—d5
2.	e2—e3	Sg8—f6
3.	Lf1—d3	e7—e6
4.	Sg1—f3	c7—c5
5.	c2—c4	Sb8—c6
6.	Sb1—c3	d5×c4
7.	Ld3×c4	Lf8—e7
8.	0—0	0—0
9.	d4×c5	Dd8—a5
10.	e3—e4	Da5×c5
11.	Dd1—e2	Sf6—g4
12.	h2—h3	Sg4—e5
13.	Sf3×e5	Dc5×e5
14.	f2—f4	De5—a5
15.	e4—e5	....

W. hatte sich mit e3—e4 usw. rationell entwickelt; dieser Zug war aber wohl verfrüht.

15.	....	Sc6—d4
16.	De2—e4	Lc8—d7
17.	Lc4—d3	Sd4—f5
18.	Kg1—h2	Ld7—c6
19.	De4—e2	Tf8—d8
20.	Lc1—e3	Le7—b4
21.	Le3—d2	Sf5—d4
22.	De2—e3	Lb4×c3
23.	Ld2×c3	Da5—d5
24.	Tf1—f2	Ta8—c8?

Das Münchener Turnierbuch schreibt: „Bis hierher hat Schw. ausgezeichnet gespielt; dieser Zug ist aber schwach und zwecklos.“ Schw. hatte seine Stellung doch überschätzt. W. hätte z. B. nach Sf5, was besser war (Sb3 wäre wegen Td1 ein Fehler gewesen) mit Lf5:, ef5:, Tg1 einen Angriff vorbereiten können.

(Siehe Diagramm.)

25.	Tf2—d2!	Dd5—c5
26.	Lc3×d4	Td8×d4

27.	De3×d4	Dc5×d4
28.	Ld3×h7†	Kg8×h7
29.	Td2×d4	Lc6—d5
30.	Td4—d2	b7—b5

Schw. versuchte noch ein Positionsspiel. Die Fortsetzung war: 31. a3, Tc4 32. Tf1, a5 33. Kg3, b4 34. ab4, ab4 35. Te1 (droht gelegentlich f5), Kg6 36. Ted1, Kf5 37. Td4, Tc2 38. Td1—d2, b3 39. h4, g6 40. Kh3 (nun steckte der schw. K in einem Matnetz), Le4 41. g3, Tc1 42. Tb4, Tc2 43. Tc2:, bc2 44. Tc4 (Schw. war nun im Zugzwang), g5 45. hg5, Ld3 46. g4†, Kg6 47. Tc5, Kg7 48. Kg3, Kf8 49. Kf2. Aufgegeben.

89.

Damenbauereröffnung.

Schw.: G. Maróczy.

1.	d2—d4	d7—d5
2.	e2—e3	e7—e6
3.	Sg1—f3	Sb8—d7
4.	Sb1—d2	f7—f5
5.	Lf1—d3	Dd8—f6
6.	c2—c4	c7—c6
7.	Dd1—b3	Lf8—d6
8.	c4×d5	e6×d5
9.	Db3—c2	Sg8—h6

10. Sd2—b3 0—0
11. Lc1—d2 Df6—e7
12. 0—0—0 Sd7—f6
13. h2—h3 Sf6—e4
14. Ld2—c3 Lc8—e6
15. Sf3—e5 Ld6 × e5
16. Ld3 × e4 f5 × e4

Wenn Ld4:, so Ld4:, fe4, Lc5.

17. d4 × e5 c6—c5
18. Kc1—b1 Ta8—d8
19. Dc2—e2 b7—b6

Schw. hatte die Partie in großem Stile angelegt und würde nach und nach (schon wegen des schwachen Punktes e5) in Vorteil gekommen sein. W. mußte daher etwas versuchen. Das folgende Bauernopfer verschaffte offene Linien.

20. f2—f4 e4 × f3
21. g2 × f3 De7—f7
22. f3—f4 Le6 × h3
23. Td1—g1 Lh3—f5†
24. Kb1—a1 Lf5—g6
25. Sb3—d2! Sh6—f5
26. Sd2—f3 d5—d4

Wenn Lh5, so e6, De8, e7.

27. e3 × d4 c5 × d4
28. Lc3—b4 Tf8—e8
29. Sf3—g5 Df7—d7

Besser war Df7—b7, aber der Angriff wäre damit nicht gebrochen gewesen.

30. Sg5 × h7 Lg6 × h7
31. De2—h5 g7—g6
32. Tg1 × g6† Kg8—h8

Auf Lg6: folgte ‡ in 3 Zügen.

33. e5—e6 Dd7—b7
34. e6—e7 Db7 × h1†

Schw. hatte nichts Besseres mehr.

35. Dh5 × h1 Td8—c8
36. Tg6—g5 ....

Stärker war Tg2 oder a2—a4. Schw. hatte nämlich noch eine Remiskombination im Köcher: Se3, Th5, Sc2†, Kb1, Sa3† usw.

36. .... Sf5—e3
37. a2—a3 Se3—c2†
38. Ka1—a2 Sc2 × b4†
39. a3 × b4 Te8 × e7
40. Dh1—h6 Tc8—g8
41. Dh6—f6† Tg8—g7
42. Df6 × d4 Te7—d7
43. Dd4—f6 Td7—f7
44. Df6—d8† Lh7—g8
45. Tg5 × g7 Kh8 × g7
46. Ka2—a3 Lg8—h7
47. Ka3—a4 Lh7—g6
48. Dd8—d4† Kg7—h7
49. Ka4—b5 Lg6—f5
50. Dd4—d6 Kh7—g7
51. Dd6—b8 Lf5—g6
52. Kb5—c4 ....

Das Opfer der D auf a7 ging nicht wegen Ka6, L∼, b5, Lc4.

52. .... Tf7—d7

Nun konnte der Bf4 vordringen. Verblieb aber der T auf der f-Linie, so konnte z. B. die Stellung Ke5, Dg5 entstehen, in welcher W. die D gegen T und L tauschen kann, selbst wenn (in der Stellung des schw. K auf h7) der Bf4 (auf f5) geopfert werden muß.

53. Db8—e5† Kg7—f8
54. f4—f5 Lg6—f7†
55. Kc4—c3 Kf8—g8
56. f5—f6 Kg8—f8

57. b4—b5 Lf7—d5
Wenn Lg8, so Db8†, Kf7, Dc8; wenn Le8 oder g6, so De6; wenn La2, so b3, Kg8?, Dg5†.
58. Kc3—d4 Ld5—e6†
59. Kd4—e3 Kf8—f7
60. De5—g5 Le6—d5
61. Ke3—f4 Kf7—e6
62. b2—b4 Ke6—f7
63. Kf4—e5 Ld5—c4
64. Dg5—h5† Kf7—f8
65. Dh5—g4 Lc4 × b5
66. Dg4—h4 Aufgegeben.
Die Folge konnte sein: 66. ...., Kg8 67. Ke6, a6 (La4 oder c6, b5) 68. Dg5†, Kf8 69. Dh5, Kg8 70. f7† usw.

90.
Englisches Springerspiel.

W.: I. v. Popiel.

1. e2—e4 e7—e5
2. Sg1—f3 Sb8—c6
3. c2—c3 d7—d6
In den Varianten, die nach d7—d5 folgen, war der Gegner bekanntermaßen gut bewandert.
4. d2—d4 Sg8—f6
5. Lc1—e3 Lf8—e7
Mit der Variante Se4:, d5 wollte Schw. keine nähere Bekanntschaft schließen.
6. Sb1—d2 0—0
7. d4—d5 Sc6—b8
8. Lf1—d3 c7—c6
9. c3—c4 Sf6—g4
10. Sd2—f1 f7—f5
11. e4 × f5 Lc8 × f5
12. Ld3 × f5 Tf8 × f5
13. h2—h3 Sg4 × e3
14. Sf1 × e3 Tf5—f4
15. 0—0 Sb8—d7
16. b2—b4 c6—c5
17. a2—a3 Dd8—c7
18. g2—g3 Tf4—f7
19. h3—h4 h7—h6
20. Sf3—d2 Ta8—f8
21. Dd1—h5? c5 × b4
22. a3 × b4 Dc7—b6
23. Dh5—e2 Le7—d8
24. Ta1—b1 Db6—c7
25. Se3—g2 Dc7—c8?
Schw. wollte mit Db8 und Lb8 seine Entwicklung vollenden. Dc8 war eine jener Unbegreiflichkeiten, die sich im Turnierspiel zuweilen ereignen. Von nun an hieß es einen schwierigen Verteidigungskampf führen und die Gelegenheit zu Gegenangriffen immer im Auge zu behalten
26. Sd2—e4 Dc8—b8
27. c4—c5 Ld8—c7
28. Sg2—e3 Sd7—f6
29. f2—f3 Db8—d8
30. De2—d3 Sf6—e8
31. Kg1—g2 a7—a5
32. Se3—c4 b7—b6
33. c5 × d6 Lc7 × d6
34. Se4 × d6 Se8 × d6
35. Sc4 × e5 Tf7—f6
Schw. hatte nun einen Bauern verloren, konnte sich aber bewegen.
36. Se5—c6 Dd8—c7
37. b4 × a5 b6 × a5
38. f3—f4 ....
Wenn 38. Tbe1, so Sf5, f4, Tg6.
38. .... Sd6—f5
39. Sc6—e5 Tf6—d6
40. Kg2—h2 ....
Geschah wohl, um Sc4 ziehen zu können, was zunächst wegen Dc4: nicht möglich war. Stärker wäre Tfc1 gewesen.
40. .... Sf5—e7
41. Tb1—b5 Tf8—d8
42. Tf1—d1 Dc7—a7
43. Dd3—c4 a5—a4
Schw. erwartete nun den Zug Sc6. Der vorangegangene Damenzug

kündigte ihn an. Deshalb geschah a5—a4.

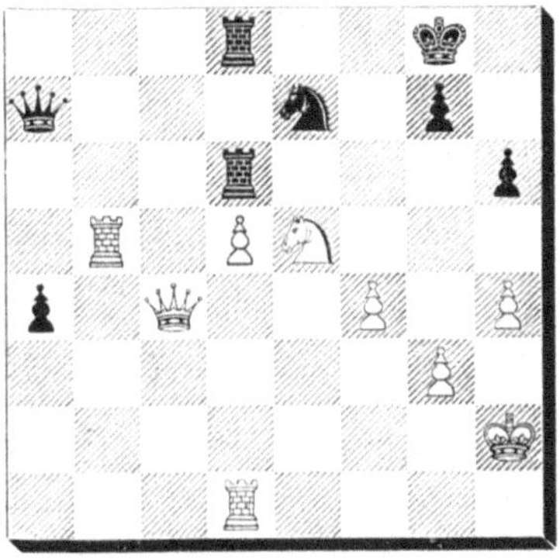

44. Se5—c6? Da7—f2†
45. Kh2—h3 Se7—f5

W. konnte nun die Matdrohung nicht mit Tb3 decken. Auf Dd3 folgte Tg6. Es blieb also nur

46. Td1—d3? Df2—f1†
47. Kh3—h2 Sf5—e3
48. Td3×e3 Df1×c4
49. Tb5—b7 Td6×c6

Aufgegeben.

91.
Spanische Partie.

W.: H. N. Pillsbury.

1. e2—e4 e7—e5
2. Sg1—f3 Sb8—c6
3. Lf1—b5 a7—a6
4. Lb5—a4 d7—d6
5. Sb1—c3 Lc8—d7
6. 0—0 g7—g6

Schw. verirrte sich in eine ungünstige Verteidigungsart.

7. d2—d4 Lf8—g7
8. Lc1—g5 Dd8—c8
9. d4×e5 Sc6×e5
10. Sf3×e5 Lg7×e5
11. La4—b3 h7—h6
12. Lg5—e3 Ld7—e6
13. f2—f4 Le5×c3
14. b2×c3 Le6×b3
15. a2×b3 Dc8—d7
16. Dd1—d5 Dd7—c6

Pillsbury war bekanntlich ein ausgezeichneter Angriffsspieler. Die zerrüttete Stellung der schwarzen Partie wäre ihr sicherer Untergang geworden (0—0—0?, Ta6:). Es war daher richtig von Schw., daß er auch noch den Damentausch anbot. In der zähen Endspielführung bestand nun die einzige Rettungsmöglichkeit.

17. Dd5×c6 b7×c6
18. Ta1—a5 ....

Pillsbury war nun offenbar seines Sieges sicher (sonst hätte er wohl die Damen nicht getauscht) und auch die zahlreichen Zuschauer sahen sich nach und nach um interessantere Partien um. Pillsbury war, wenn er die Partie gewann und wenn Maróczy und Schlechter remisierten, erster Preisträger.

18. .... f7—f6
19. Tf1—a1 Th8—h7
20. Ta5×a6 Ta8×a6
21. Ta1×a6 Th7—e7

Die Zahl der Zuschauer vermehrte sich wieder. Pillsbury hatte sich eben übereilt und den von Schw. geplanten Gegenangriff nicht genügend beachtet. Auch 20. Kf2, Te7 21. Kf3, Kd7 22. Ta6:, Tae8 hätte kaum etwas geändert.

22. Ta6—a4 f6—f5!
23. e4—e5 d6×e5
24. Le3—c5 Te7—e6
25. Ta4—a8† Ke8—f7
26. Ta8—f8† Kf7—g7
27. Tf8—c8 ....

27. fe5: hatte W. wohl wegen des kaum vermeidlichen Turmtausches nach Te5: nicht gespielt.

27. .... e5×f4

28. Tc8×c7† ....

Wenn zuerst Ld4†, so Kf7, Tc7‡, Ke8.

28. .... Kg7—f6
29. Kg1—f2 Kf6—e5
30. Kf2—f3 g6—g5
31. Lc5—d4† Ke5—d6
32. Tc7—f7 Sg8—e7
33. c3—c4 c6—c5
34. Ld4—g7 Se7—g6!
35. Kf3—f2 Sg6—e5

In dieser Stellung wurde die Partie vor der Mittagspause abgebrochen.

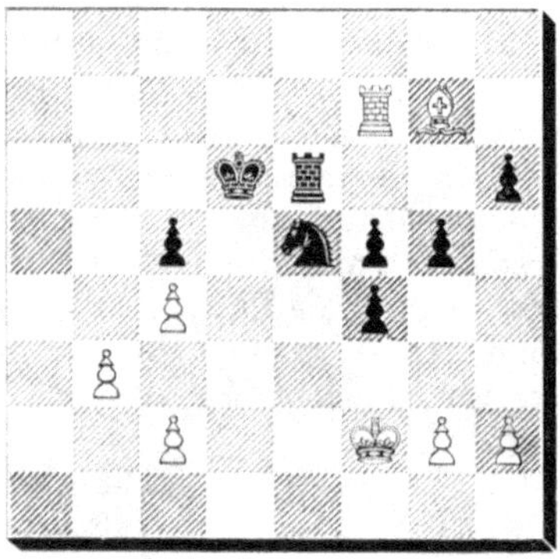

36. Tf7—a7 ....

Tf5: führte zu Remis durch ewiges Schach (Sg4†, Kf3, Sh2‡ usw.). Die Partie war nun der Mittelpunkt des Interesses im Turniersaal geworden und zwar um so mehr, als die Partie Maróczy-Schlechter dem Remis zuneigte.

36. .... Se5—g4†
37. Kf2—f1 Te6—e8

Besser als Sh2‡, Kg1, Sg4, Ta6†! usw.

38. h2—h3 Sg4—e3†
39. Kf1—g1 Se3×c2
40. Lg7×h6 Te8—g8
41. Ta7—g7 Tg8×g7
42. Lh6×g7 Sc2—d4!

Nimmt W. den S, so verliert er sogar die Partie (Ld4:, cd4, Kf2, g4, h4, d3, h5, f3, gf3, g3†). Nun war das Remis in Sicht.

43. b3—b4! Sd4—e6
44. Lg7—c3 c5×b4
45. Lc3×b4† Kd6—e5
46. Lb4—e7 Ke5—d4
47. c4—c5 Kd4—d5
48. Kg1—f1 Kd5—c6
49. Kf1—e2 Kc6—d7
50. Le7—f6 Kd7—c6
51. Ke2—f3 g5—g4†

Es folgte noch 52. hg4, fg4† 53. Kg4:, Kc5: 54. Le5, Kd5 55. Kf5, f3! 56. gf3, Sc5 57. Lc3, Sd3 58. Kf6, Kd6 59. Ld2, Kd5. Remis.

92.—94. Meisterturnier in Koburg 1904. (Erfolg 54,4% Gewinne, VI. Preis geteilt.)

92.

Damenbauernöffnung.

Schw.: H. Süchting.

1. d2—d4 d7—d5
2. e2—e3 Sg8—f6
3. c2—c4 e7—e6
4. Sb1—c3 Lf8—e7
5. Lf1—d3 0—0
6. Sg1—f3 b7—b6
7. 0—0 Lc8—b7
8. c4×d5 e6×d5
9. Dd1—c2 c7—c5
10. d4×c5 b6×c5

Schw. hatte nun zwei angreifbare Mittelbauern.

11. Tf1—d1 Sb8—c6

Besser war Sb8—d7.

12. a2—a3 g7—g6
13. Ld3—c4! d5—d4
14. e3×d4 Sc6×d4
15. Sf3×d4 c5×d4
16. Lc1—e3 Dd8—c8

17.	Td1 × d4	Le7—c5
18.	Td4—h4!	Lc5 × e3
19.	f2 × e3	Dc8—c5

W. hatte allerdings einen Bauern gewonnen, es war aber bis gegen das Ende der Partie zu ungewiß, ob sich dieses Plus in den Gewinn der Partie werde umsetzen lassen.

20.	Dc2—f2	Sf6—d7
21.	Ta1—d1	Sd7—b6
22.	Lc4—a2	Ta8—e8
23.	Th4—f4	Te8—e7
24.	Td1—d4	Dc5—c7
25.	h2—h3	Kg8—g7
26.	Td4—d1	Dc7—e5
27.	e3—e4	f7—f6
28.	La2—b3	h7—h5

Die Lockerung des schw. Königsflügels erhöhte etwas die Gewinnaussichten von W.

29.	Kg1—h1	Tf8—c8
30.	Sc3—d5	Sb6 × d5
31.	e4 × d5	Tc8—d8
32.	Tf4—d4	Td8—d6
33.	Df2—d2	f6—f5
34.	Dd2—c3	Kg7—f6
35.	Td4—d3	Lb7—a6
36.	Td3—d4	g6—g5
37.	Lb3—c4	La6—b7

Nun ging W. zum Angriff auf den Königsflügel über.

38.	Dc3—c1	h5—h4

39.	Td4—d2	De5—e3
40.	b2—b3	Kf6—g6
41.	Dc1—c2	De3—g3
42.	Td1—f1	Td6—f6
43.	Td2—f2	Dg3—e5

(Siehe Diagramm.)

44.	Tf2 × f5	Tf6 × f5
45.	Tf1 × f5	Aufgegeben,

denn nach Df5:, Ld3 läßt sich das Spiel für die Dauer nicht halten.

93.

Italienische Partie.

W.: Dr. H. v. Gottschall.

1.	e2—e4	e7—e5
2.	Sg1—f3	Sb8—c6
3.	Lf1—c4	Lf8—c5
4.	Sb1—c3	d7—d6
5.	d2—d3	Sg8—f6
6.	Lc1—e3	Lc5—b6
7.	Le3 × b6	a7 × b6
8.	h2—h3	h7—h6
9.	Sc3—e2	Sc6—e7
10.	c2—c3	Se7—g6
11.	0—0	0—0
12.	Dd1—c2	Sf6—h5!
13.	Kg1—h2	Kg8—h8
14.	d3—d4	Dd8—e7
15.	Lc4—d3	Sh5—f4
16.	Se2 × f4	Sg6 × f4
17.	d4 × e5	d6 × e5
18.	Sf3—g1	Lc8—e6

Es gelang, die Stellung von W. einzuengen. Das ist immer schon eine kleine Chance.

19.	a2—a3	Ta8—d8
20.	Ld3—e2	De7—g5
21.	Le2—f3	Le6—c4
22.	Tf1—d1	Lc4—d3
23.	Dc2—c1	Dg5—g6
24.	g2—g3	Sf4—e6
25.	Dc1—e3	Ld3—c2
26.	Td1 × d8	Tf8 × d8
27.	Ta1—c1	Lc2—a4

28. Lf3—g2 La4—c6
29. De3—e2 Se6—g5
30. f2—f3 Df6—d6
31. Tc1—e1 Lc6—a4
32. De2—f2 Sg5—e6
33. Lg2—f1 La4—b3
34. Df2—e3 Kh8—g8
35. h3—h4 Dd6—d2†
36. De3×d2 Td8×d2†
37. Te1—e2 Td2—d1

Es war nun der Bb2 verloren. W. hatte gegen die Drohung Tb1 und Sc5, Sa4 keine Parade.

38. Te2—f2 Se6—c5
39. Kh2—g2 Kg8—f8
40. Sg1—h3 c7—c6

Um Lb5, nach Sa4, zu verhindern.

41. g3—g4 Sc5—a4
42. f3—f4 e5×f4
43. Sh3×f4 Td1—b1
44. c3—c4 Kf8—e7

W. drohte Se6†; nun wurde auch c4 schwach.

45. g4—g5 h6×g5
46. h4×g5 Sa4×b2
47. Sf4—h5 g7—g6
48. Sh5—f6 Lb3×c4
49. Lf1×c4 Sb2×c4
50. Tf2—f3 Tb1—b2†
51. Kg2—g3 Tb2—a2
52. Kg3—f4 Ta2×a3
53. Tf3—f1 Ke7—e6
54. Sf6—e8 b6—b5
55. Tf1—d1 Ta3—a2
56. Td1—d8 Ta2—f2†

(um sodann Td2 zu spielen). Aufgegeben.

94.
Damenbauereröffnung.

Schw.: H. Wolf.

1. d2—d4 d7—d5
2. e2—e3 Sb8—d7

Schw. versuchte in dieser Partie eine Abweichung von den üblichen Entwicklungszügen.

3. Sg1—f3 e7—e6
4. b2—b3 Sg8—f6
5. Lf1—e2 Lf8—b4†
6. Lc1—d2 ....

Eigentlich war c2—c3, 0—0 und später c3—c4 richtiger. Schw. verliert ja auch ein Tempo.

6. .... Lb4—d6
7. c2—c4 c7—c6
8. Sb1—c3 Sf6—e4
9. Dd1—c2 f7—f5
10. a2—a3 Dd8—e7
11. b3—b4 a7—a6
12. c4—c5 Ld6—c7
13. Ta1—b1 e6—e5
14. a3—a4 Sd7—f6
15. d4×e5 ....

Dieser Zug eröffnete Schw. größere Angriffschancen, als dies bei Se5: der Fall gewesen wäre.

15. .... Sf6—g4
16. 0—0 Sg4×e5
17. Sf3×e5 Lc7×e5
18. Sc3×e4 f5×e4
19. Ld2—c3 Le5—c7

Schw. durfte nicht tauschen, weil sein Gegenangriff keine Schwächung vertrug und ein Angriff von W. auf dem Damenflügel drohte.

20. Le2—h5† Ke8—d8

Der Kaufpreis für die Erhaltung des Läuferpaares.

21. Lh5—e2 h7—h5
22. Tf1—e1 De7—g5
23. f2—f4 e4×f3
24. Le2×f3 Th8—f8
25. Dc2—e2 Dg5—h4
26. g2—g3 Lc7×g3

Die Folge zeigte, daß dieses Opfer nicht korrekt war. Schw. wollte dem Durchbruch e3—e4 usw. zuvorkommen, der verlustdrohend war.

27. h2×g3 Dh4×g3†
28. Lf3—g2 Lc8—g4
29. De2—b2! Lg4—f3
30. Lc3—e5 Dg3—g4
31. Te1—f1 Kd8—d7
32. Tf1—f2 Tf8—f5
33. Le5—f4 Lf3—e4
34. Kg1—h2 Dg4—h4†
35. Lg2—h3 Le4×b1
36. Lf4—g3 Dh4—g5
37. Db2×b1 g7—g6
38. Lh3×f5† g6×f5
39. Tf2×f5 .....

Die Partie war verloren, es kam aber noch Dg4 40. Tf4, De2† 41. Tf2, De3: 42. Dh7†, De7 43. Tf7. Aufgegeben.

95.—97. Meisterturnier in Barmen 1905. (Erfolg 53,3%, VI. Preis.)

95.

Damenbauerneröffnung.

Schw.: F. J. Marshall.

1. d2—d4 d7—d5
2. Sg1—f3 c7—c5
3. e2—e3 Sb8—c6
4. c2—c4 c5×d4
5. e3×d4 Lc8—g4
6. c4×d5 Dd8×d5

Wenn Lf3:, so Df3:, Sd4:, De4 usw.

7. Lf1—e2 e7—e6

Wenn e7—e5, so Sb1—c3.

8. 0—0 Ta8—d8
9. Lc1—e3 Sg8—f6
10. Sb1—c3 Dd5—a5
11. Dd1—b3 Td8—d7
12. Tf1—d1 ....

Die bei 12. Se5 winkenden Kombinationen stört Schw. mit Lg4×e2.

12. .... Lf8—b4
13. Ta1—c1 0—0
14. a2—a3 Lb4×c3
15. Tc1×c3 Sf6—e4
16. Tc3—c1 Tf8—d8

Schw. belagerte d4, W. aber richtete den Angriff auf c6. (Lf3:, Lf3:, Dd5, Da4.) d4 war nicht schwach.

17. h2—h3 Lg4—h5

Dieser Zug ermöglichte W. den Damentausch, der in dieser Partie von Wichtigkeit war.

18. Db3—b5 Lh5×f3
19. Db5×a5 Sc6×a5
20. Le2×f3 ....

W. blieb im Besitze der Läufer.

20. .... Se4—d6

Nun vermochte W. die schwarze Mittelstellung zu zerstören und einen Bauern zu erobern.

(Siehe Diagramm.)

21. d4—d5 e6×d5

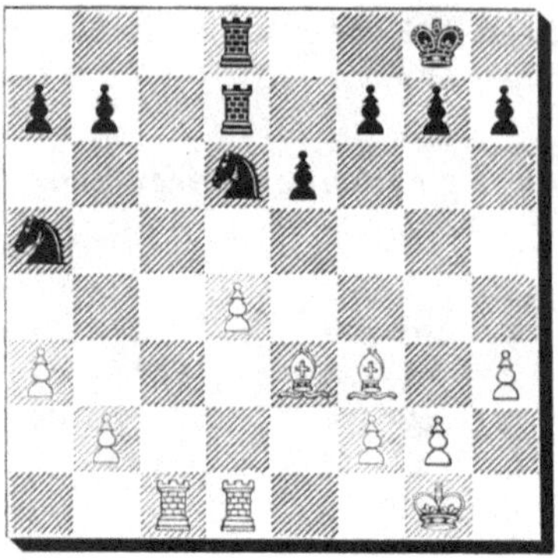

22. Td1×d5 Sa5—c4
(Sdc4, Td7:, Td7:, b3).
23. Le3—f4! Sc4—b6
24. Td5×d6 Td7×d6
25. Lf4×d6 Td8×d6
26. Tc1—c7! Td6—d7
27. Tc7×d7 Sb6×d7
28. Lf3×b7 ....

Nun mußten die weißen Steine so geführt werden, daß der bewegliche Springer möglichst unschädlich gemacht wurde.

28. .... Kg8—f8
29. Lb7—e4 Kf8—e7
30. Kg1—f1 Ke7—e6
31. Kf1—e2 Ke6—e5
32. Ke2—e3 h7—h6
33. f2—f4† Ke5—d6
34. b2—b4 Sd7—f8
35. g2—g4 g7—g5?
36. f4×g5 h6×g5
37. Le4—f5! Kd6—d5
38. Ke3—d3 Sf8—e6
39. Lf5×e6† f7×e6
40. a3—a4 e6—e5
41. b4—b5 Kd5—c5
42. Kd3—e4 Kc5—b4
43. Ke4×e5 Kb4×a4
44. h3—h4! g5×h4
45. Ke5—f4 Ka4×b5

Der w. B. hatte nun zwei Tempi voraus 46. g5, h3 47. Kg3, a5 48. g6, a4 49. g7, Kb4 50. g8D Ka3, Db8 51. Ka2, Db4. Aufgegeben.

96.
Damenbauereröffnung.

Schw.: M. Tschigorin.

1. d2—d4 d7—d5
2. Sg1—f3 e7—e6
3. e2—e3 Sg8—f6
4. c2—c4 c7—c6
5. Lf1—d3 Sb8—d7
6. Sb1—c3 Lf8—b4
7. Dd1—c2 0—0
8. 0—0 Tf8—e8
9. e3—e4 Lb4×c3
10. b2×c3 d5×e4
11. Ld3×e4 Dd8—a5
12. Lc1—d2 Sf6×e4
13. Dc2×e4 Sd7—f6
14. De4—c2 Da5—f5
15. Dc2—b1! Sf6—e4?

Die Verteidigung e7—e6 und c7—c6 verschaffte Schw. an und für sich ein gedrücktes, schwieriges Spiel; der Aufschub des Damentausches verschlechterte noch die Entwicklungschancen.

16. Tf1—e1! Se4—d6
17. c4—c5 Df5×b1
18. Ta1×b1 Sd6—f5
19. a2—a4! b7—b6
20. c5×b6 a7×b6
21. Tb1×b6 Ta8×a4
22. Sf3—e5 Sf5—e7
23. h2—h3 ....

Das Barmer Kongreßbuch bemerkt: „Der Bauer c6 läuft nicht davon. W. bedroht ihn fortwährend, aber er nimmt ihn nicht. Darin liegt eine große Feinheit des modernen Schachspiels, welche man kurz in dem Grundsatze aussprechen kann: Die Drohung ist stärker als die Ausführung. W. hätte den B schon im 22. Zuge schlagen können. Stets wäre der Druck auf den Punkt c6 vorzeitig aufgehoben und der Gegner von einer moralischen Depression befreit worden, welche den Ausgang der Partie sehr häufig mehr beeinflußt, als das materielle Übergewicht ..." (G. Marco).

23. .... Ta4—a2
24. Ld2—e3 Ta2—a6
25. Tb6×a6 Lc8×a6
26. Te1—a1 La6—c8

Auf Ta8 konnte etwa Sd7, Lb7, Ta8‡, La8:, Sc5 usw. folgen. Wie schwierig das Spiel gewesen wäre, beweist: Kf8, Kf1, Ke8, Ke2, Kd8, Lg5 usw.

27. Ta1—a7 f7—f6
28. Se5—d3 Se7—d5
29. c3—c4 Te8—e7
30. Ta7—a5! ....

(Ta8, Sb6, Tb8, Tb7)

30. .... Sd5—b6
31. Sd3—b2! Te7—b7
32. c4—c5 Sb6—d7
33. Sb2—c4 Tb7—b1†
34. Kg1—h2 Tb1—b5

Schw. ließ es auf Tb5:, cb5:, Sd6, La6, d5, ed5, c6, Se5, c7, Sc6!, c8D†, Lc8:, Sc8:, d4 ankommen, in der Hoffnung, daß die Freibauern b5, d4 reussieren werden. Da der w. K weit entfernt stand und W. ohnehin einen starken Angriff hatte, zog W. die Erhaltung des T vor.

35. Ta5—a3 e6—e5

Wenn Kf8, so Sd6, Tb8, Ta7, Ke7, Tc7.

36. d4×e5 ....

gewann einen Bauern bei Abtausch der Türme. Das genügte. Jedoch würde wohl d4—d5 eine raschere Entscheidung herbeigeführt haben. Indessen — es gab viele Varianten zu prüfen.

36. .... f6×e5
37. Ta3—a8 ....

Auch 37. Se5:, Se5: 38. Ta8 war gut, aber auch komplizierter, als das Spiel im Text.

37. .... Tb5—b8
38. Ta8×b8 Sd7×b8
39. Sc4×e5 Kg8—f8

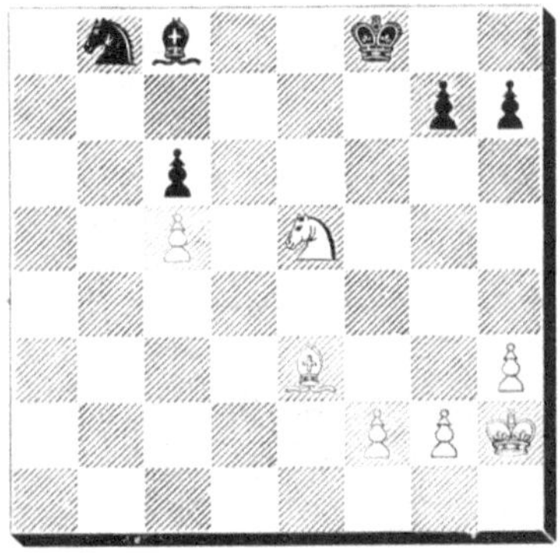

40. Kh2—g3 Kf8—e7
41. Kg3—f4 Lc8—e6
42. g2—g4 Le6—d5
43. Le3—d4 Sb8—a6
44. Se5—d3 Sa6—c7
45. Kf4—e5 Ld5—g2
46. Sd3—f4 Lg2—f3
47. Ld4—e3 g7—g6
48. Sf4—d3! Sc7—e6
49. Sd3—e1! Lf3—e2
50. f2—f4 Se6—f8
51. f4—f5 Sf8—d7†
52. Ke5—f4 Ke7—f7
53. Le3—d4 g6×f5
54. g4×f5 h7—h6
55. Se1—c2 Kf7—g8
56. Sc2—e3 Kg8—h7
57. h3—h4 Le2—d3
58. Se3—g4 Ld3—c4
59. Sg4—f2 Kh7—g8
60. Sf2—e4 Lc4—d5
61. Se4—d6 Ld5—b3
62. f5—f6 Lb3—e6

63. Sd6—f5 Le6×f5
Auf Kh7 gewann Se7.
64. Kf4×f5 Kg8—f7!
65. h4—h5! Sd7—f8
66. Kf5—e5 Sf8—e6
67. Ld4—e3 Se6—f8
68. Le3×h6 Sf8—d7†
69. Ke5—d6 Sd7×f6
70. Lh6—f4! Sf6×h5
71. Lf4—e5 Kf7—e8
72. Kd6×c6 Ke8—e7
73. Kc6—b7 Ke7—e6
74. c5—c6 Ke6×e5
75. c6—c7 Aufgegeben.

97.

Abgelehntes Damengambit.

W.: D. Janowski.

1. d2—d4 d7—d5
2. c2—c4 e7—e6
3. Sb1—c3 Sg8—f6
4. Lc1—g5 Lf8—e7
5. e2—e3 Sb8—d7
6. Ta1—c1 a7—a6
7. Sg1—f3 0—0
8. c4—c5 c7—c6
9. Lf1—d3 b7—b6!

Ein notwendiges Gegenspiel.

10. b2—b4 a6—a5
11. a2—a3 a5×b4
12. a3×b4 b6×c5
13. b4×c5 Lc8—a6
14. 0—0 Tf8—e8
15. Tc1—a1 La6×d3
16. Dd1×d3 Dd8—c7
17. Lg5—f4 Dc7—b7
18. Ta1—b1 Db7—a6
19. Dd3×a6 Ta8×a6
20. Tb1—b7 Kg8—f8!

Das weiße Spiel hatte den äußeren Eindruck der größeren Angriffsfähigkeit für sich. Darin lag aber auch für Schw. eine Chance, denn in Wirklichkeit hatte sich auch die Verteidigung als ausreichend erwiesen.

21. Tf1—b1 Te8—a8
22. g2—g4 Kf8—e8!
23. h2—h3 Ta6—a3
24. Sc3—e2 Ta3—a7
25. Kg1—g2 h7—h6
26. Se2—c1 g7—g5
27. Lf4—h2 Sf6—e4
28. Sc1—d3 f7—f6

Das Barmer Kongreßbuch schreibt: „Nun haben sich die Angriffschancen des Weißen so ziemlich verflüchtigt".

29. Tb1—b3 Le7—d8
30. Kg2—f1 Ta7—a2
31. Tb3—b2 Ta8—a3
32. Tb2×a2 Ta3×a2
33. Lh2—g1 Se4—c3
34. Lg1—h2 Sc3—e4
35. Lh2—c7 Ta2—a1†
36. Kf1—g2 Ta1—a2
37. Sf3—e1 Ld8—e7
38. Kg2—g1 e6—e5
39. Se1—f3 Se4—d2
40. Sf3×d2 Ta2×d2
41. Tb7—b3 e5×d4
42. e3×d4 Sd7—f8!

Schw. stand nun gut und drohte Se6.

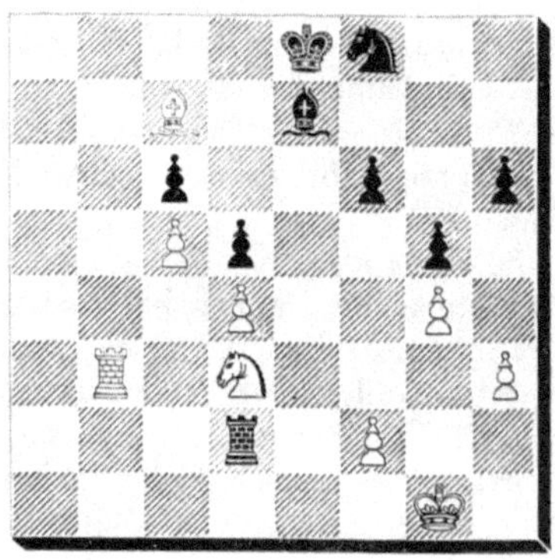

43. Sd3—b4 Td2×d4
44. Sb4×c6 Td4—d1†
45. Kg1—g2 Le7×c5
46. Tb3—b7 ....

W. hatte sich durch das Bauernopfer wieder einigen Angriff verschafft. Es drohte z. B. Lb6 (Lb6:?, Te7‡).

46. .... Sf8—d7
47. Lc7—g3 d5—d4
48. Kg2—f3 Td1—e1
49. Tb7—c7 d4—d3
50. Tc7—c8† Ke8—f7
51. Tc8—d8 ....

W. übersah offenbar den 53. Zug von Schw. Richtig war Tc8—c7.

51. .... Sd7—e5†
52. Lg3×e5 f6×e5
53. Kf3—g3 ....

Der Bauer d3 durfte nun nicht genommen werden.

53. .... e5—e4
54. Sc6—e5† Kf7—f6
55. Se5×d3 ....

Td5 war ebenfalls aussichtslos; z. B. Ld6, Td6‡, Ke5:.

55. .... e4×d3
56. Td8×d3 Kf6—e6
57. Td3—f3 Te1—e4
58. Tf3—c3 Ke6—d5
59. Tc3—c2 Lc5—d6†
60. Kg3—g2 Te4—c4
61. Tc2—a2 Tc4—f4
62. Ta2—a6 Tf4—f6
63. Ta6—a2 Ld6—c5
64. Kg2—g3 Lc5—d4
65. Kg3—g2 Kd5—e4
66. Kg2—g3 Tf6—f3†
67. Kg3—g2 Tf3—b3

(Drohte Tb2)

68. Ta2—e2† Ke4—d3
69. Te2—e8 Tb3—b6
70. Te8—d8 Tb6—f6
71. Kg2—g3 Tf6—f4
72. Td8—d6 Kd3—e2
73. Td6—e6† Ke2—f1
74. f2—f3 Ld4—f2†
75. Kg3—h2 Tf4×f3
76. Te6×h6 Lf2—g1†
77. Kh2—h1 Tf3—f2

Aufgegeben.

Meisterturnier in Wien 1907.
(Erfolg 50% Gewinne,
VII. und VIII. Preis geteilt.)

98.

Damenbauereröffnung.

Schw.: G. Maróczy.

1. d2—d4 d7—d5
2. e2—e3 Sg8—f6
3. c2—c4 e7—e6
4. Sg1—f3 c7—c5
5. Sb1—c3 a7—a6
6. c4×d5 e6×d5
7. Lf1—e2 Sb8—c6
8. 0—0 Lc8—e6
9. Lc1—d2 Lf8—d6
10. Dd1—b1 ....

W. wollte die Dame nicht in die c-Linie stellen (Dc2, Tc8).

10. .... 0—0
11. Tf1—d1 Dd8—e7
12. Td1—e1 ....

Der T verfolgt scheinbar die feindliche D; in Wirklichkeit hatte W. fortgesetzt den Vorstoß e3—e4 im Auge.

12. .... Ta8—e8

Besser Tfe8 nebst Tad8.

13. a2—a3 c5—c4
14. b2—b3 b7—b5

Wenn 14. ...., La3:, so 15. bc, dc 16. e4 oder auch 16. Da2 nebst Lc4: (Schlechter in der D. Schachz. 1907).

15. b3×c4 b5×c4
16. e3—e4! ....

(Siehe Diagramm.)

16. .... Te8—b8?

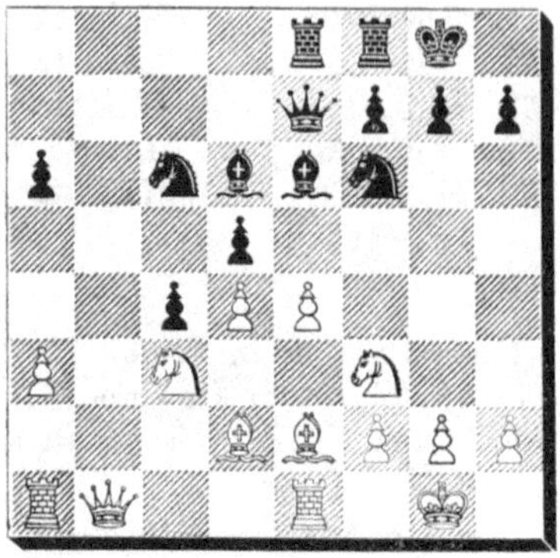

Tempoverlust. Besser war 16. ...., de 17. Se4:, Ld5! (Sd6:, Dd6:, Db6, Se4, Lb4).

17. Db1—c2 Ld6×a3?

Besser de, Se4:, Ld5, Sd6:, Dd6:, Dc1. Es war ein merkwürdiger Zufall, daß Maróczy in dieser Partie einen ganz gleichen Läuferzug, nur auf dem Damenflügel, vollführte, wie in der Münchener Turnierpartie (89). Hier führte der Zug noch rascher das Verderben herbei.

18. e4×d5 Sc6—b4

Oder 18. ...., Sd5: 19. Sd5:, Ld5: 20. Lc4: usw. Schw. beabsichtigte mit dem Textzug, zwei Figuren für den Turm aufzugeben.

19. Dc2—a4 La3—b2
20. d5×e6 Lb2×a1
21. e6×f7† De7×f7
22. Te1×a1 Sb4—d3
23. Sf3—e5! Sd3×e5
24. d4×e5 Sf6—d5
25. Da4×c4 Aufgegeben.

99, 100. Meisterturnier in Karlsbad 1907.

99.

Damenbauereröffnung.

Schw.: Niemzowitsch.

1. d2—d4 Sg8—f6
2. Sg1—f3 d7—d6
3. Sb1—d2 ....

W. war es schon bekannt, daß Niemzowitsch im Damenbauernspiel „seine eigenen Wege geht", deshalb ging W. auch seine eigenen Wege.

3. .... Sb8—c6
4. e2—e4 e7—e5
5. c2—c3 Lf8—e7
6. Lf1—b5 ....

Und so führten die beiderseitigen eigenen Wege zur — Spanischen Partie. Diese wurde von Schw. allerdings auch wieder eigenartig behandelt.

6. .... e5×d4
7. c3×d4 0—0
8. 0—0 Lc8—g4
9. Lb5×c6 b7×c6
10. Dd1—c2 Dd8—d7

In c6 hatte nun Schw. jedenfalls einen schwachen Punkt. Indessen hatte Schw. zweifellos einige Aussicht, zu einem Gegenangriff zu gelangen. Z. B. 11. h3, Lh5 (drohend g5) 12. e5, de5 13. de5 (Se5:, Dd4: löst das Spiel rasch auf), Sd5 (wieder drohend g5).

11. b2—b3 Sf6—h5
12. Kg1—h1! Ta8—d8
13. Sf3—g1 Sh5—f4
14. Sd2—c4 Sf4—e6
15. Lc1—e3 Le7—f6
16. f2—f3 Lg4—h5
17. Ta1—d1 d6—d5

Den Königsflügel hatte nunmehr W. in Sicherheit gebracht, doch schien es nun, als ob Schw. im Zentrum erfolgreich durchzubrechen vermöchte. Allein W. hatte noch den Angriff g2—g4 in der Reserve.

(Siehe Diagramm.)

18. Sc4—a5 d5×e4
19. g2—g4 Lh5—g6

20. f3—f4 Se6×f4

Verteidigung mit Gegenangriff! Der S mußte mit dem T geschlagen werden wegen Lf4:, e3, Dg2, Dd5, Dd5:, Td5:, Sa4∼, Le4†, Sf3, e3—e2, oder Sc6: (statt Dd5:), e3—e2.

21. Tf1×f4 Lf6—g5
22. Dc2×c6 Lg5×f4
23. Dc6×d7 Td8×d7
24. Le3×f4 e4—e3!
25. h2—h3 Lg6—c2
26. Td1—e1 Td8×d4
27. Lf4×e3 Td4—e4
28. Le3—f2 Tf8—d8

Auch auf f7—f5 wäre Tc1 die richtige Antwort gewesen (Ld3, Lc5 usw.).

29. Te1—c1 Td8—d2
30. Lf2—e1 Td2—d1

(Tg4:, Sf3!, Le4, hg4:.)

31. Tc1×d1 Lc2×d1
32. Le1—f2 a7—a6
33. Sa5—c4 Ld1—e2
34. Sc4—d2 ....

Stärker scheint Sc4—e3 gewesen zu sein (Lb5, Kg2, Lc6, Kg3).

34. .... Te4—e5
35. Kh1—g2 h7—h5

Schw. hatte sich ein interessantes Verteidigungssystem zurecht gelegt, das zur Vernichtung der w. Bauern führte.

36. Kg2—g3 h5×g4
37. h3×g4 Le2—d1
38. Sd2—c4 Te5—g5
39. Sc4—e3 Ld1×g4
40. Kg3—f4 Tg5—a5
41. Se3×g4 Ta5×a2
42. Lf2—e1 c7—c5
43. Sg1—f3 a6—a5
44. Sg4—e3 a5—a4

Als remis abgebrochen (das Endspiel hätte allerdings noch fortgesetzt werden können, da nach ba4, Ta4‡, Ke5 usw. der Bc5 verloren ging und z. B. das Entstehen eines Falles zwei S gegen einen B denkbar war; aber der Turnierspieler ist eben ein Mensch, keine Maschine).

100.

Damenbauernöffnung.

Schw.: M. Tschigorin.

1. d2—d4 d7—d5
2. e2—e3 Sg8—f6
3. c2—c4 e7—e6
4. Sg1—f3 Sb8—d7
5. Sb1—d2 c7—c6
6. Lf1—d3 Lf8—d6
7. 0—0 0—0
8. e3—e4 d5×e4
9. Sd2×e4 Sf6×e4
10. Ld3×e4 h7—h6
11. Tf1—e1 e6—e5
12. Le4—c2! e5×d4
13. Dd1×d4 Sd7—f6
14. h2—h3 Ld6—b4
15. Te1—d1 Dd8×d4
16. Sf3×d4 Lc8—d7

Die Damen waren getauscht. W. stand etwas besser, aber doch nicht um so viel, daß daraus der Gewinn der Partie gefolgert werden konnte. Der Verlauf der Partie erklärt sich wohl folgendermaßen:

W. spielte so gut er konnte auf Verbesserung und Ausnutzung seiner Position; Tschigorin, der berühmte Angriffsspieler, wollte nicht klar und einfach spielen, dabei versäumte er da und dort einen wichtigen Sicherungszug.

17. Lc1—e3 Tf8—e8
18. Sd4—f5 Ld7—e6
19. b2—b3 Le6 × f5
20. Lc2 × f5 Te8—e5
21. Lf5—d3 Lb4—c5
22. Le3—f4 Te5—e7
23. Kg1—f1 Ta8—e8
24. Td1—e1 Kg8—f8
25. Te1 × e7 Te8 × e7
26. Ld3—f5 Kf8—e8
27. Ta1—e1 Te7 × e1†
28. Kf1 × e1 Ke8—e7
29. Lf4—e5 Sf6—e8?
30. Ke1—e2 Lc5—d6
31. Le5—c3 b7—b6
32. g2—g3 f7—f6
33. f2—f4 Ld6—c5
34. Lf5—e4 Ke7—d7
35. b3—b4 Lc5—e7
36. Ke2—f3 Se8—d6
37. Le4—d3 Kd7—e6
38. g3—g4 g7—g5
39. a2—a3 Sd6—f7
40. Ld3—f5† Ke6—d6
41. Lf5—g6 Sf7—d8
42. f4 × g5 h6 × g5
43. Kf3—e4 Sd8—e6
44. Lg6—f7 Se6—g7
45. Lc3—e1 Kd6—d7
46. Le1—c3 Le7—d8
47. b4—b5 ....

Damit verschaffte sich W. ein Eingangstor nach dem Damenflügel.

47. .... Kd7—e7
48. Lf7—g8 Ke7—f8
49. Lg8—h7 c6 × b5
50. c4 × b5 Kf8—e7
51. Lc3—b4† Ke7—e6
52. Lh7—g8† Ke6—d7
53. Ke4—d5 Ld8—e7

Oder Se8, Le6†, Kc7, Lf7, Kd7, Le8 ‡.

54. Lb4 × e7 Kd7 × e7
55. Kd5—c6 Sg7—e8
56. a3—a4! Se8—d6
57. Kc6—c7 Sd6—e4
58. Lg8—b3 Se4—c5
59. Lb3—c2 Ke7—e6

W. hatte wirklich eine Gewinnstellung erreicht.

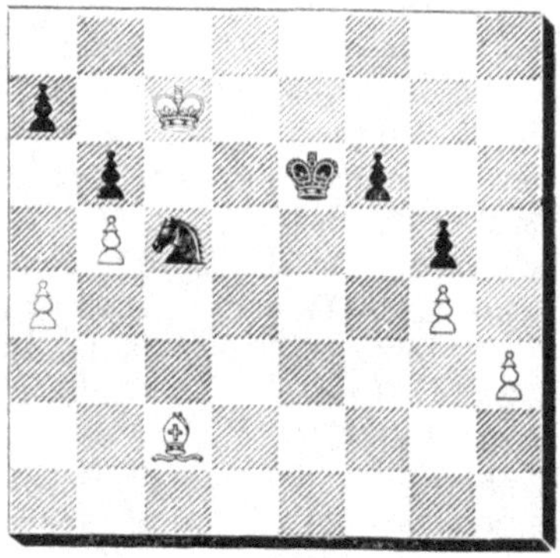

Hier aber trat eine Entgleisung ein, welche den Gewinn wieder in Frage stellte. Sei es, daß die Turnieruhr drängte und die Berechnung von Kb8, Kd6, Ka7:, Kc7, a5 usw. noch Zeit erfordert hätte, sei es, daß W. mit Kc6 und a4—a5 rascher zu beenden hoffte: es geschah statt des einfachen Kb8 der Zug

60. Kc7—c6

worauf Schw. nach

60. .... Ke6—e5
61. a4—a5! Sc5—e6
62. a5 × b6 Se6—d4†
63. Kc6—b7 a7 × b6
64. Lc2—d3 ....

mit f6—f5!, gf5, Sb5:, Lb5:, Kf5: (was die Meister-Kibitze bald entdeckten) eine theoretische Remisstellung erreicht hätte, weil der L nicht die Farbe des Eckfeldes h8 hatte. Schw. spielte aber resigniert

64. .... Ke5—d6

worauf 65. Kb6:, Kd7 66. Ka7, Kd6 67. b6, Kd7 68. Ka8 folgte. Schw. gab auf.

101.

Graz, März 1907.

Spanische Partie.

W.: R. Zschock.

1.	e2—e4	e7—e5
2.	Sg1—f3	Sb8—c6
3.	Lf1—b5	a7—a6
4.	Lb5—a4	Sg8—f6
5.	d2—d3	d7—d6
6.	Lc1—e3	Lf8—e7
7.	0—0	0—0
8.	h2—h3	....

W. weicht absichtlich von den üblichen Entwicklungszügen ab; jedoch nicht zu seinem Vorteil.

8.	....	b7—b5
9.	La4—b3	d6—d5
10.	e4×d5	Sf6×d5
11.	Lb3×d5	Dd8×d5
12.	Sb1—c3	Dd5—d6
13.	Sf3—h2	....

Um f7—f5 zuvorzukommen. Wenn 13. d4, so Td8 14. de5, Se5: 15. Dd6:, Sf3†.

13.	....	Dd6—g6
14.	f2—f4	e5×f4
15.	Le3×f4	Lc8×h3
16.	Dd1—f3	Lh3—d7
17.	Lf4×c7	....

17. Dd5, Ld6 18. Se4, Se7 usw.

17.	....	Sc6—d4
18.	Df3—d1	....

18. Df2?, Lc5; 18. Dd5, Lc6; 18. De4, De4: 19. Se4:, Sc2:.

18.	....	Le7—c5
19.	Kg1—h1	Ld7—c6
20.	Dd1—d2	b5—b4
21.	Sc3—d1	Ta8—e8
22.	Tf1—f2	....

Wenn 22. Tg1 oder Sf3, so Te2.

22.	....	Sd4×c2
23.	Dd2×c2	....

23. Tc1?, Lf2: 24. Df2:, Te1† 25. Sf1, Dh6†.

Schw. setzte in 5 Zügen mat: 23. ...., Lg2† 24. Tg2: (Kg1, Te1†, Sf1, Tf1†, Kh2, Th1†), Te1† 25. Sf1, Tf1† 26. Kh2, Dh5† 27. Kg3, Tf3†.

102.

Graz, 20.—27. April 1907.
(Mit beschränkter Zeit gespielt.)

Spanische Partie.

W.: G. Martinolich.

1.	e2—e4	e7—e5
2.	Sg1—f3	Sb8—c6
3.	Lf1—b5	a7—a6
4.	Lb5—a4	Sg8—f6
5.	0—0	d7—d6
6.	d2—d4	Lc8—d7
7.	Sb1—c3	e5×d4
8.	Sf3×d4	Lf8—e7
9.	La4×c6	b7×c6

10. b2—b3 0—0
11. Lc1—b2 c6—c5
12. Sd4—e2 Ld7—c6
13. Se2—g3 Sf6—d7
14. Sg3—f5 Le7—f6
15. Dd1—g4 Sd7—e5
16. Dg4—g3 Se5—g6
17. f2—f3 Tf8—e8
18. Ta1—d1 ....

18. .... Lc6—b5

Dieser Zug leitete einen Gegenangriff ein, der einen Bauern einbrachte. Nahm W. Sb5:, so wurde nach ab5 oder Lb2:, Tb1, ab5 der Punkt a2 schwach.

19. Tf1—f2 Lb5—d7
20. Tf2—d2 Dd8—c8
21. Dg3—g4 ....

Auf Dh3 konnte Lg5, Te2 oder d3, Sf4 folgen (Se3?, Lh4).

21. .... Lf6—d4†
22. Kg1—h1 Te8—e5
23. Sc3—a4 Ld4×b2
24. Sa4×b2 Ld7×f5
25. e4×f5 Dc8×f5
26. Dg4×f5 Te5×f5
27. Td2—e2 Tf5—e5
28. Te2×e5 Sg6×e5
29. Kh1—g1 Kg8—f8
30. Kg1—f2 Kf8—e7
31. Td1—d2 Ke7—d7
32. h2—h3 a6—a5
33. f3—f4 Se5—g6
34. Sb2—d3 Kd7—c6

Wegen Sc5‡.

35. Td2—e2 Kc6—d7
36. Te2—d2 Kd7—c6
37. Td2—e2 f7—f6
38. g2—g3 a5—a4
39. h3—h4 a4×b3
40. a2×b3 Kc6—d7

Nachdem der schw. T in das Spiel gebracht war, fiel die Remisgefahr weg. Es folgte 41. h5, Se7 42. g4, Sc6 43. Td2, Ke7 44. Ke3, Ta1 45. Tg2, Sb4 46. f5, Sd3: 47. Kd3:, h6 48. Te2†, Kd7 49. Ke4, Td1 50. Kf3, d5 51. Kf4, Td4† 52. Kf3, c4 53. bc4, Tc4: 54. Kg3, c5 55. Kf3, Tc3† 56. Kf4, c4 57. Td2, Kd6 58. Te2, d4 59. Ke4, Kc5 60. Kf4, d3 61. cd3, Td3: 62. Te7, c3 63. Tg7:, Td6 64. Ke3, Kc4 65. g5, fg5 66. Tg6, c2 67. Td6:, c1D†. Aufgegeben.

103.

In einer in Graz 1866 (in der ersten Schachgesellschaft) gespielten Turnierpartie ergab sich folgende Stellung:

Schw.: W. Langer.

Die Fortsetzung war: 1. Td4 (womit zugleich dem Damentausch vorgebeugt werden sollte), Te5? 2. Tb4, Dd8 (Db4:, Da8†) 3. Tb7, Tc5? 4. Dd7, Df8 5. Tb8, Tf6×f5 6. Tf8‡, Tf8: 7. De7, Tfb8 8. c3, h6 9. b4, Tcb5 10. Dc7: und W. gewann. Die Partie ist abgedruckt in „Le Sphinx", 15. Sept. 1866.

104.

Eine 1885 in Graz gespielte Partie war bei nachfolgender Stellung angelangt:

Schw.: Dr. S. Steinherz.

W. am Zuge konnte mit 1. Dd2—f4, Le2: (Df6 od. e8 verliert wegen Lc4‡, Sc4:, Dc7: mit Doppeldrohung) 2. De5:, Dd7 3. Se7†, Kh8 4. Tf7 entscheiden. 4. ...., Dg4 wird mit 5. h3 widerlegt; 4. ...., Tg8 läßt das Matbild 5. Dg7‡, Tg7: 6. Tf8†, Tg8 7. Tg8‡ zu. (Dr. Steinherz, gewann im Hauptturnier des Grazer Schachkongresses 1890 den I. Preis.) Dresdner Nachrichten 1885.

105.

In einer in Graz um 1894 gespielten Partie ergab sich:

Schw.: Ing. A. Wimmer.

1. Dg4—h4, Dh8 2. Df4, Dd8 3. Th7†, Kh7: 4. Df7‡, Kh8 5. Sf4, Dg5: 6. Sg6‡, Dg6: 7. Dg6:, Tb6 8. f3 und W. gewann. (D. Wochensch. 1897, S. 222.)

106.

Eine in Graz zu Beginn des Jahres 1908 gespielte Partie war bis zu folgender Stellung gediehen.

Schw.: Dr. A. Eisendle.

Da das Endspiel nach 1. Te7†, Tc7 2. Tc7‡, Kc7: 3. Df4†, Df4: 4. gf4, Kd6 keinen Erfolg versprach, zog W. zunächst 1. cb5, worauf das

Spiel folgenden Verlauf nahm: 1. ...., ab5 2. b4, Tc7 (um den durch Te7† drohenden Abtausch zu verhindern) 3. Te3!, Dh1† (oder Dd5, Dd5:, cd5, Tc3) 4. Ke2, Dh2:? (etwas besser wäre Db1 gewesen) 5. Ta3 und Schw. verliert den T oder wird matgesetzt (falls c5, so Dd5†, Kb6, Dd6† usw.). Auch 2. ...., Dh1† 3. Ke2, Dh2: verliert, denn nach 4. Te7†, Tc7 5. Te8 dringt die w. D über d8 in das Königslager ein (5. ...., Tc8 6. Dd7†). Bei 1. ..., cb5 hätte sich ein schwieriges Endspiel ergeben, auf welches sich Schw. offenbar nicht einlassen wollte: 2. Te7†, Tc7 3. Tc7‡, Kc7: 4. Dg7† nebst Dh6 oder h8† und Dh3: (betritt der schw. K c5 oder e5, so De3† statt Dh3:). D. Schachz. 1908, S. 87.

107.

Eine im November 1908 in Graz gespielte Partie führte nach 1. d4, d5 2. c4, e6 3. e3, c5 4. Sc3, Sf6 5. cd5, ed5 6. Ld3, Sc6 7. Sge2, Ld6 8. dc5, Lc5: 9. 0—0, 0—0 10. a3, a6 11. b4, Ld6 12. Lc2, Te8 13. Tb1, Lg4 14. f3, Lh5 15. Dd2, Lc7 16. Td1, Dd6 17. Sg3, Tad8 18. Sce2, Se5 19. Sd4, Sc4 20. Df2, Lg6 21. Sdf5, De6 22. Sd4, Db6 23. Sgf5, Le5 24. Tb3, Tc8 25. Tc3, Tc7 26. Lb1? zu

(Siehe Diagramm.)

Der Punkt e3, obgleich viermal gedeckt und nur einmal angegriffen, war verloren. Es geschah 26. ...., Lf5! 27. Lf5:, Se3: 28. Te3:, Tc1: und W. gab auf. Auch andere Züge von W. hätten die Partie nicht gerettet. D. Schachz. 1909, S. 18.

W.: Dr. H. Widtermann.

108.

Eine im Januar 1910 in Graz gespielte Partie ergab nach 1. e4, e5 2. Sf3, Sc6 3. Lb5, Sf6 4. Sc3, Lb4 5. Sd5, Le7 6. d3, d6 7. h3, h6 8. 0—0, 0—0 9. Sh2?, Sd5: 10. ed5, Sd4 11. Lc4, b5 12. Lb3, Lb7 13. c4, c6 14. Le3, Sf5 15. Dd2, cd5 16. cd5, a5 17. a4, b4 18. f4?, ef4 19. Tf4: (auch 19. Lf4:, Db6† 20. Kh1, Lg5 setzte W. in Verlegenheit), Se3: 20. De3:, Lg5 21. Taf1, Lf4: 22. Df4:

W.: Dr. A. Eisendle.

Es schritt nun der f-B vor und gelangte (mit Unterbrechungen allerdings) bis f1, wie der c-B im Problem 185 das Feld c8 erreicht: 22. ...., f5 23. Sf3, Df6 24. Sd4, g5 25. Df2, f4 26. Se6, Tf7 27. Tc1, Df5 28. Dd4, La6 29. Sc7, Tc8 30. Db6, De5! 31. Tc6, f3 32. Tc2, Ld3: 33. Db7, Tc8×c7 34. Tc7:, f2† 35. ...., f1 D oder T‡. D. Schachz. 1910, S. 113.

109.

Eine im November 1911 in Graz gespielte Partie führte nach 1. e4, e5 2. Sf3, Sc6 3. Lc4, Lc5 4. b4, Lb6 5. 0—0, d6 6. h3, Sf6 7. Te1, 0—0 8. c3, Le6 9. Le6:, fe6 10. d4, ed4 11. cd4, d5 12. a4, de4 13. Sg5, Dd4: 14. Se6:, Df2‡ 15. Kh1 (auf Kh2, um zu verhindern, daß Te1 mit † geschlagen werden kann, gewinnt Schw. durch Se5 mit der Drohung Sf3† und auch Sfg4†) zu:

W.: K. Poschauko.

Die Fortsetzung war 15. ...., Sg4! 16. Sf8:, Dg3 17. Dg4:, worauf Schw. in vier Zügen matsetzte (De1‡, Lg1†, Lf2†). Auf 16. Ld2 (was Dg3 verhindert) wäre zunächst Sce5 gefolgt. 16. Ta3 konnte mit e3 17. Dg4:, De1‡ 18. Kh2, Tf7 19. Lb2, e2 beantwortet werden. D. Schachz. 1911, S. 367.

110—119.

(Beispiele von problemartigen Matstellungen, die sich in der offenen Partie ungesucht ergeben hatten.)

110.

Graz 1868 (D. Schachz. 1868, S. 99).

Schw.: Helms.

Es war eine S-Vorgabepartie. W. konnte mit Tf1×f6 den schw. Sf6 schlagen, weil die schw. D. auf e7, der schw. T auf d8 stand, und W. nach gf6 mit Lf6:, Df8, Dh4 gewonnen hätte. Da Dd7, Tf4, Te8 folgte (vgl. die Position), konnte W. in vier Zügen matsetzen: 1. Dg7‡, Kg7: 2. Lf6†, K ~ 3. Th4.

111.

Graz 1879.

Nach 1. e4, e5 2. f4, ef4 3. Lc4, d5 4. Ld5:, Dh4† 5. Kf1, g5 6. d4, Lg7 7. c3, Sf6 8. Sf3 (mit Db3 ist es nun nichts wegen Dh5, Lb7:?, Lb7:, Db7:, Dd1† und Sg4‡), Dh5 9. De2,

0—0 10. Lc4, Lg4 11. e5, Sfd7 12. Sbd2, Sc6 13. Se4, Lf3: 14. Df3:, Dg6 15. Ld3

W.: K. Koß.

ergab sich: Sde5: 16. de5, Sce5 17. De2, Sd3: 18. Dd3:, Tad8 19. Df3 (weil auf De2 oder c2 durch Tfe8 der Se4 erobert wird), g4 (nun mußte W. doch entweder den Se4 oder den Th1 verlieren; die Partie war entschieden) 20. Df4:, Td1† 21. Kf2, Th1: 22. Sg3, Db6† (da W. nicht aufgab, schickte sich Schw. an, das Mat zu erzwingen) 23. Ke2, Te8† 24. Kd3, Td1† 25. Kc2, Td5 26. Dg4:, Df2† 27. Kb3, f5 28. Dh5, Tb5† 29. Kc4, Te4† 30. Se4:, Df1† 31. ‡, wobei es nur bedauerlich blieb, daß der Bc3 das Matbild störte.

112.

Graz, Sommer 1882.

1. e4, e5 2. f4, ef4 3. Sf3, g5 4. Lc4, Lg7 5. d4, h6 6. 0—0, d6 7. c3, Se7 8. Db3, 0—0 9. g3, Sg6 10. gf4, gf4 11. Kh1, Sc6 12. Sa3, Sa5 13. Db5, Sc4: 14. Sc4:, De7 15. e5, Le6 (a6 war wegen ed6 nicht zu fürchten) 16. ed6, cd6 17. b3, Lg4 18. Scd2, De3 (Beginn eines Gegenangriffes) 19. Lb2, a6 20. Db7:, De2 21. La3, Tab8 22. Dd5, Tbc8 23. Tae1, Dd3 24. Ld6:, Tfe8 (wenn Tfd8, so Db7) 25. Te8‡, Te8: 26. Dc4, Dc2 27. Tg1, Lf3‡ 28. Sf3:, Te3 29. Dc6, Df2 30. Se5, Te2 31. Dg2, Le5:? 32. Le5:, De3? (Schw. fürchtete, daß das Endspiel für ihn verloren sei, aber nun kam:)

Schw.: K. Koß.

33. Da8†, Kh7 34. Dh8†, Sh8: 35. Tg7‡. Das ist das Problemmotiv von 226a welches im alten Schach der Vorläufer des erstickten Mats war.

113.

Graz, um 1883.

(Siehe Diagramm.)

Die vorangegangenen Züge waren: d7—d6, e5—e6, De7—f6, Sf3—g5, Df6×b2, Tf1—f7, Kh8—g8, De3—f3, h7—h6. W. setzte (in der Diagramm-Stellung) in vier Zügen mat: 1. Tf8†, Tf8: 2. Df7†, Tf7: 3. ef7†.

Schw.: Prof. Streißler.

(Chess Monthly 1890, S. 27.)

114.

Graz, Oktober 1883.

1. e4, e5 2. f4, d5 3. ed5, Dd5: (ungewöhnlich) 4. Sc3, Dd8 5. fe5, Sc6 6. Sf3, Lg4 7. Lb5, Sge7 8. 0—0, a6 9. La4, b5 10. Lb3, Se5: 11. d4 (Se5:?, Dd4†), Sf3‡ 12. Tf3: (dieses Qualitätsopfer war gerechtfertigt; z. B. Lf3:, Df3:, f6, Lf4 mit Gewinnstellung), f6 13. Se4, Sc6

Schw.: Prof. Streißler.

14. Te3 (gewiß auch ein seltenes Vorkommen in einer Partie: Ld1:, Sf6‡), Se5 (oder Dd4:, Dd4:, Sd4:, Sf6‡, Kd8, Te8‡) 15. Dg4:. W. gewann. Die Fortsetzung ist ohne Interesse. Vgl. das Wittenberger Kreisblatt vom 30. März 1884.

115.

Graz, August 1884.

1. e4, e6 2. d4, d6 („weil der Gegner die Französische Partie zu gut kennt") 3. f4, Sf6 4. Ld3, Sc6 5. c3, d5 6. e5, Se4 7. Sf3, Le7 8. 0—0, 0—0 9. Sbd2, Sd2: (f5, ef6, Sf6:, Se5) 10. Ld2:, Ld7 11. Dc2, h6 12. f5, ef5 13. Lf5:, Lf5: 14. Df5:, f6 15. De6†, Kh7 16. Sh4, fe5

Schw.: Prof. Streißler.

17. Dg6†, Kh8 18. Sf5, Lf6 19. Lh6:, Dd7 20. Tf3, Tf7 21. Lg7‡, Lg7: 22. Th3†, Kg8 23. Dh7†, Kf8 24. Dh8†, Lh8: 25. Th8‡ (eine seltene Matstellung in einer Partie insofern, als der T matsetzt).

116.

Graz, November 1885.

In einer Sb1-Vorgabepartie war die Zugfolge 1. f4, e6 2. Sf3, Le7 3. e3, Sf6 4. Le2, 0—0 5. 0—0,

Sc6 6. h3, d6 7. b3, e5 8. Lb2, ef4 9. ef4, d5 10. Se5, Se4 11. Lb5, Dd6 12. d4, Sg3? 13. Tf3, Sf5 14. a4!, f6 15. Sg4, Te8 16. Dd2, Lf8 17. c4, Le6 18. Te1, Lf7 19. Td1, a6 20. c5, Dd7 21. Lf1, Lh5 22. Df2, b6 23. Kh2, bc5 24. dc5, d4 25. Ld3, Lg4: 26. hg4, Se3 (bis hierher hatte sich Schw. keine namhafte Blöße gegeben und der Vorgabespieler mußte sich bereits auf Abwartezüge beschränken; Se3 war aber der entscheidende Fehler):

Schw.: Dr. H. Posener.

27. Te3:!, de3 (Te3:, was etwas besser war, hatte Lc4† und De3: zur Folge) 28. Lh7‡, Kh7: (Kh8, Dh4, g5 hätte noch ein lebhaftes Spiel hervorgerufen) 29. Dh4†, Kg8 30. Td7:, e2 31. Lc3, Lc5:? und nun ergab sich das Matbild 32. Tg7‡, Kg7: 33. Df6‡, Kg8 34. Dg7‡.

117.

Winterturnier der Grazer Schachgesellschaft 1888.

1. e4, e5 2. Sc3, Sc6 3. Sf3, d6 4. Lb5, Lg4 5. Sd5, Sge7 6. c3, a6 7. La4, b5 8. Lb3, Sa5?

Schw.: Ing. Fröhlich.

9. Se5:, Ld1:?? 10. Sf6†, gf6 11. Lf7‡. Bemerkenswert ist, daß noch ein zweites Mat in der Position steckt (welches das seltener vorkommende ist): 9. ...., Sb3: (statt Ld1:) 10. Sg4:, Sa1:? 11. Sf6†, gf6 12. Sf6‡. Der Gegner, der ein recht guter Spieler war, mußte 9. Se5: als einen augenblicklichen Irrtum von W. betrachtet haben (er faßte vielleicht nur Sd5×c7† in das Auge).

118.

Graz 1896.

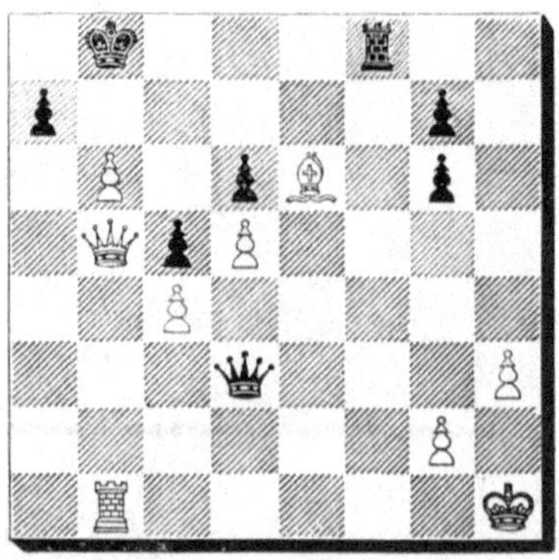

Schw. war am Zuge.

Die Partie wurde von den beiden Spielern im Beisein des Autors mit 1. ...., Tf1† 2. Tf1:, Df1 ‡ 3. Kh2, Df4† usw. dem Remis zugeführt. Es steckte aber folgende hübsche Kombination in der Position: 1. ...., Tf1† 2. Kh2!, D oder Tb1: 3. De8†, Kb7 4. Lc8†, Kb6: 5. Dd8 ‡ (seltenes Matbild in einer Partie), oder 4. ...., K~ 5. La6‡. D. Schachz. 1896, S. 212.

119.

Graz, März 1907.

1. e4, e6 2. d4, Sf6 3. Sc3, c6 4. Ld3, h6 5. Sf3, d5 6. e5, Sd7 7. Se2, g5 (lauter exotische Züge; so machte es der alte Herr Koß schon durch längere Zeit) 8. h3, Le7 9. Le3, c5 10. c3, Sc6 11. a3, a6 12. b4, c4 13. Lc2, f6 14. ef6, Lf6: 15. Lg6†, Ke7 16. Sg3, Dg8

23. Lc1—a3‡ (ein reines zwei Läufer-Mat ohne Beihilfe von w. Bauern).

120.

Gruppenturnier am Turnierpreise-Verteilungsabend der Grazer Schachgesellschaft 1901 (D. Schachz. 1901, S. 124).

1. e4, e5 2. Sf3, Sc6 3. Lb5, Lc5 4. c3, Sge7 5. d4, ed4 6. cd4, Lb6 7. 0—0, 0—0 8. d5, Sb8 9. Lf4, d6 10. Sc3, Lg4 11. h3, Lh5 12. g4, Lg6 13. Sd4, a6 14. Lc4, Sd7 15. Kh2, La7 16. a4, Lb8? (es war vielleicht c7—c6 beabsichtigt) 17. Tg1, La7? 18. Dd2, Sc5 19. Sf5, Dd7? 20. b4, b5 21. ab5, Sb7 22. Ta6:, Sc8 23. b6, Sb6: 24. Lb5, Dd8 25. Lc6, Db8 26. Sb5, Sc8.

W. zog nun 27. Lh6 und da Schw. (offenbar vom Angriff ganz verschüchtert) gh6 antwortete, so war die Partie mit 28. Dh6: entschieden. 27. ..., Lf2: nimmt sich wie ein aussichtsreicher Gegenangriff aus, aber W. hätte sich bereits alles gestatten können. 28. Lg7:, Lg1 ‡ 29. Kg1:, Ta6: 30. Lf6, Lf5: 31. Dh6, Ta1† 32. Kf2, Ta2† 33. Kg3, Ta3† 34. Kf4 usw. oder 28. ...., f6 29. Lf8: usw. Diese Partie könnte jeder Problemkomponist zitieren, dem „verbaute" Stellungen vorgehalten werden.

FSC
www.fsc.org
MIX
Papier | Fördert
gute Waldnutzung
FSC® C083411

Zeitfracht Medien GmbH
Ferdinand-Jühlke-Straße 7
99095 Erfurt, Deutschland
produktsicherheit@kolibri360.de